JN268860

現代土木工学シリーズ

5

橋梁工学

林川俊郎 著

朝倉書店

まえがき

　本書は，鋼道路橋の設計に関する教科書として，大学専門課程，短期大学，工業高等専門学校の学生，および新たに橋梁工学に携わる社会人を対象として執筆したものである．

　近年，橋梁技術の発展にはめざましいものがある．とくに，本州四国連絡橋に代表される長大橋には，新材料の開発や設計・製作・架設・維持管理などに新たな技術が導入されている．1998年，世界でもっとも中央支間が長い吊橋「明石海峡大橋」が開通した．1999年には，斜張橋としては世界最大支間長を有する「多々羅大橋」が完成した．わが国は長大橋を建設するノウハウを手中に収め，その技術力は世界のトップレベルにあると言える．

　一方，中小支間の橋梁において，橋を取り巻く社会的環境が大きく変わりつつある．言うまでもなく，橋は道路や鉄道などの社会基盤施設を支える重要な構造物であり，社会資本として末永く保持されるべきものである．これから社会が成熟化し，人口の高齢化を迎え，地球環境への負荷などを考え合わせると，後々の世代への負担を軽減する「丈夫で長持ちする橋」が求められるようになる．現在，鋼橋の分野では構造の簡素化，複合化，施工および維持管理の容易さなどの要求性能を満たし，経済性，耐久性，耐震性の向上をめざした橋梁が注目されている．

　このように，長大橋から小さなけた橋に至るまで，すべての橋梁形式にわたり限られた紙数の中で記述することは至難の業である．しかし，もっとも基本的なけた橋を取り上げることにより，読者は橋全体の設計の流れを理解できるものと考えられる．以上の観点から，本書は鋼橋の中でもけた橋を中心として，橋の計画，設計，製作，架設，および維持管理の理解が深まるように記述している．また，他の橋梁形式にも応用できるように配慮している．具体的に，本書の特徴をまとめると以下のようになる．

　(1) 新しい道路橋示方書・設計便覧・設計指針に準拠した．

　(2) 橋梁設計の基本的な考え方，最新の橋梁技術をできるだけ豊富に取り入れた．また，重要と思われる用語には，詳しい説明と欧文名を加えた．

　(3) 現在，鋼橋は許容応力度設計法を，コンクリート橋は限界状態設計法を採

用している．今後，道路橋示方書は性能照査型設計法に移行する．この設計法の違いと特徴を海外の設計基準と合わせて説明した．

(4) 長大橋では耐風設計，耐震設計は重要な問題である．風による構造物の動的安定性，阪神大震災後の耐震設計の考え方を記述した．

(5) 各章の文末には演習問題を設け，橋梁工学の理解を深める一助とした．

(6) 鋼橋の設計プロセスが手計算でも理解できるように，合成げた橋の設計計算と製図を掲載した．

(7) 道路橋示方書を刊行している（社）日本道路協会では，平成11年10月1日より，関連文書をSI単位系へ全面移行することを決定した．したがって，本書においても図・表，合成げた橋の設計計算および製図，演習問題と解答など，すべてSI単位で記述することとした．

本書は，恩師である北海道大学名誉教授 渡辺昇先生が朝倉書店より出版された『橋梁工学』(1974年初版，1981年改訂) を基本として取りまとめたものである．その間，橋梁を設計する際に基準となる道路橋示方書は，平成2年2月，平成6年2月，平成8年12月と改訂されてきた．今まで有効に使用されてきた橋梁の設計手法を残しつつ，活荷重，耐震設計，SI単位などについては修正・加筆した．橋梁工学を初めて学ぶ読者のために，用語の定義を明記するとともに，設計の基本的な考え方，計算方法を分かりやすく説明することに努めた．しかしながら，筆者の浅学非才のため，考え違いや記述の不備があることの危惧の念を抱いている．今後とも読者からのご指摘をいただき，よりよいものに修正していきたいと願っている次第である．

本書の執筆の機会を与えていただき，貴重なご意見を賜った渡辺昇先生に感謝の意を表します．また，橋梁工学の教科書をすでに上梓されている福井工業大学 中井博教授，岩手大学 宮本裕教授，長岡技術科学大学 長井正嗣教授には，図書を参考にさせていただくことの快諾をいただきました．ここに記して厚くお礼申し上げます．

最後に，本書の出版にあたりお世話になった（株）朝倉書店をはじめ，関係各位に深謝の意を表します．

2000年2月

札幌にて　著　　者

目　　次

1. 総　　論 ……………………………………………………………………… 1
　1.1　橋の種類と構造一般 ……………………………………………………… 1
　1.2　橋の調査・計画・設計 …………………………………………………… 20
　1.3　橋の設計法と設計基準 …………………………………………………… 27
　1.4　鋼橋の製作と施工 ………………………………………………………… 32
　1.5　橋の維持管理 ……………………………………………………………… 42
　演 習 問 題 …………………………………………………………………… 48

2. 荷　　重 ……………………………………………………………………… 49
　2.1　死　荷　重 ………………………………………………………………… 49
　2.2　活　荷　重 ………………………………………………………………… 50
　2.3　衝　　　撃 ………………………………………………………………… 53
　2.4　風の影響（風荷重）……………………………………………………… 54
　2.5　温度変化の影響 …………………………………………………………… 59
　2.6　地震の影響（地震荷重）………………………………………………… 60
　2.7　特　殊　荷　重 …………………………………………………………… 65
　2.8　荷重の組合せ ……………………………………………………………… 67
　演 習 問 題 …………………………………………………………………… 67

3. 鋼材と許容応力度 …………………………………………………………… 69
　3.1　使 用 鋼 材 ……………………………………………………………… 69
　3.2　許容応力度 ………………………………………………………………… 78
　3.3　鋼材の疲労 ………………………………………………………………… 87
　演 習 問 題 …………………………………………………………………… 89

4. 連　　結 ……………………………………………………………………… 90
　4.1　溶接継手 …………………………………………………………………… 90

4.2　高力ボルト継手 …………………………………………………… 104
　4.3　リベット継手 ……………………………………………………… 113
　4.4　ピ ン 連 結 ………………………………………………………… 113
　演 習 問 題 …………………………………………………………… 114

5. 床 版 と 床 組 …………………………………………………… 116
　5.1　床版と床組の構造 ………………………………………………… 116
　5.2　鉄筋コンクリート床版 …………………………………………… 121
　5.3　鋼 床 版 …………………………………………………………… 128
　5.4　床版の有効幅 ……………………………………………………… 132
　5.5　床　　　組 ………………………………………………………… 134
　演 習 問 題 …………………………………………………………… 138

6. プレートガーダー …………………………………………………… 140
　6.1　プレートガーダー橋の構造形式 ………………………………… 140
　6.2　プレートガーダーの応力 ………………………………………… 142
　6.3　プレートガーダーの断面 ………………………………………… 154
　6.4　補　剛　材 ………………………………………………………… 159
　6.5　対傾構と横構 ……………………………………………………… 166
　6.6　たわみの許容値とそり …………………………………………… 173
　演 習 問 題 …………………………………………………………… 174

7. 合 成 げ た 橋 ……………………………………………………… 177
　7.1　合成げたの種類 …………………………………………………… 177
　7.2　合成げたの応力 …………………………………………………… 179
　7.3　許容応力度と降伏に対する安全度の照査 ……………………… 189
　7.4　ず れ 止 め ………………………………………………………… 192
　演 習 問 題 …………………………………………………………… 195

8. 支承と付属施設 ……………………………………………………… 197
　8.1　支　　　承 ………………………………………………………… 197
　8.2　伸 縮 装 置 ………………………………………………………… 208

8.3	落橋防止システム	214
8.4	橋梁用防護柵	217
8.5	排水装置，橋面舗装，防水層	219
8.6	その他付属施設	220
	演習問題	221

9. 合成げた橋の設計計算例 …………………………………… 222

9.1	設計条件	222
9.2	鉄筋コンクリート床版の設計	222
9.3	主げたの断面力	231
9.4	主げたの設計	238
9.5	ずれ止めの設計	247
9.6	補剛材の設計	248
9.7	主げたの連結	251
9.8	対傾構の設計	254
9.9	横構の設計	261
9.10	たわみの計算	263

演習問題解答 …………………………………………………… 269
参考文献 ………………………………………………………… 280
索　　引 ………………………………………………………… 282

1 総　　論

　橋（bridge）は，道路や鉄道などの社会基盤を支える重要な構造物であり，社会資本として永く備蓄されるべきものである．橋梁工学（bridge engineering）は，交通車両や歩行者が橋の上を安全に，かつ快適に使用できるように，橋の調査，計画，設計，製作および維持管理などの広範な知識を必要とする工学分野である．ここでは，橋の種類，調査・計画・設計，設計法，製作・施工，維持管理について説明する．

1.1　橋の種類と構造一般

　橋梁は，道路，鉄道，水路などの輸送路として，障害となる河川，渓谷，湖沼，運河，海峡，道路，鉄道などの上方に架けられる構造物の総称である．一般に，橋梁は河川などの障害物を越えるために，此方側から彼方側へ横断して架設される．

　橋の構造は，図1.1に示すように，輸送路となる上部構造（上部工，superstructure）と，それを支持する下部構造（下部工，substructure）からなる．上部構造は，橋床（床版，舗装），床組，主げた，対傾構，横構などから構成される．さらに，上部構造には，支承，伸縮装置，防護柵などの付属施設も含まれる．下部構造は，橋台と橋脚および基礎を総称したものである．橋台（abutment）

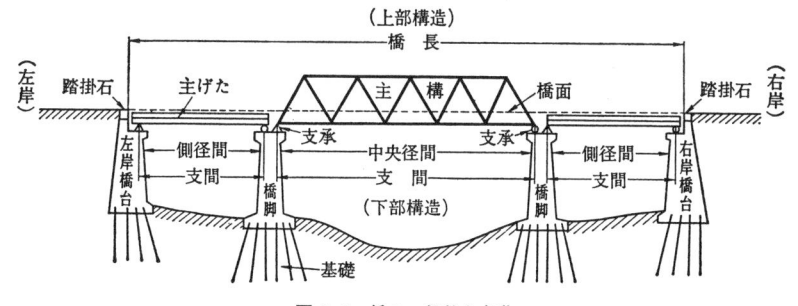

図 1.1　橋の一般的な名称

は橋梁の両端に，橋脚（pier）はそれらの中間に設けられ上部構造を支持し，基礎（foundation）は橋台および橋脚からの荷重を地盤へ伝達するものである．

　橋梁の長さを表す用語には，橋長，支間，径間などがある．橋長（bridge length）は，橋梁両端の橋台のパラペット（胸壁，parapet wall）前面間の距離を表し，橋梁の全長を意味する．支間（有効径間，effective span）は支承中心間距離を，径間（純径間，clear span）は橋台あるいは橋脚の前面間の水平距離を表す．

1.1.1　橋 の 種 類

橋は用途，架設場所，使用材料などにより，次のように分類される．

a．用途による分類

① 道路橋（highway bridge）：自動車および歩行者が通行する橋．
② 鉄道橋（railway bridge）：鉄道や電車が通行する橋．
③ 歩道橋（pedestrian bridge）：人や自転車が通行する橋．
④ 水路橋（aqueduct bridge）：水道，かんがい用水，発電水力などの水路を通す橋．
⑤ 併用橋（combined bridge）：1つの橋で2つ以上の用途に用いる橋．

　その他，災害復旧のために一時的に架けられる応急橋（仮橋，emergency bridge），軍事用に可搬，組立が容易な軍用橋（military bridge），また，一時的ではなく，長期間使用する永久橋（permanent bridge）がある．

b．架設場所による分類

① 高架橋（viaduct）：道路または鉄道との平面交差を避けるために，橋脚により連続的に支持された橋．都市間高速道路や湾岸高速道路に架けられる．
② 跨水橋（overbridge）：川（河川橋），運河（運河橋），沼，湖，海などを横断する橋．
③ 跨道橋（overbridge）：道路を跨ぐ橋．架道橋あるいは陸橋ともいう．
④ 跨線橋（overbridge）：鉄道を跨ぐ橋．

c．平面形状による分類（図1.2参照）

① 直橋（right bridge）：橋軸（橋の中心線）に対して支承線（支承を結ぶ線）が直角である橋．
② 斜橋（skew bridge）：橋軸に対して支承線が斜角である橋．
③ 直線橋（straight bridge）：橋軸が直線である橋．

図 1.2　橋の平面形状

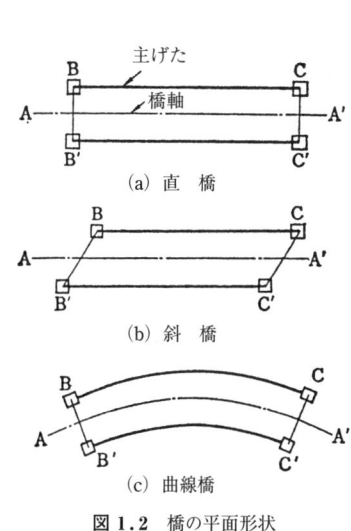

図 1.3　路面の位置

④ 曲線橋（curved bridge）：橋軸が曲線である橋．

d． 路面の位置による分類（図 1.3 参照）
① 上路橋（deck bridge）：橋げたの上部に路面を設けた橋．
② 中路橋（half through bridge）：橋げたの中間部に路面を設けた橋．
③ 下路橋（through bridge）：橋げたの下部に路面を設けた橋．
④ 二層橋（double deck bridge）：橋げたの上下部に2段の通行路面を設けた橋．ダブルデッキともいう．

e． 橋の動・不動による分類

通常，橋台や橋脚に固定されて動かない橋を固定橋（fixed bridge）といい，船舶などの通過時に，邪魔にならないように橋げたあるいは橋本体を移動できる橋を可動橋（movable bridge）という．可動橋には以下のものがある．

① 旋開橋（swing bridge）：橋げたを水平に回転させて開閉する橋．旋回橋ともいう．
② 跳開橋（bascule bridge）：橋軸に直角に，かつヒンジ回転することにより，橋げたを鉛直面内で開閉する橋．橋げたが片側1枚で開閉する橋を一葉跳開橋，両側2枚で開閉する橋を二葉跳開橋という．跳ね橋は跳開橋の一種である．

③ 昇開橋（lift bridge）：橋げたの両側に塔を設け，それに沿って橋げたを上下に動かすことにより開閉する橋．

④ 転開橋（rolling bridge）：車輪やローラーによって，岸に引き込んで橋げたを開閉する橋．

⑤ 浮体橋（floating bridge）：橋本体をポンツーンで浮かせ，固定またはボートなどで可動する橋．

f. 使用材料による分類

① 木橋（timber bridge）：木材を主材料とする橋．

② 石橋（masonry bridge）：石材，レンガを主材料とする橋．

③ 鋼橋（steel bridge）：鋼材を主材料とする橋．

④ コンクリート橋（concrete bridge）： コンクリートを主材料とする橋．鉄筋により補強したものを鉄筋コンクリート橋（reinforced concrete bridge，略してRC橋），鋼材によってプレストレスを導入したものをプレストレストコンクリート橋（prestressed concrete bridge，略してPC橋）という．

⑤ アルミニウム橋（aluminum bridge）：アルミニウム合金を主材料とする橋．

⑥ 複合橋梁（hybrid bridge）： 異種材料と異種部材を接合させた複合構造よりなる橋．鋼とコンクリートの異なる材料を接合させた部材を合成部材，合成部材よりなる構造を合成構造（composite structure）という．異なる部材を接合させた構造を混合構造（mixed structure）という．この両者を総称して複合構造（hybrid structure）という．厳密にいえば，RC橋もPC橋も複合構造であるが，通常は複合構造に含めず，コンクリート構造とする．

鋼橋は，薄い鋼材を組み立てて製作されるため，フレキシブルな（flexible）橋梁と呼ぶことがある．一方，石橋，RC橋，PC橋は重量があることから，マッシブな（massive）橋梁という．

g. 支持方式による分類

① 単純橋（simple bridge）： 図1.4に示すように，両端を単純支持したけた（girder）やトラス（truss）を主構造とする橋．支承は1個の可動支承と1個のヒンジ支承からなり，単純けた橋と単純トラス橋がある．鉛直荷重による反力は鉛直であり，水平反力は生じな

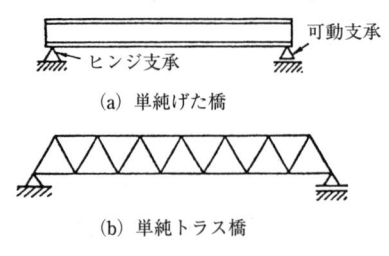

(a) 単純げた橋

(b) 単純トラス橋

図1.4 単純橋

い．また，温度変化や支点沈下によって反力に影響を受けない．単純橋は力学的に静定構造である．

②連続橋（continuous bridge）： 主げたなどの主構造が2径間以上にわたって連続する橋．連続げた橋と連続トラス橋を図1.5に示す．鉛直荷重による反力は鉛直であり，温度変化によって反力に影響を受けない．しかし，支点に不等沈下が生じた場合は，上部構造に大きな応力と変形を生じるため，下部構造の設計には注意を要する．連続橋は不静定構造であり，その不静定次数は径間数をnとすれば$n-1$となる．したがって，図1.5の3径間連続橋は2次不静定となる．

また，単純橋を数径間並べるより連続橋を採用する場合は，正の曲げモーメントが小さくなり，支承や伸縮装置の個数が節約でき，走行安定性がよいなどの優位性がある．

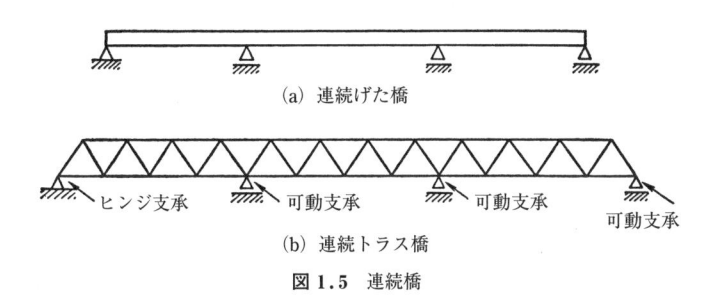

(a) 連続げた橋

ヒンジ支承　　可動支承　　可動支承　　可動支承

(b) 連続トラス橋

図1.5 連続橋

③ゲルバー橋（Gerber bridge）： 図1.6に示すように，連続橋の中間に不静定次数に等しい数のヒンジを挿入し，静定構造とした橋．ゲルバー橋は創始者Gerberの発案によるものであり，カンチレバー橋（cantilever bridge）あるいは突げた橋ともいう．ゲルバー橋は単純橋と連続橋の中間的な性状を示し，静定構造であることから，支点沈下の影響を受けないのが特徴である．

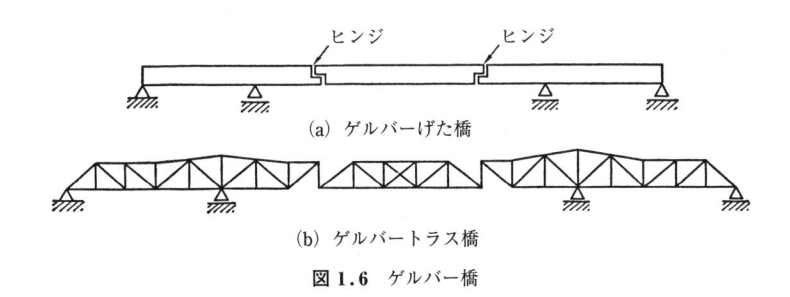

ヒンジ　　ヒンジ

(a) ゲルバーげた橋

(b) ゲルバートラス橋

図1.6 ゲルバー橋

h. 構造形式による分類

① けた橋（plate girder bridge）：主構造にけたを用いた橋（写真1，写真2）.

② トラス橋（truss bridge）：主構造にトラスを用いた橋（写真3）.

③ ラーメン橋（rigid-frame bridge）：主構造にラーメン（ドイツ語で，Rahmen）を用いた橋（写真4）.

④ アーチ橋（arch bridge）：主構造にアーチを用いた橋（写真5，写真6）.

⑤ 斜張橋（cable-stayed bridge）：塔から斜めに張ったケーブルでけたを吊る構造形式の橋（写真7）.

⑥ 吊橋（suspension bridge）：ケーブルを塔間に張り渡し，これにけたを吊り下げる構造形式の橋（写真8）.

写真1　両国橋（広島県，3径間連続 π 形鋼床版げた橋）

写真 2 無意根大橋（北海道，5径間連続曲線箱げた橋）

⑦ 吊床版橋（suspended slab bridge）: 図 1.7 に示すように，ほぼ水平に張り渡した PC 鋼材あるいはケーブルをコンクリートで取り巻き，その上を歩行者や自動車が通る路面とする構造形式の橋．

なお，橋の構造形式については，次項 1.1.2 で説明が加えられる．

1.1.2 橋の構造形式
a. け た 橋
鉛直荷重を支えるために，ほぼ水平に配置される部材をけた（桁, girder）またははり（梁, beam）という．けたには曲げモーメント M とせん断力 Q が作用する．この M と Q を負担する部材をけた部材またははり部材という．このよう

写真 3 愛岐大橋（岐阜県，3径間連続ワーレントラス橋）

写真 4 万博1号橋（大阪府，2ヒンジ方杖ラーメン橋）

写真 5　白銀橋（北海道，ランガー橋）

写真 6　道志橋（神奈川県，逆ランガー橋）

写真 7　多々羅大橋（広島県と愛媛県，斜張橋）

写真 8　明石海峡大橋（兵庫県，吊橋）

なけた部材を主げたとして主構造に用いたのがけた橋である．

主げたの断面には，主として薄い鋼材を溶接で組み立てたI形断面と箱形断面が用いられる．一般に，けた橋は，主

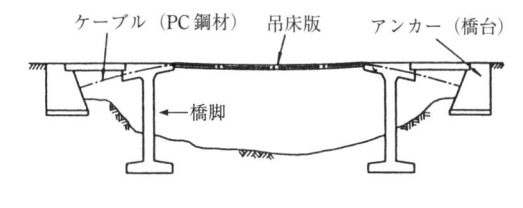

図1.7 吊床版橋

げた（main girder）を何本か並列し，それらを横げたで連結する．これを格子げた橋（grillage girder bridge）という．鉄筋コンクリート床版と鋼げたとをずれ止めによって結合したものを合成げた橋（composite girder bridge）という．また，主げたに箱形断面を用いたものを箱げた橋（box girder bridge）という．第6章では，けた（プレートガーダー）橋の詳細が示される．

b．トラス橋

軸方向引張力および軸方向圧縮力を受けるトラスを組み合わせて，構造全体として曲げモーメントとせん断力に抵抗する骨組構造をトラス構造という．この軸力Nのみを負担する部材をトラス部材という．トラス橋は，軸力のみ受ける部材で構成されるため，力学的には単純明快であり，設計も容易である．また，少ない鋼材で主構高を大きくすることができるため，比較的長支間の橋梁に適用されることが多い．

トラス構造は，3本の部材を三角形に連結したものを基本としており，圧縮部材の座屈安定を改善するために，種々のトラス形式が考案され実用されている．図1.8に代表的なトラス形式を示す．

トラス形式は，腹材（斜材と垂直材）の組み方によって，ワーレントラス（Warren truss），ハウトラス（Howe truss），プラットトラス（Pratt truss），ダブルワーレントラス（double Warren truss），菱形トラス（rhombic truss）などがある．一般に，上下弦材が平行となる直弦トラスを用いることが多いが，支間が大きくなると，上弦材あるいは下弦材を放物線形状とする曲弦トラスが使用される．また，アーチ橋，斜張橋，吊橋の補剛げたとして，さらにけた橋，トラス橋などの上横構，下横構，対傾構などにも，このトラス形式が用いられる．

c．ラーメン橋

複数の部材を相互に剛結合して組み立てた骨組構造をラーメン構造という．各部材は軸力N，せん断力Q，および曲げモーメントMの3つの力を負担し，ラー

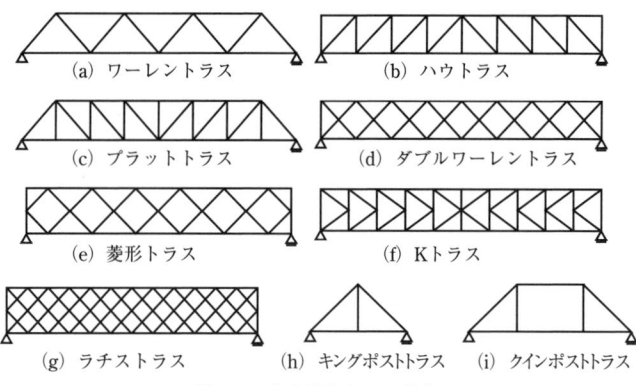

図1.8 代表的なトラス形式
(a) ワーレントラス (b) ハウトラス (c) プラットトラス (d) ダブルワーレントラス (e) 菱形トラス (f) Kトラス (g) ラチストラス (h) キングポストトラス (i) クインポストトラス

メン部材と呼ばれる．同じ骨組構造でも，格点がピン結合（ヒンジ結合）されたトラス橋とは構造形式が異なる．したがって，ラーメン橋はやや太めの断面部材で，トラス橋はやや細めの断面部材で構成される．

図1.9にラーメン橋の例を示す．一般的に，よく用いられるラーメン構造形式としては，門形ラーメン橋，門形バランストラーメン橋，方杖ラーメン橋，V形橋脚をもつラーメン橋などがある．その他，フィレンデール橋もラーメン橋の一種である．

d． アーチ橋

アーチ橋は，上に凸の曲線部材（アーチリブ）を両端で支持し，鉛直荷重に抵抗する構造形式の橋である．アーチリブは軸力 N，せん断力 Q，および曲げモーメント M を負担するラーメン部材である．図1.10に基本的なアーチ構造を示す．図1.10(a) は3ヒンジアーチで，3個のヒンジを有することから静定構造である．図1.10(b) は2ヒンジアーチで，2個のヒンジをもつことから1次不静定構造である．また，図1.10(c) はヒンジをもたない固定アーチであり，3次不静定構造である．

図1.11に，代表的な外的不静定系アーチ橋を示す．ここで，外的不静定とは，アーチリブが2個のヒンジ支承または固定支承で支えられ，不静定構造であることを意味する．図1.11(a)，(b) に示すように，アーチリブ（アーチ部材）がけた形式またはトラス形式（骨組構造）で構成されるアーチを，それぞれソリッドリブアーチ (solid rib arch)，ブレーストリブアーチ (braced rib arch) という．アーチ橋は，このようなアーチリブに吊材や支柱（垂直材）によって橋床を吊っ

(a) 門形ラーメン橋

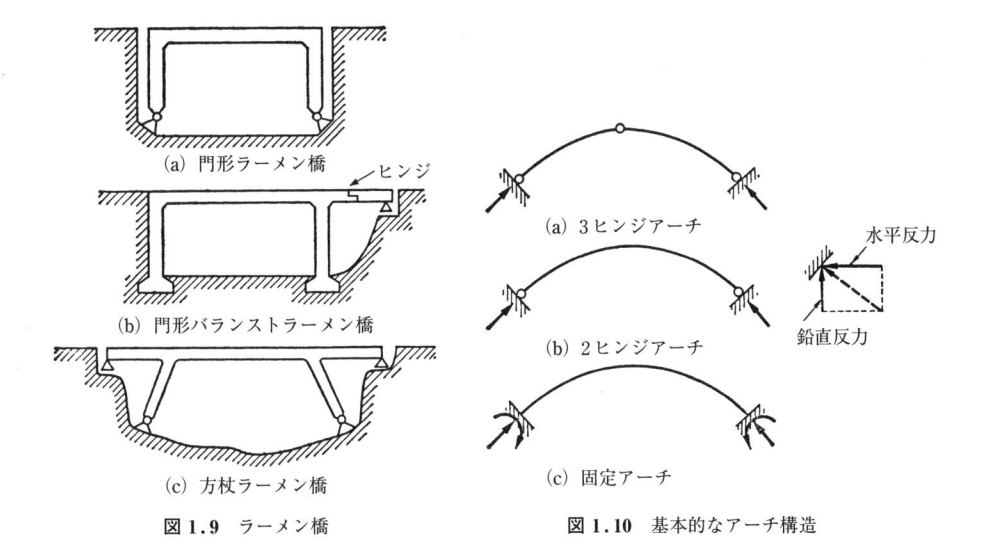

(b) 門形バランストラーメン橋　ヒンジ

(c) 方杖ラーメン橋

図 1.9　ラーメン橋

(a) 3ヒンジアーチ

(b) 2ヒンジアーチ

(c) 固定アーチ

図 1.10　基本的なアーチ構造

水平反力／鉛直反力

たり，支えたりする構造である．ここで，アーチリブと橋床との間の部分をスパンドレル（spandrel）という．この部分が支柱のみの場合をスパンドレルアーチ（spandrel arch）あるいは単にアーチ（arch），スパンドレルがトラス形式（骨組構造）になっているものをスパンドレルブレーストアーチ（spandrel braced arch）という．したがって，図 1.11 のようなアーチ橋の呼称が付けられる．

以上のアーチ橋は，いずれも大きな水平反力を強固な自然地盤で受け止めることができる場合に有効である．また，外的不静定構造であることから，温度変化や支点移動の影響を受けやすい．そのために，基礎が軟弱な場所では，図 1.12

(a) 2ヒンジソリッドリブアーチ橋

(b) 2ヒンジブレーストリブアーチ橋

(c) 固定ブレーストリブアーチ橋

(d) 3ヒンジスパンドレルブレーストリブアーチ橋

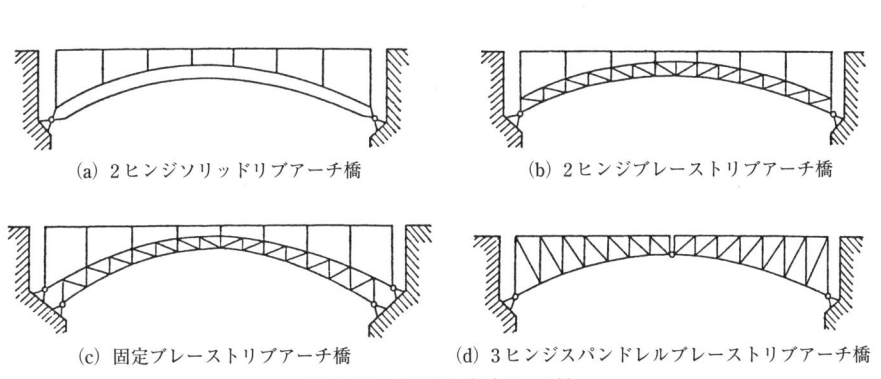

図 1.11　外的不静定系アーチ橋

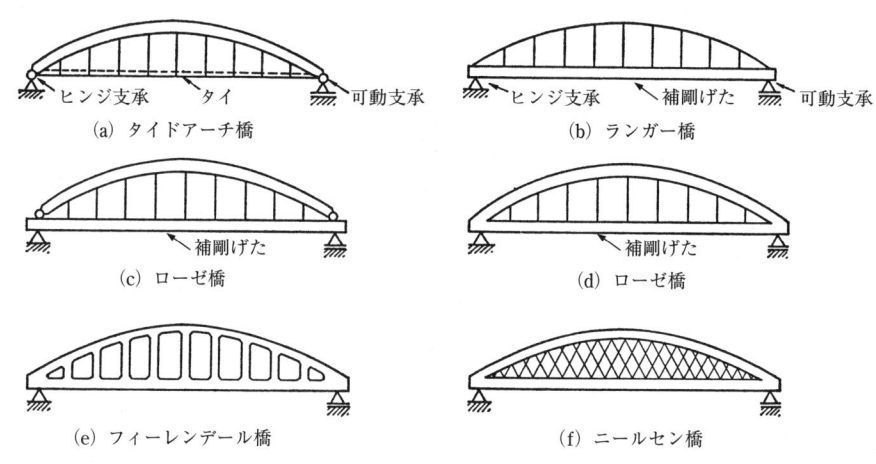

図 1.12 内的不静定系アーチ橋

(a) タイドアーチ橋 — ヒンジ支承／タイ／可動支承
(b) ランガー橋 — ヒンジ支承／補剛げた／可動支承
(c) ローゼ橋 — 補剛げた
(d) ローゼ橋 — 補剛げた
(e) フィーレンデール橋
(f) ニールセン橋

に示すように,水平反力を補剛げたに受けもたせ,外的に静定(内的に不静定)とした内的不静定系アーチ橋が用いられる.また,内的不静定系アーチ橋は補剛アーチ橋とも呼ばれ,以下のような種類がある.

タイドアーチ橋(tied arch bridge) 図1.12(a)に示すように,アーチリブの両端をタイ(tie)で結んだアーチ橋をいう.力学的には,図1.10(b)の2ヒンジアーチの水平反力をタイによって引張部材として取り込んだ構造である.その結果,両支点の水平反力がなくなるため,単純橋のような支承配置で済み,その分,下部構造の設計が容易になる.

ランガー橋(Langer bridge) 図1.12(b)に示すように,細いアーチ材と吊材(力学的に,トラス部材として扱う)と単純げた(けた部材)橋を組み合わせた構造である.ランガー橋は,創始者Langerの発案によるものである.アーチリブは,鉛直荷重によって軸力のみが生ずるものとして設計される.したがって,アーチは比較的細い直線部材を折れ線状に配置することによって,その格点構造も比較的簡単に設計することができるのが特徴である.

ローゼ橋(Lohse bridge) 図1.12(c),(d)に示すように,太いアーチ材(ラーメン部材)と細い吊材(トラス部材)および単純げた(けた部材)橋を組み合わせた構造である.両端でのアーチとけたとの結合部には,ヒンジ結合と剛結合とがある.一般には,図1.12(d)の剛結合が用いられる.ローゼ橋は,創始者Lohseが発案したことからこの名が付けられた.

ローゼ橋は，力学的に外的静定構造であるが，図1.12(c)のようなヒンジ結合の場合には，格間数に等しい内的不静定次数をもつ．一方，図1.12(d)のような剛結合の場合は，格間数に2を加えた内的不静定次数をもつ．

フィーレンデール橋（Vierendeel bridge）　図1.12(e)に示すように，上弦材，下弦材，および垂直材のすべての部材が剛結合（ラーメン部材）とする構造の橋である．つまり，ラーメン橋の一種と考えることができる．フィーレンデール橋には，アーチ形式の他に，上弦材が曲弦あるいは直弦をなす骨組構造もある．創始者Vierendeelの名から，このように呼ばれる．力学的には，外的静定構造であるが，内的には多次不静定構造である．

ニールセン橋（Nielsen bridge）　図1.12(f)に示すように，太いアーチリブと補剛げた（ラーメン部材）を斜めに配置した吊材で締め上げる橋である．また，図1.12(d)に示したローゼ橋の吊材の代わりに，ケーブルあるいはPC鋼棒をラチス状（綾状）に置き換えた構造ともいえる．そういう意味では，ローゼ橋の一種といえる．創始者Nielsenの名にちなんでこのように呼ばれる．

以上のアーチ橋の他に，アーチ部材と吊材を，ゲルバー橋や連続橋などの補剛げたと組み合わせて，種々のアーチ橋が設計される．図1.13にその一例を示す．

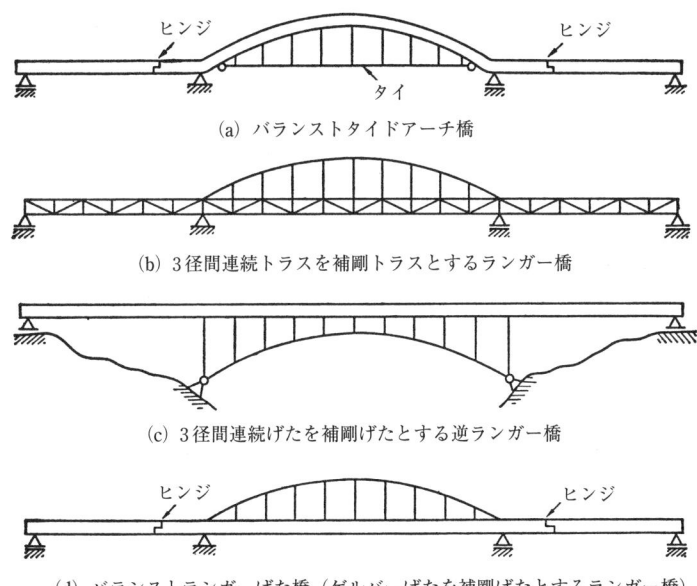

(a) バランストタイドアーチ橋

(b) 3径間連続トラスを補剛トラスとするランガー橋

(c) 3径間連続げたを補剛げたとする逆ランガー橋

(d) バランストランガーげた橋（ゲルバーげたを補剛げたとするランガー橋）

図1.13　種々のアーチ橋

e. 斜張橋

斜張橋は，図1.14に示すように，塔（tower，またはpylon）から斜めに張られたケーブル（cable）で補剛げた（stiffening girder）を吊る構造形式である．ケーブルが斜めに張られることから，補剛げたには軸力（プレストレス）が導入される．したがって，塔も補剛げたもラーメン部材として取り扱う．ケーブルの配置方法としては，図1.14に示すように，放射形式（radial type），ファン形式（fan type），およびハープ形式（harp type）

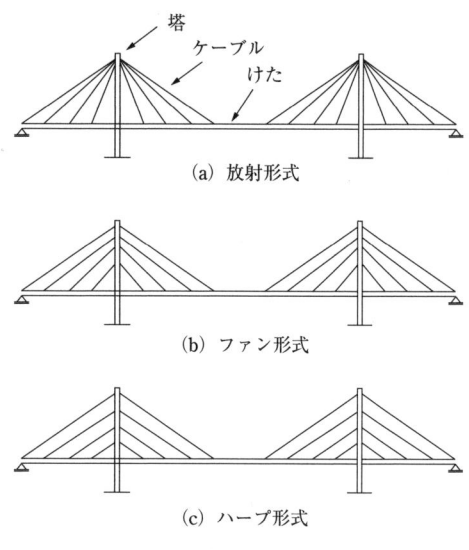

図1.14 斜張橋のケーブル配置
(a) 放射形式
(b) ファン形式
(c) ハープ形式

などがある．最近は，ケーブル段数の多いマルチケーブル形式（multiple type）が採用されるようになってきている．

斜張橋は，主として西ドイツ（当時）において1950年代に採用され，今日に至るまで確実に発展を続けている．その理由として，高強度ケーブルの開発，コンピュータの発達にともなう静的・動的構造解析の進歩，風洞実験による耐風設計の確立，合理的で精度の高い架設技術の発展などが挙げられる．斜張橋が，従来の橋梁形式にみられない優れた特徴を挙げると以下のようになる．

① ケーブル配置，塔形状などの形態が多様で，設計の自由度が大きい．
② 支間長の適用範囲が広く，比較的支間割りの制約を受けない．
③ ケーブル張力調整が可能で，経済的な設計ができる．
④ ケーブル張出し架設が可能で，合理的な架設ができる．
⑤ 塔，ケーブル，補剛げたの組合せにより，多様な景観設計ができる．

一方，斜張橋の設計，架設の上で留意すべき事項として以下のものがある．

① 斜張橋はフレキシブルな構造であるため，耐風安定性および耐震安全性について検討することが必要不可欠である．
② 長支間の斜張橋では変形が大きくなることから，その幾何学的非線形性を考慮する必要がある．

③ ケーブルの防食，疲労などに十分な配慮が必要である．
④ 架設時のケーブル張力，塔，補剛げたの形状に対する管理が必要である．

f. 吊　　橋

　吊橋は，図 1.15 に示すように，主ケーブル（main cable）をアンカレッジ（anchorage）から主塔上のサドル（saddle）に載せて張り渡し，ハンガー（吊材，hanger）を介して交通路となる補剛げたを吊る構造形式である．吊橋の主要部材である主ケーブルには，高張力のピアノ線（PC 鋼棒，引張強度 $1.57\sim1.77$ kN/mm^2 （$160\sim180$ kgf/mm^2））が使用される．吊橋は長支間の橋梁に最も適した構造形式であり，1998 年には世界最長支間を有する明石海峡大橋（1 991 m）が完成した．さらに，わが国では高張力 PC 鋼棒の開発が進められ，支間が 2 000 m を超える吊橋の建設も夢ではない技術レベルに達している．

　吊橋の種類には，補剛げた，または補剛トラスの支持条件により，ヒンジ形式と連続形式とがある．補剛げたまたは補剛トラスを用いた吊橋を補剛吊橋（stiffened suspension bridge）という．建設事例としては，3 径間 2 ヒンジ吊橋が最も多い．さらに，主径間のみで側径間のないものを単径間吊橋という．連続吊橋は塔基部の中間支点で折れ角を生じないことから，鉄道橋に採用する場合には有利である．しかしながら，中間支点では大きな負の曲げモーメントが生ずることから，その実施例は少ない．

　また，ケーブルの定着方法により分類すると，通常の吊橋は主ケーブルをアンカレッジに定着する方法が用いられる．しかし，主ケーブルをアンカレッジに定着させず，補剛げた端部に固定したものを自定式吊橋（self-anchored suspension bridge）という．この場合，アンカレッジは不要となるが，ケーブル張力の水平成分が補剛げたの圧縮力として作用する．一般に，吊橋のハンガーは図 1.15 に示すように鉛直に配置されるが，イギリスのセバーン（Severn）橋，ハンバー（Humber）橋などでは，斜めハンガーが採用されている．この他，補剛げたや

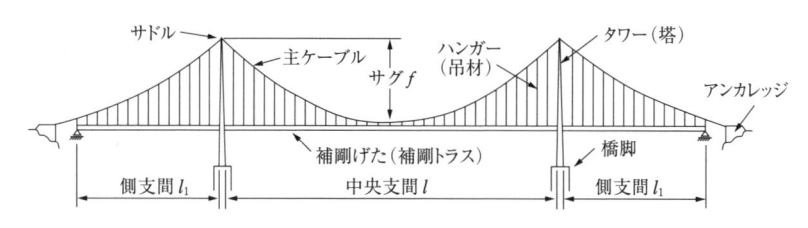

図 1.15　吊橋の構成名称

補剛トラスを設けず，ケーブルからハンガーで直接橋床部を吊った吊橋を，無補剛吊橋（unstiffened suspension bridge）という．路面が荷重によって変形しやすく，人道用の簡単な吊橋に用いられる．

吊橋は，他の橋梁形式に比べて比較的剛性の低い構造物である．したがって，荷重による変形が比較的大きい特徴がある．中小支間の吊橋では，変形が微小であり，活荷重によるケーブルの形状が変化しないという仮定に基づく弾性理論（elastic theory）が用いられる．一方，長大橋では変形を考慮した解析が必要となり，有限変位理論（finite displacement theory）が適用される．この中には，有限変位理論の一種である撓度理論（たわみ理論，deflection theory）が用いられる．これは，活荷重によるケーブルの変位を考慮に入れて解く方法であり，線形化撓度理論（linearized deflection theory）の出現により，吊橋特有の実用的な解析理論として確立している．

これらの解析理論は，吊橋を連続体としてモデル化した解析手法である．近年のコンピュータおよび数値計算法の急速な発達にともなって，離散化手法による多自由度系構造物の非線形解析が可能となってきた．つまり，吊橋を多質点系の骨組構造にモデル化し，変位法（有限要素法）に基づく有限変位解析および動的応答解析が現在の主流をなしている．さらに，図化機能などを有する設計支援システム（CAD，computer aided design）の開発により，吊橋の詳細設計が行えるようになってきた．

なお，吊橋の設計，架設の上で留意すべき事項として，前記の斜張橋の場合と同様のことがいえる．

1.1.3 鋼橋の部材名称

合成げた橋，下路プレートガーダー橋，および下路トラス橋に対する各部材の名称を図1.16に示す．

1.1.4 道路橋の幅員構成と建築限界

道路橋の幅員構成は，道路構造令の定めるところにしたがって，計画されなければならない．道路の横断構成要素は，図1.17に示すように，車道（車線と停車帯），中央帯，路肩，歩道，および自転車道などである．

建築限界（construction gauge）は，道路の上で車両や歩行者の安全のために，ある一定の幅，ある一定の高さの範囲内には障害となる建造物をおいてはいけな

(a) 合成げた橋（道路橋）

(b) 下路プレートガーダー橋

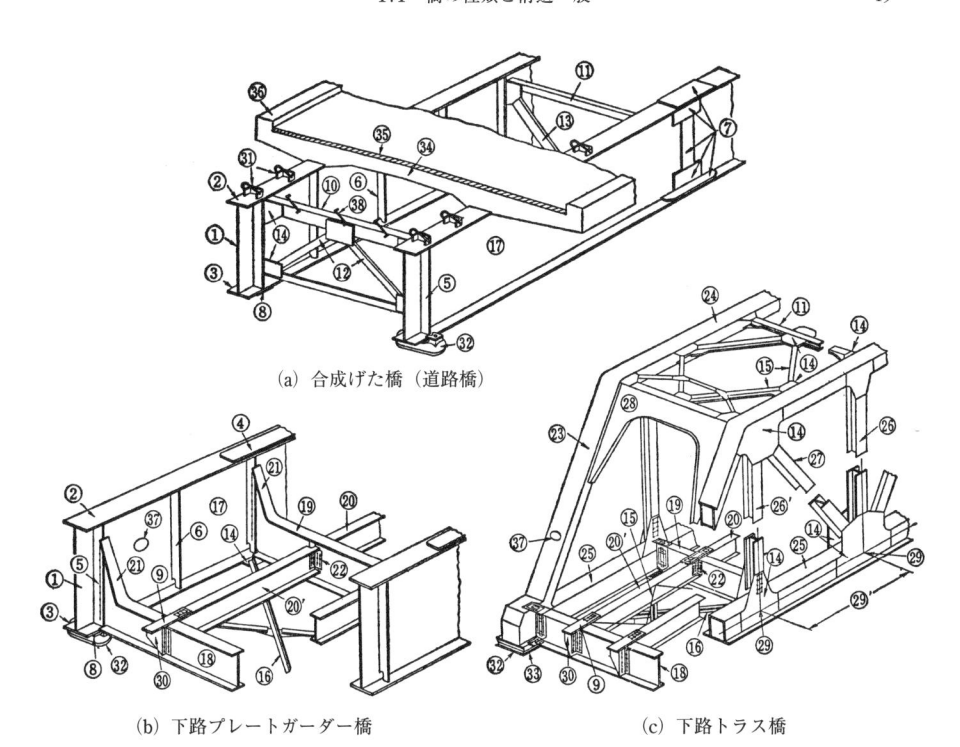

(c) 下路トラス橋

①	腹　　　　板	web plate	㉑	ニーブレース	knee brace
②	上フランジ	upper flange	㉒	連 結 山 形	connection angle
③	下フランジ	lower flange	㉓	端　　　　柱	end post
④	カバープレート	cover plate	㉔	上　弦　材	upper chord member
⑤	端 補 剛 材	end stiffener	㉕	下　弦　材	lower chord member
⑥	中 間 補 剛 材	intermediate stiffener	㉖	垂　直　材	vertical member
⑦	添　接　板	splice plate	㉖′	吊　　　材	hip vertical or hanger
⑧	ソールプレート	sole plate	㉗	斜　　　材	diagonal member
⑨	モーメントプレート	moment plate	㉘	橋　門　構	portal
⑩	端　支　材	end strut	㉙	格　　　点	panel point
⑪	中 間 支 材	intermediate strut	㉙′	格　間　長	panel length
⑫	端 対 傾 構	end sway bracing	㉚	ブラケット	bracket
⑬	中 間 対 傾 構	intermediate sway bracing	㉛	ずれ止め	shear connector
⑭	ガセット	gusset plate	㉜	シ ュ ー	shoe
⑮	上　横　構	upper lateral bracing	㉝	ロ ー ラ ー	roller
⑯	下　横　構	lower lateral bracing	㉞	床　　　版	slab
⑰	主　げ　た	main girder	㉟	舗　　　装	pavement
⑱	端 床 げ た	end floor beam	㊱	地　　　覆	coping
⑲	中 間 床 げ た	intermediate floor beam	㊲	橋　歴　板	name plate
⑳	縦　げ　た	stringer	㊳	スラブ止め	slab anchor
⑳′	端 縦 げ た	end stringer			

図 1.16　鋼橋の部材名称

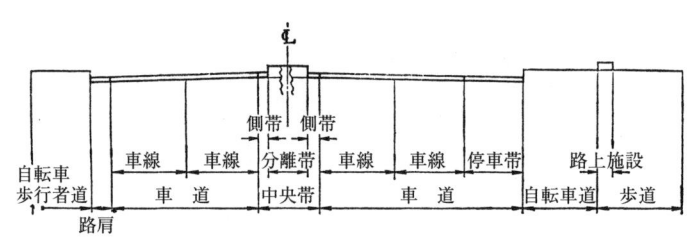

図 1.17 道路の横断構成要素

いという空間確保の限界をいう．したがって，道路橋の設計では，この建築限界を考慮する必要がある．道路構造令による建築限界を表 1.1 に示す．

図 1.18 に示すように，橋の幅員（clear width）は地覆間の距離をいう．歩車道の区別がある場合，歩道縁石間の距離を接続道路の車道幅員と一致させることが必要である．歩車道の区別がない場合には，接続道路の幅員の両側にある幅 S（路肩の相当分を見込む）を加えるものとする．1 車線当たりの幅員は，道路構造令により定められている．その最小幅は 2.75 m である．

1.2 橋の調査・計画・設計

橋梁の調査，計画から架設に至るまでの流れの概要を示すと，図 1.19 のようになる．橋の調査，計画，設計に当たっては，安全性，快適性，経済性，機能性，施工性，維持管理などとともに橋の景観や環境についても十分配慮する必要があ

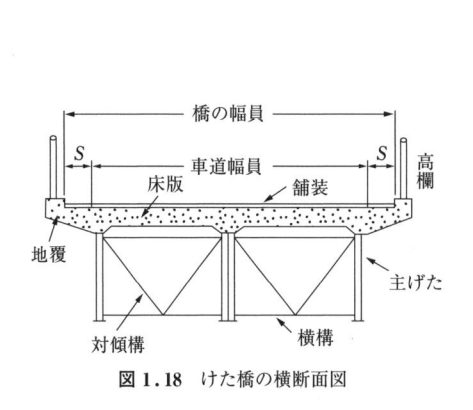

図 1.18 けた橋の横断面図

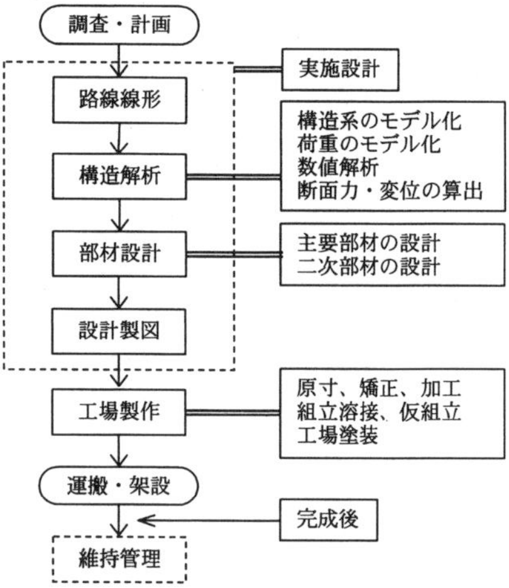

図 1.19 橋梁が完成するまでの流れ

1.2 橋の調査・計画・設計

表 1.1 道路構造令による建築限界

第1図（車道）

(1)		(2)	(3)
車道に接続して路肩を設ける道路の車道 ((3)に示す部分を除く)		車道に接続して路肩を設けない道路の車線 ((3)に示す部分を除く)	車道のうち分離帯または交通島にかかる部分
歩道または自転車道などを有しないトンネルまたは長さ50 m以上の橋もしくは高架の道路以外の道路の車道	歩道または自転車道などを有しないトンネルまたは長さ50 m以上の橋もしくは高架の道路の車道		

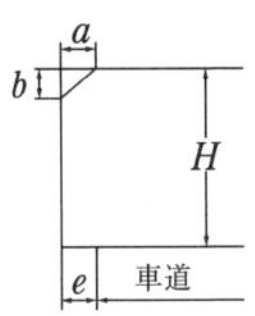

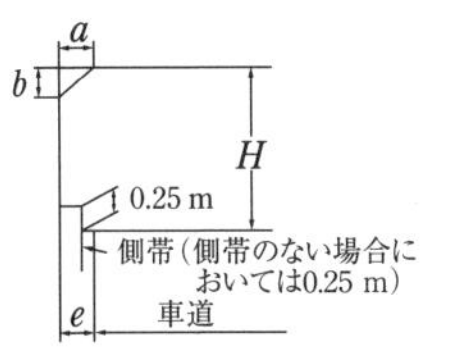

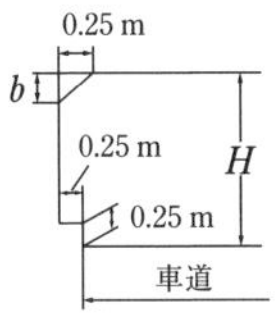

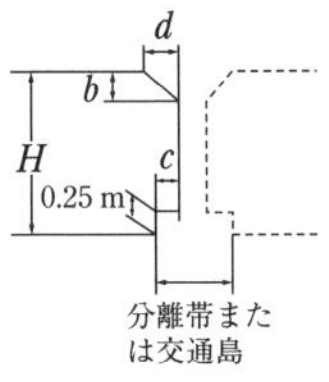

この第1図において，H, a, b, c, d, およびeは，それぞれ次の値を表すものとする．

H：4.5 m，ただし，第3種第5級または第4種第4級の道路にあっては，地形の状況その他の特別の理由によりやむをえない場合においては，4 m（大型の自動車の交通量がきわめて少なく，かつ，当該道路の近くに大型の自動車が迂回することができる道路があるときは，3 m）まで縮小することができる．

a および e：車道に接続する路肩の幅員（路上施設を設ける路肩にあっては，路肩の幅員から路上施設を設けるのに必要な値を減じた値），ただし，当該値が1 mをこえる場合においては，a は1 mとする．

b：H（3.8 m未満の場合においては，3.8 mとする）から3.8 mを減じた値．

c および d：分離帯にかかるものにあたっては，道路の区分に応じ，それぞれ次の表のcの欄およびdの欄に掲げる値，交通島にかかるものにあっては，c は0.25 m，d は0.5 m．

区 分		c (m)	d (m)
第1種	第1級	0.5	1
	第2級		
	第3級	0.25	0.75
	第4級		
第2種	第1級	0.25	0.75
	第2級		
第 3 種		0.25	0.5
第 4 種		0.25	0.5

第2図（歩道および自転車道など）

路上施設を設けない歩道および自転車道など／路上施設を設ける歩道および自転車道など

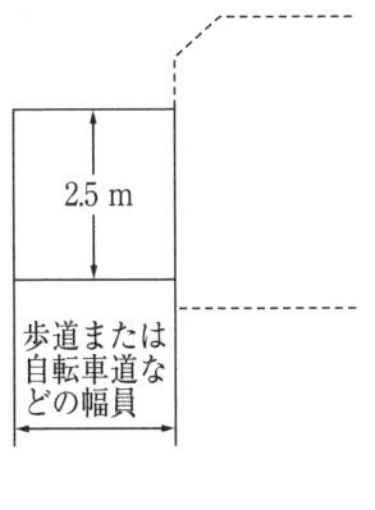

2.5 m

歩道または自転車道などの幅員

路上施設を設けるのに必要な部分を除いた歩道または自転車道などの幅員

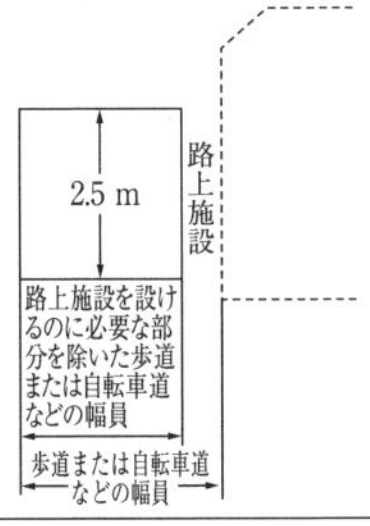

る．以下に，橋の調査，計画，および設計の要点について述べる．

1.2.1 橋の調査

　合理的かつ経済的な橋の設計，施工を行うためには，橋の計画予定地点の状況，構造物の規模，重要性に応じて，必要な調査（investigation）を行う．調査が不十分な場合には，施工段階で大きな変更を余儀なくされたり，思わぬ工費がかさむことになる．

　調査の内容は橋梁の規模によって異なるが，橋梁計画に必要な調査内容としては，次のようなものが挙げられる．

　① 地形調査：架橋位置，橋長，径間割り選定のための地形図作成．
　② 地質調査：下部構造の位置選定と構造計画のための地質図作成．
　③ 交差道路等調査：交差道路の幅員，標高，建築限界，横断構造，地下埋設物，将来計画の調査．
　④ 河川調査：河川横断形状，流量，流速，高水位，低水位，河川勾配，将来計画，航行船舶の調査．
　⑤ 海・湖沼の調査：潮位，波高，潮流，航行船舶の調査．
　⑥ 土質調査：ボーリング，標準貫入試験，土質試験，地下水位測定の調査．
　⑦ 地震調査：地震記録，震害記録，地盤常時微動測定．
　⑧ 気象調査：風速，温度，雪，雨などの気象観測記録．

　橋の調査には，路線計画のための予備調査と，実施設計に必要な情報を得るために行われる詳細調査がある．海峡を横断する長大橋では，風や地震による影響が支配的になるため，それらを前もって十分に調査しておく必要がある．

1.2.2 橋の計画と構造形式の選定

　上記の調査結果に基づいて，架橋位置，路線線形，橋種，構造形式，および径間割りなどの計画（planning）が進められる．ここで，径間割りとは橋の全長に応じて，数個の径間に分割することをいう．たとえば，橋長 100 m の橋の場合には，3径間（30 m+40 m+30 m），4径間（4@25 m），5径間（5@20 m）などの径間割りが可能であり，同じ3径間でも種々の分割方法がありうる．

　いま，簡単のために，図 1.20 に示すような連続げた橋について考えてみよう．図 1.20(a) のように橋脚（下部構造）が少ない場合には，上部構造の支間長が長くなることにより，けた高が高くなり上部構造の工費が増える．一方，図

(a) 橋脚が少ない場合

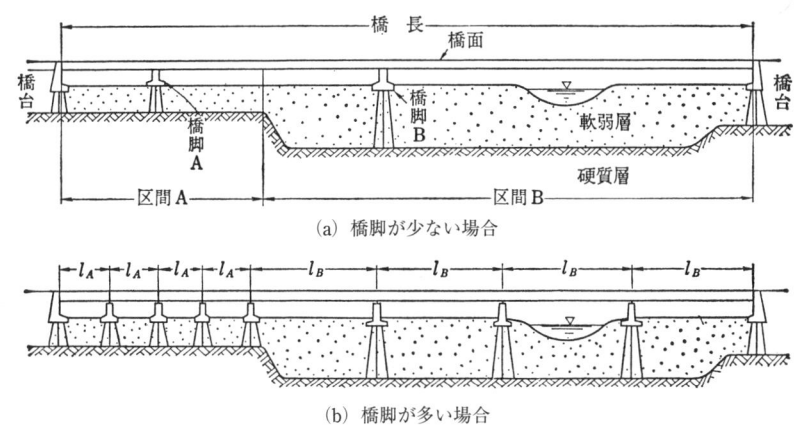

(b) 橋脚が多い場合

図 1.20　橋の径間割り

1.20(b) のように橋脚（下部構造）が多い場合には，当然のことながら，下部構造の工費が増加することになる．したがって，橋脚の数が変化すると，図 1.21 に示すように，上部構造と下部構造との総工費が最小値になる部分がある．このように，上下部構造の総工費が最も安価となる径間割りを経済的径間割りという．一般に，上部構造と下部構造との工費が等しくなることが望ましいが，極端なアンバランスとなることは避けなければならない．

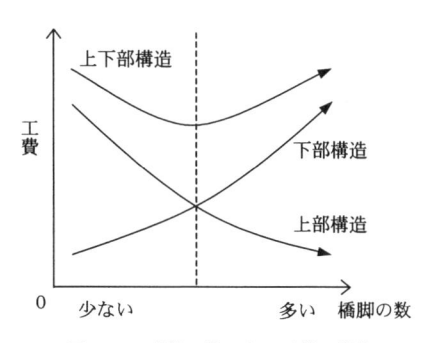

図 1.21　橋脚の数による工費の変化

下部構造の設計および施工では，上部構造からの荷重と，下部構造自身に作用する荷重を安全に地盤に伝える必要がある．また，下部構造の基礎は，良質な支持層（岩盤，おおよそ N 値 30 以上の砂れき層，砂質土層）まで達するのがよい．基礎（foundation）には，図 1.22 に示すような種類があり，地層の硬軟，基礎の根入れ深さなどによって，構造形式が選択される．

橋種と構造形式を選定する最も重要な因子は経済性にあり，主として上部構造の支間長に左右される．過去の多くの実施例を参考にして，橋梁の構造形式とそれに応じた適用支間との関係をまとめると，図 1.23 のようになる．さらに，世界の長大橋として，斜張橋および吊橋のベスト 10（1999 年現在）をそれぞれ

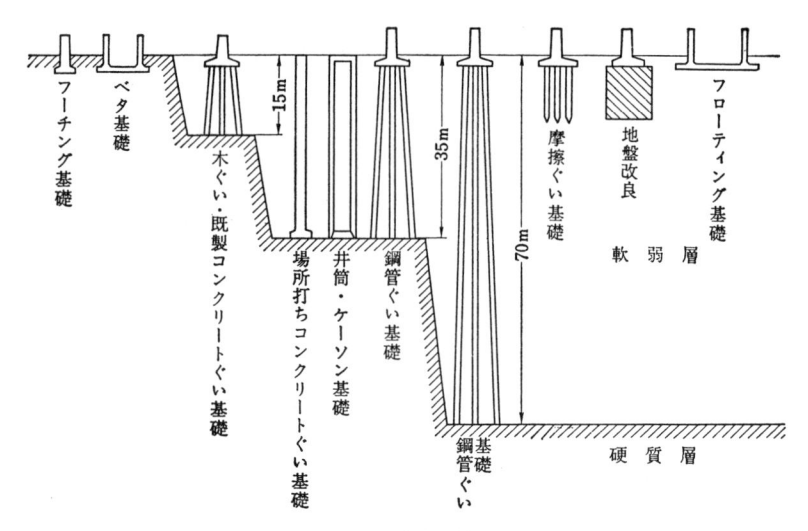

図 1.22 基礎の種類

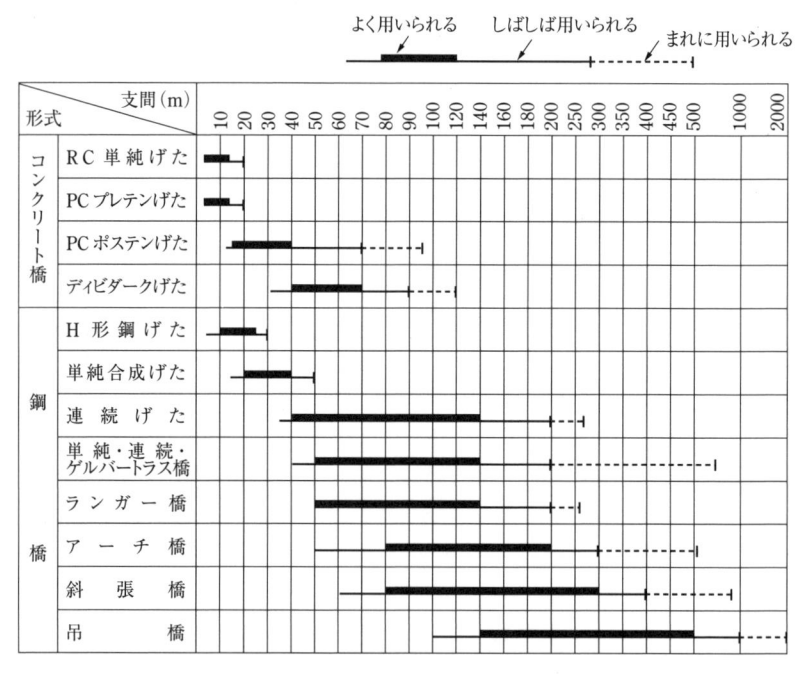

図 1.23 橋の構造形式と適用支間

表 1.2 世界の長大橋（斜張橋）

順位	橋 名	中央支間長(m)	国 名	竣工(西暦)
1	蘇通長江公路大橋	1088	中 国	2008(予定)
2	昂船洲橋	1018	中 国	2008(予定)
3	多々羅大橋	890	日 本	1999
4	ノルマンディー橋	856	フランス	1995
5	南京長江第三大橋	648	中 国	2006(予定)
6	南京長江第二大橋	628	中 国	2001
7	武漢白沙洲長江大橋	618	中 国	2000
8	ニューミシシッピ川橋	610	アメリカ	2010(予定)
9	青州閩江大橋	605	中 国	2001
10	楊浦大橋	602	中 国	1993

表 1.3 世界の長大橋（吊橋）

順位	橋 名	中央支間長(m)	国 名	竣工(西暦)
1	明石海峡大橋	1991	日 本	1998
2	グレートベルト・イースト橋	1624	デンマーク	1998
3	潤揚長江公路大橋	1490	中 国	2005(予定)
4	青龍大橋	1418	中 国	2007(予定)
5	ハンバー橋	1410	イギリス	1981
6	江陰長江大橋	1385	中 国	1999
7	青馬橋	1377	中 国	1997
8	ベラザノ・ナロウズ橋	1298	アメリカ	1964
9	ゴールデンゲート橋	1280	アメリカ	1937
10	ヘガクステン橋(ハイ・コースト橋)	1210	スウェーデン	1997

表1.2と表1.3にまとめて示す．とくに，吊橋はその建設された時代とその国の土木技術水準を表すといわれる．これらの表より，わが国の超長大橋の建設技術は世界のトップレベルにあることが理解できる．

中小支間の橋梁では，プレートガーダー橋（けた橋）が最も多く使用されている．連続けた橋は，伸縮装置の数が少なく，走行安定性がよく，耐震設計上も有利な構造形式である．長大橋に適した構造形式としては，トラス橋，アーチ橋，斜張橋，および吊橋が考えられる．このような長大橋では，力学的な特性はもちろんのこと，基礎地盤との関連性，風や地震などに対する安定性，さらに周辺環境との調和も考慮して，構造形式の選定をする必要がある．

従来，橋の構造形式が決定すると，使用材料の重量を最小とすることが経済的であるとした，いわゆる最小重量設計を目指した設計が行われてきた．しかし，社会が成熟し人件費が高騰した今日，最小重量設計が必ずしも経済的とは限らな

い．そこで，最近では，製作費および維持管理費を含めたトータルコストとして，広い意味での経済性が問われるようになってきている．

1.2.3 橋の設計

橋の上部構造の選定と費用算出のために，予備設計，基本設計，および概略設計が行われる．実際に橋を製作するためには，実施設計（execution design）または詳細設計が行われる．

橋の構造形式が決まると，図1.19のように，まず路線の線形計算が行われる．線形計算は，橋の設計の中で最も基本的でかつ重要な作業である．路線線形の決定後，橋の径間割り，幅員，主げたなどの配置を決める．次に，橋に作用する荷重を明らかにし，床版や床組の設計を行い，主構造を骨組モデルに置き換えて，コンピュータを利用して断面力や変位を計算する．橋が安全となるよう設計された部材の重量と仮定した部材の重量とが十分近くなるまで繰り返し計算が行われる．

現在の設計計算は，ほとんどコンピュータを利用して行う．コンピュータが設計計算に果たす役割は大きく，コンピュータの支援により自動的に設計および製図作業を行うCADが一般的になっている．さらに，CADで設計したデータなどをもとに，数値制御式工作機械を操作するデータを作成し，鋼板の切断や孔あけなどを自動的に行うCAM（computer aided manufacturing）が利用されている．

骨組モデルの作成に当たっては，できる限り構造物の挙動が再現できるように注意する必要がある．とくに，荷重の載荷位置と強度，部材の断面性能，および境界条件の設定には十分な配慮を必要とする．骨組形状が複雑で，応力集中が予想されるような場合においては，細分割したシェル要素などによる有限要素法（FEM, finite element method）を適用し，より詳細な応力照査を行う必要がある．

計算された断面力から応力度を計算し，安全な部材の形状と寸法が決定される．また，橋のたわみが制限値以内であることの照査が行われる．続けて，部材の接合や付属物の設計が行われる．また，橋の設計に当たっては，製作が容易であること，輸送が可能であること，維持管理が容易に行える構造であることなどを考慮する必要がある．

1.3 橋の設計法と設計基準

1.3.1 設計法の種類

橋梁は，人間生活と非常にかかわりの深い構造物であり，人間社会の文化，情報，産業などの進展に寄与する社会基盤施設（infrastructure）の一つである．したがって，社会基盤施設がもつ特徴を十分把握した上で，橋を設計しなければならない．橋梁構造物に必要とされる条件としては，以下のものが考えられる．

① 公共性の強い構造物であることから，安全でかつ快適に利用できる．
② 供用期間が50～100年と長いため，その間，健全でかつ機能を保持する．
③ 規模が大きく何度もつくり直しがきかないため，維持管理，補修，補強が容易に行える．
④ 長い期間使用することから，自然環境との調和，景観に配慮する．
⑤ 火災，車の衝突，巨大地震などの偶発的事象に対して，壊滅的な損傷を受けない．
⑥ 建設費，維持管理費，補修補強費，更新費などの総和を最小にする．

このような要求を実現するために，現在，種々の設計方法がある．代表的な設計法を対比して分類すると次のようになる．

① 弾性設計法と塑性設計法： 使用材料は弾性範囲内にあるものとして線形解析を行い，求められた応力に基づいて設計する方法を弾性設計（elastic design）という．一方，塑性変形能を考慮して求めた構造物の崩壊荷重が，設計荷重にある一定比率を乗じたものが崩壊荷重となるような設計方法を，塑性設計（plastic design），あるいは極限設計（limit design）という．この一定比率，すなわち崩壊荷重と設計荷重との比を荷重係数または荷重安全率と呼ぶ．

② 決定論的設計法と確率論的設計法： 設計にともなう荷重，材料，構造解析などの各種の不確定要因（ばらつき）を確率論で評価し，設計計算に取り込んだ設計法を確率論的設計法または信頼性設計（reliability design）法といい，確率論を用いない設計法を決定論的（確定論的）設計法という．

③ 静的設計法と動的設計法： 地震や風などの動的作用の影響を，時間領域（時刻歴応答解析）あるいは周波数領域（応答スペクトル解析）で解析して設計する方法を動的設計（dynamic design）という．動的な荷重を静的に置換して設計する方法を静的設計（static design）という．耐震設計で用いられる震度法や地震時保有水平耐力法は静的設計である．

④ 許容応力度設計法と限界状態設計法： 設計荷重によって構造部材に生じる最大応力度が，使用材料の許容応力度以下となることによって，安全性を照査する設計法を許容応力度設計（ASD, allowable stress design）法という．一方，限界状態設計（LSD, limit state design）法は，構造物または部材がその機能を果たさなくなり，設計目的を満足しなくなるすべての限界状態について照査する設計法である．さらに，限界状態設計法は終局強度設計法，荷重抵抗係数設計法，および部分安全係数設計法などに区分することもできる．

ここでは，許容応力度設計法，限界状態設計法，次世代の設計法として性能照査型設計法について述べ，代表的な各国の設計基準の特徴を以下に示す．

1.3.2 許容応力度設計法

許容応力度設計法は，構造物の各部材に作用する応力度が，それぞれ使用する材料の許容値以下となることを確認することによって，安全性を照査する設計法である．わが国の道路橋示方書では，長年にわたり許容応力度設計法を採用している．常に技術の進歩，経験と実績による適切な対応により，定常的に道路橋示方書の改訂が行われてきた．この設計法により，その時代に期待された機能を満たしうる構造物が生み出されてきたのも事実である．使用する材料の降伏点，座屈，疲労などのいわゆる強度を設計の基準にとり，構造物の安全性を同一に確保してきた．

許容応力度設計法は，ばらつきのある荷重，材料の強度や計算誤差などに対し，材料強度のみを適当な安全率で除して，経験的に許容応力度を設定する．また，構造解析では，鋼およびコンクリートを弾性体として取り扱うことから，設計計算が容易となる特徴を有している．しかし，部材の破壊に対する安全性，ひび割れ，たわみなどの使用時に対する安全性がすべて満足するように設計するためには，どの安全性がクリティカルであるか不明確であり，構造形式によって各条件に対する安全性が異なる．近年，解析技術の進歩，実構造物の現場計測データの蓄積にともない，構造物の安全性および耐久性に関する定量的評価法が可能となりつつある．また，コンピュータの発達により，非線形構造解析や動的解析が可能となり，限界状態設計法に移行する機運が世界的に高まっている．国内においても，コンクリート標準示方書，鋼構造物設計指針などにみられるように，設計法は限界状態設計法に移行しつつある．さらに，最近は性能照査型設計法が検討されている．

1.3.3 限界状態設計法

限界状態設計法は，構造物や構造部材が設計において意図した機能や条件に適さなくなる限界状態を設定し，荷重が作用しても構造物や構造部材がこの限界状態を超えないことを照査する設計法である．照査すべき限界状態はいくつか考えられるが，荷重レベルや検討方法の相違により，終局限界状態，使用限界状態，疲労限界状態の3つに区別するのが一般的である．

① 終局限界状態（ultimate limit state）： 終局限界状態とは，対象とする構造物やそれを構成する部材の保有する耐荷能力を超えて，破壊，転倒，浮上がり，座屈，大変形などを起こし，安定や機能を失う状態である．

② 使用限界状態（serviceability limit state）： 使用限界状態は，通常の使用性や耐久性に関する限界状態である．具体的には，構造物または部材が過度のひび割れ，変位，変形，損傷，不安や不快感を抱かせる振動などを起こし，正常な使用ができなくなったり，耐久性を損なったりする状態である．

③ 疲労限界状態（fatigue limit state）： 疲労限界状態は，構造物または部材が自動車荷重や列車荷重のような繰返し荷重（cyclic load）により，疲労クラックが発生し疲労破壊（fatigue failure）を起こす状態である．構造物または部材が破壊するという意味で，終局限界状態に含めて考える場合もあるが，破壊が荷重強度ではなく，応力振幅や繰返し回数で規定されるため，終局限界状態とは別に定義される．

1.3.4 性能照査型設計法

以上，これまでの設計法は，強度を中心とした力学的表現の形でつくられた仕様規定であるのに対して，確保すべき構造物の要求性能 Q_s（安全性，機能性，使用性，耐震性，耐久性，施工性，耐疲労性や景観性など）を先に定め，設計された構造物の保有性能 Q_r が，次式で示すように，ある確率変数のもとで性能照査する設計方法が現在考えられている．

$$Q_s < Q_r \tag{1.1}$$

ここに，Q_s：要求性能，Q_r：保有性能である．このように目標性能を設定し，性能規定を取り入れた設計法を性能照査型設計（PBD, performance-based design）法という．

性能照査型設計法を採用すると，以下のような長所が期待される[1]．

① 設計の自由度が広がり，独創的な構造を設計する可能性が生まれる．

② 技術・研究の発展にともない,合理的な設計を可能にする.
③ 新しい技術の適用を容易にし,技術の進歩を促すことができる.
④ 異種材料からなる構造物,耐久性,景観に関する設計および施工計画に対して,統一的な設計方法を確立するのに有効である.
⑤ 全体として,建設費のコストダウンを可能にする.

しかし,今後検討すべき問題点があるのも事実である[2].たとえば,要求性能を照査する方法の確立,設計に不備があった場合の責任のあり方,保険システムを確立しておくなどの体制づくりも必要である.

いずれにしろ,鉄道橋および道路橋では,性能照査型の設計基準に向けた具体的な作業が現在進められている.

1.3.5 代表的な各国の設計基準

a. アメリカの道路橋設計示方書:AASHTO (1994年)

アメリカ道路交通協会 (AASHTO, American Association of State Highway and Transportation Officials) の設計基準は荷重抵抗係数設計 (LRFD, load and resistance factor design) 法が用いられており,これも一種の限界状態設計法である.限界状態を①使用限界状態,②疲労・破壊限界状態,③強度限界状態,④非常時限界状態 (extreme event limit state) の4つに分類している.最後の④非常時限界状態は,地震,洪水といった自然災害,および船舶,車両,流氷などの橋脚への衝突事故によっても,橋梁が残存するための限界状態を規定している.

b. オンタリオ州道路橋設計基準:OHBDC (1983年)

オンタリオ州道路橋設計基準 (OHBDC, Ontario Highway Bridge Design Code) は,①終局限界状態,②使用限界状態を考えた限界状態設計法である.

c. ドイツ規格協会の設計基準:DIN (1988年)

ドイツ規格協会の設計基準 (DIN, Deutsches Institut für Normung) は,①終局限界状態,②使用限界状態を考え,安全係数を用いた限界状態設計法である.耐荷安全性の照査には,従来の許容応力度設計法に相当する弾性理論,または塑性ヒンジ理論 (plastic hinge theory) による設計作用値 S_d を算出し,さらに,材料の降伏開始(弾性解析)または塑性耐荷力(塑性余剰力)による設計抵抗値 R_d を求め,その安全性を次式によって照査 (verification) する.

$$S_d \leq R_d \tag{1.2}$$

ここに,S_d:設計作用値(設計断面力),R_d:設計抵抗値(設計耐力)であ

d． イギリスの設計基準：BS5400（1984年）

イギリスの設計基準（BS5400, British Standard）の構成は，鋼橋，コンクリート橋，合成橋梁の設計と施工に関する指針，および荷重，材料，ならびに製作に関する示方書を組み合わせたものである．①終局限界状態，②使用限界状態を考えた限界状態設計法である．

e． 欧州コード：EC（Eurocode）

欧州では，1978年にSIA基準（スイス），1984年にBS基準（イギリス），さらに，1988年にDIN基準（ドイツ）が限界状態設計法に移行している．また，欧州統一機構（EU）の発足を受けて，欧州基準委員会（CEN/TC250）は，現在欧州コード（ユーロコード）を作成中である．この設計の基本は，①終局限界状態，②使用限界状態を考えた限界状態設計法である．

欧州コードは，表1.4に示すように，設計の基本と荷重から始まり，各種の構造に関する設計基準を網羅している．鋼構造の設計はEurocode 3に含まれる．構造物の安全性は，式(1.2)によって照査される．

この欧州コードの特徴は，国際的な設計基準を目指しているところにある．すでに，国際標準化機構（ISO, International Organization for Standardization）の設計基準との整合性を考え，用語の統一を図っている．また，EU諸国では，欧州コードを基本としたISO規格が完備しつつある．ISOは，1947年に設立された非政府機構（NGO）であり，わが国では，日本工業規格（JIS）の調査，審査を行っている日本工業標準調査会（JISC）が，1952年に加盟している．

ISOが重要になってきたのは，1979年のGATT東京ラウンドで合意された「貿易の技術的障害に関する協定」により，締結国がISOの定めた国際規格を尊重する責任と義務を負うようになったことによる．ISOの特徴は，製品そのものの品質を規定するものではなく，製品を生産する企業，工場の経営方針や生産体制に対する規格であることと，第三者認証機関

表1.4 欧州コードの内容

コード区分	設計基準の内容
Eurocode 1	設計の基本と荷重（作用）
Eurocode 2	コンクリート構造の設計
Eurocode 3	鋼構造の設計
Eurocode 4	鋼とコンクリートの合成構造の設計
Eurocode 5	木構造の設計
Eurocode 6	組石造の設計
Eurocode 7	地盤の設計
Eurocode 8	構造物の耐震設計
Eurocode 9	アルミニウム構造の設計

による審査を受け，認証を得る審査登録制度にある．建設業の国際化にともない，ISOの認証取得が避けられない状況になりつつある．

1.4 鋼橋の製作と施工

1.4.1 鋼橋の製作

一般に，橋の部材は工場内で製作される．鋼橋の製作に必要な材料の手配から，工場塗装までの製作工程の流れを図1.24に示す．また，鋼橋の工場製作過程を写真9に示す．

a. 材料手配

製作に必要な鋼材の数量を見積もり，これに加工・組立に必要な余裕代を見込んで，材料を購入する．鋼材に添付されたミルシート（鋼材規格合格証明書）により鋼材を照合する．必要に応じて，鋼材の材料試験を行う．

b. 原寸，け書き

橋梁の設計製図は，できあがりの形状や寸法で表示されている．実際の製作に当たっては，橋の縦横断勾配，キャンバー（上げ越し量），溶接による収縮ひずみの影響を考慮して，原寸場と呼ばれる広い部屋の床に実物大の寸法を描いて，定規（鋼製のテープ）や型板（フィルム）などを用いて鋼板にけ書き（marking）を行う．この作業を原寸作業（full size drawing）という．また，このときの検査を原寸検査という．

現在では，コンピュータを利用して，数値情報のみを用いた数値制御（NC, numerical control）により，自動け書きや切断を行っており，製作の省力化と高品質化が図られている．

c. 加工

け書きされた鋼材は，切断，高力ボルト用の孔あけ，切削，ひずみ取り（矯正）のため冷間および熱間曲げ加工される．最近は，切断精度の向上を目指して，精度，品質に優れ，さらに自動化や作業環境で有利なNCレーザー加工が普及している．

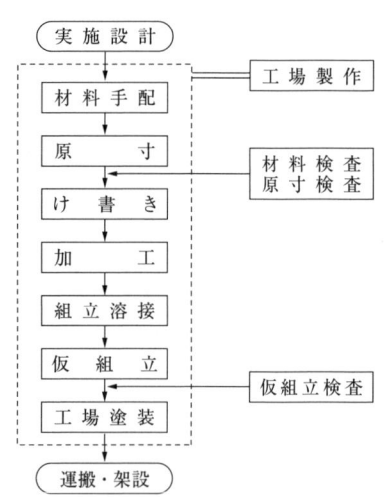

図 1.24 工場製作の流れ

d. 組立溶接

工場における部材の組立には，溶接が用いられる．溶接の作業性としては，下向き姿勢が有利であることから，回転枠を用いた溶接が行われる．鋼橋は個別生産のため，今まで溶接のロボット化は難しいとされていた．しかし，最近は溶接工程のシステム化を図り，多電極溶接機やNC溶接ロボットが導入されている．

e. 仮 組 立

工場製作の最終段階として，設計図に示されている構造物が全体的にも局部的にも所定の寸法，形状を満足し，かつ，架設作業において部材相互間に異常がないことを確認するために，仮組立（shop assembly）が行われる．また，所定の精度で製作されているかの検査を行う．これの検査を仮組立検査という．従来は，部材の形状やボルト孔処理などの確認のために仮組立を実施していたが，最近は，部材の自動計測，NC加工技術の発達により，工場での仮組立が省略される傾向にある．

f. 工 場 塗 装

仮組立検査が終了した後，橋の部材は一度解体され，工場内で下塗りの塗装（painting）が施される．中塗り・上塗りの塗装は，架設現場で行うのが一般的である．

1.4.2 鋼橋の塗装

a. 鋼材のさびと防食

鋼材は，水と酸素に接すると化学反応により，酸化第二鉄（$Fe_2O_3 \cdot H_2O$）を生成し，さび（錆，rust）を生じる．このとき，塩分，硫酸化物が介在すると，さらに化学反応が促進され，さびの発生も促進される．これを防ぐためには，何らかの方法で外気を遮断することが必要である．

鋼橋に用いられる防食方法としては，以下のようなものがある．

① 塗装： 主に有機質の被膜塗料で鋼材の表面を覆ってしまう方法．

② 金属被覆： 塗料の代わりに，化学的・物理的に安定した金属で鋼材の表面を覆う方法である．一般的な方法として，高温（450〜480℃）で溶かした亜鉛の中に，浸漬する溶融亜鉛めっき法（俗に，どぶづけ，hot dip galvanizing）と，溶射ガンの中で瞬時に溶かした金属（亜鉛，アルミなど）を鋼材表面に吹きつけて，冷却硬化させる金属溶射法（メタリコン，metalikon）の２つがある．いずれも，塗装に比べて高価であり，熱によるひずみが生じたり，大断面には均

① 実施設計

④ 矯正（大形ローラー）

② 原寸作業

⑤ 矯正（プレス加工）

③ 材料仕分け（マグネットクレーン）

⑥ ガス切断（フレームプレナー）

写真 9 橋の

1.4 鋼橋の製作と施工

⑦ ガス切断

⑩ 溶接（回転枠）

⑧ 孔あけ（ラジアルボール盤）

⑪ 溶接（エレクトロスラグ）

⑨ 組立

⑫ 仮組立

工場製作

質な被膜ができにくいなどの理由から，塗装ほど一般的ではない．橋梁では，高欄，支承，排水ますなどに溶融亜鉛めっき法が用いられる．

③その他： 鋼材の表面に緻密な安定さびをつくり，酸素の供給を遮断して防食する耐候性鋼材を用いる方法．海上部の橋脚では，耐食性に優れたクラッド鋼，ステンレス鋼を使用する方法がある．

b. 塗装作業

鋼板には，黒皮やさび，油脂などの異物が付着しており，塗装に先立ってこれらを除去する必要がある．このような処理を素地調整（ケレン，cleaning）といい，その清浄作業には，ブラスト（blast）法，酸洗い，動力工具（サンダー）を用いる方法などがある．ケレンの中でもブラスト法が最も信頼性が高く，ショットブラスト（鋼粒），サンドブラスト（砂），グリッドブラスト（鋼砕粒）などが用いられる．

最近は，鉄鋼メーカで鋼板ができあがると同時に素地調整を行い，一次プライマーを塗布する．一次プライマーは，製作完了までの間のさび発生を抑えるために塗られるが，加工中に溶接などによって損傷を受けるので，製作完了後，再度素地調整を行う必要がある．

素地調整後，工場内で下塗り塗装を行い，部材を現地に搬入するのが一般的な方法である．しかし，箱げた橋の内面は，現地での塗装作業環境がきわめて悪いことから，工場内で中塗り，上塗りまでの塗装を行う．また，大ブロック架設工法を採用する場合には，工場内で上塗りまで完了させる．

1.4.3 橋の架設

工場製作された部材はトラック，船などで架設現場に搬入される．部材の発送に先立ち，組立記号を記入する．輸送時に，1個の重量が 50 kN (5 tf) 以上の部材ブロックについては，その重量および重心位置を見やすい箇所に塗料で記入する．部材を輸送する場合の損傷は，積込み時，輸送途中，および荷下ろし時に生じる．部材の寸法，形状，輸送経路などを事前に調査しておく必要がある．

部材の架設工法は，①部材の支持方法，②部材の据付け工法，③組立用クレーンの種類によって，おおよそ表1.5のように分類できる．実際の架設工事では，表1.5に示した架設工法を単独で採用することは少なく，①，②，③をそれぞれ組み合わせた架設工法が用いられる．

橋梁の一般的な架設工法を以下に示す．

a. 足場式架設工法

図1.25に示すように，支柱や支持枠などの支保工（timbering）を設け，橋を支持して架設する方法を足場式架設（staging erection）工法という．また，支保工式架設，ステージング架設ともいう．橋梁架設工法の中で，最も基本的な工法であり，けた下に障害物がなく，その高さが比較的低い場合に適する．また，支保工を支える地盤が良好で，河川などでは出水のおそれがない場合に有利である．

表 1.5 架設工法の種類

部材組立の工法	架設工法の内容
部材の支持方法	ベント式工法
	ケーブルエレクション工法
	架設げた工法
部材の据付け方法	送出し工法
	片持式工法
	大ブロック工法
	横取り工法
組立用クレーンの種類	自走クレーン工法
	ケーブルクレーン工法
	フローティングクレーン工法
	トラベラークレーン工法

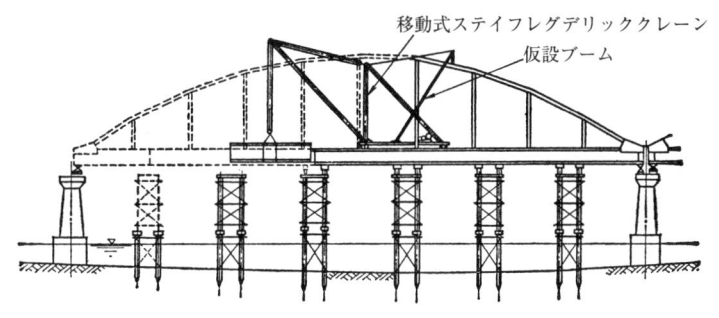

(a) 移動デリッククレーン式

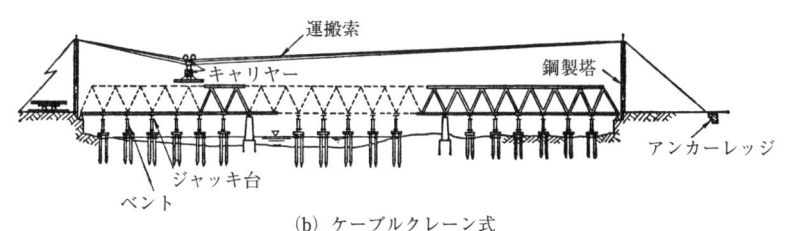

(b) ケーブルクレーン式

図 1.25 足場式架設工法

b. ベント式架設工法

図1.26に示すように，足場式よりも1個当たりの支保工を強固につくり，支持点の数を少なくした工法をベント式架設（bent erection）工法という．ベント

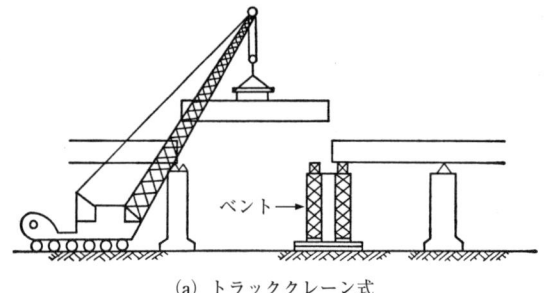

(a) トラッククレーン式

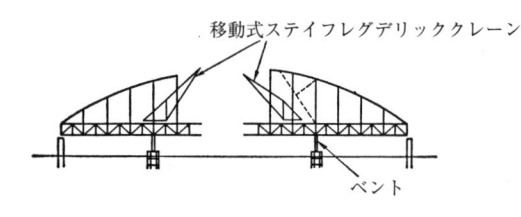

(b) トラベラークレーン式

図 1.26　ベント式架設工法

(bent)は通常鋼製のものが用いられ，山形鋼を組み合わせた角ベント，H鋼ベント，パイプベントなどの種類がある．ベント式架設工法は，無応力状態で部材の連結ができ，ジャッキを用いたキャンバー調整が容易である．しかし，不等沈下には注意を要する．

c. 片持式架設工法

けた下空間にベント設備の設置ができない場合，けたあるいはトラス本体を片持ばりの構造系で架設する方法を片持式架設（cantilever erection）工法という．図 1.27 に示すように，側径間をアンカーとして張り出す方法，あるいは橋脚を中心にして左右のバランスを保ちながら架設する方法がある．

d. 架設げた（トラス）式架設工法

地形や交通などの条件から，けた下空間が使用できない場合，あらかじめ架設用のけた（あるいは，架設用トラス）を架けておき，橋本体をこれに支持させて架設する方法を架設げた式（erection girder）架設工法という．図 1.28 に示すように，架設には橋本体を送り出す場合と引き出す場合がある．ウィンチなどで引き出す場合には，橋本体の急激な移動を防ぐために，図 1.28 (b) のような惜みロープを使用する．このように，移動方向と反対側に引っ張り，移動にともない

(a) 張り出し式

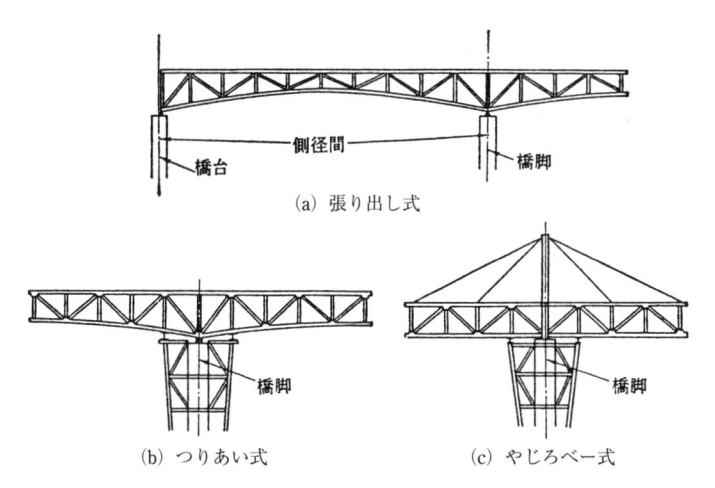

(b) つりあい式

(c) やじろべー式

図 1.27 片持式架設工法

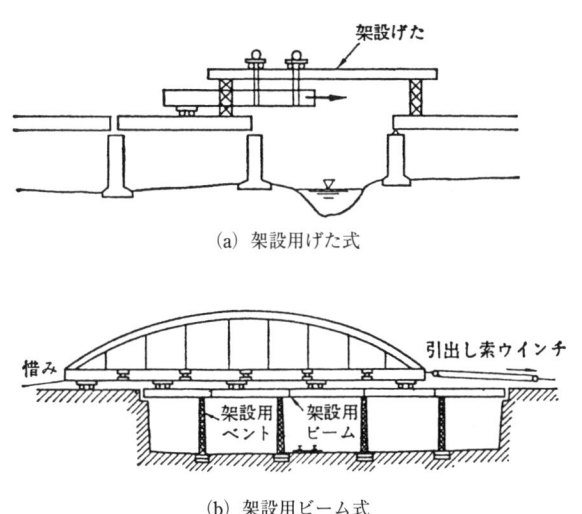

(a) 架設用げた式

(b) 架設用ビーム式

図 1.28 架設げた式架設工法

徐々に緩めることを惜みという．

e. 送出し式架設工法

架設地点に隣接する場所で組み立てた橋本体を，所定の位置に送り出して（あるいは引き出す）据え付ける方法を，送出し式架設（launching erection）工法，あるいは引出し式架設（draw erection）工法ともいう．これもけた下空間が使用

できない場合に採用される方法で，使用する機材によって図1.29に示すように，縦引出し式，移動ベント式，移動台船式，呼取り式，手延べ式，連結式（カウンターウェイト式）などがある．

手延べ式送出し工法は，けた先端に手延機を取り付け，軌条（レール）の上を台車で移動させながら，油圧ジャッキで一定距離を尺取り虫のように連続移動させて橋本体を送り出す方法である．たとえば，鉄道や高速道路の上に橋を架設する場合など，支保工やトラッククレーン（truck crane）が使用できないような架設地点において採用される．

f. ケーブル式架設工法

深い谷や急流の河川などで足場の設置が困難な場合，両岸に建てた塔からケーブルを張り，それによって橋を支持する架設工法をケーブル式架設（cable erection）工法という．ケーブルの張り方により，図1.30のような斜吊り式，相吊り式，および直吊り式がある．ケーブル式架設工法では，部材の運搬設備として，ケーブルクレーン（cable crane）としばしば併用される．

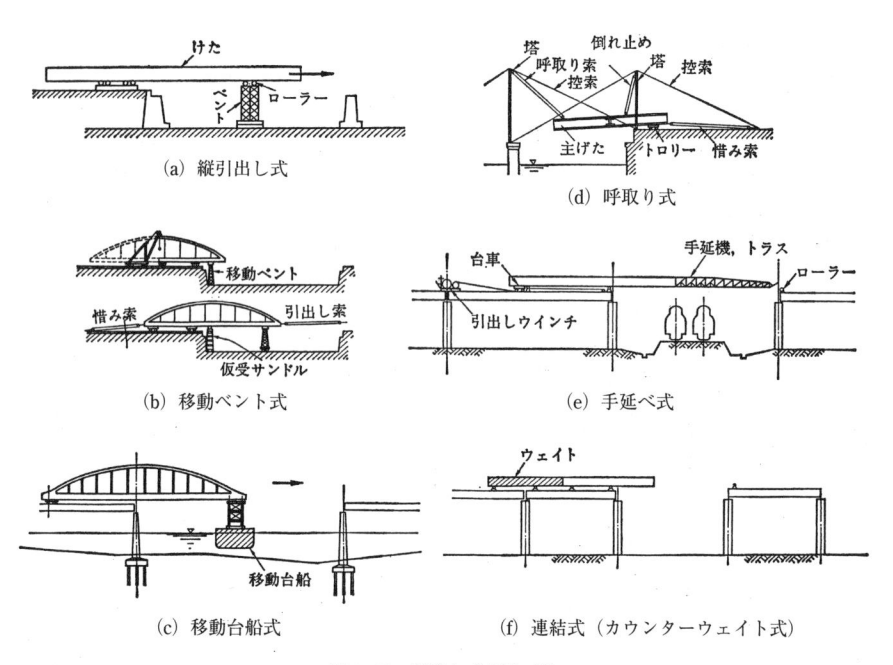

図 1.29 送出し式架設工法

(a) 斜吊り式

(b) 相吊り式

(c) 直吊り式（ハンガーロープ式）

図 1.30　ケーブル式架設工法

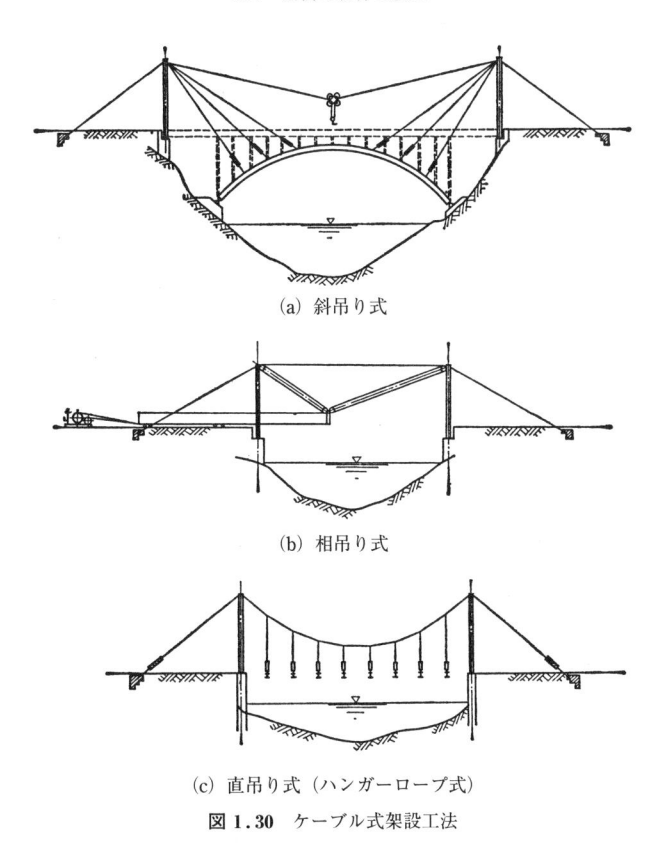

g. 回転式架設工法

回転式架設（rotating erection）工法は，既存の鉄道，道路，運河などに沿って平行に新設橋梁の地組みを行い，完成後，片側端部を中心に回転させて架設する方法である．自走クレーン車の進入が困難な場合，また新設橋梁の延長上に部材の搬入や地組みができない場合には有効な架設工法である．

h. 大ブロック架設工法

大ブロック架設（large block erection）工法は，製作工場あるいは架設地点付近の地組立ヤードにおいて橋を組み立て，橋全体を大規模フローティングクレーン船などで吊り上げ，そのまま架設地点まで運搬し，図1.31に示すように，台船のジャッキあるいは潮の干満を利用して一括架設する方法である．また，一括架設工法ともいう．

近年，海上橋梁の建設が増えたこと，架設用のクレーン船の能力が向上したこ

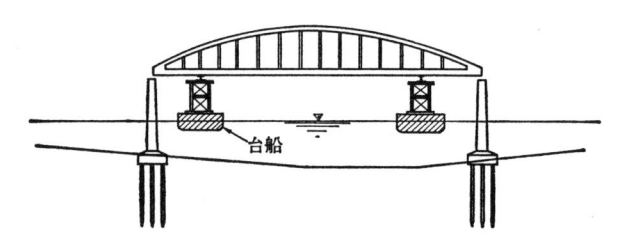

図 1.31　大ブロック架設工法

となどから，現場工事の安全性，工期短縮，品質管理の向上，第三者への影響軽減といった理由から，大ブロック架設工法が採用される機会が多くなってきている．

橋の事故の多くは，架設中および架設前後に発生することが多い．各架設段階に応じて構造系や荷重条件がそれぞれ変化することから，各架設段階で橋の安全性を検討する必要がある．とくに開断面の曲線げた橋では，わずかな外乱によって不安定現象（横倒れ座屈現象）を生ずることがあるので注意を要する．また，仮設設備のベントの組立・解体，足場の組立・解体，橋げたの組立・移動作業中の誤った操作などによって，作業員の墜落・転落による死傷者事故も少なくない．したがって，事故防止安全対策や作業員との連絡体制の確保について，事前に検討しておくことが重要である．

1.5　橋の維持管理

1.5.1　橋の寿命

橋梁構造物に限らず，すべての構造物は，時間の経過とともに次第にその性能（performance）が低下する．人間が歳をとるとともに体力が低下し，やがて寿命をむかえるように，構造物も寿命がつきて取り換えられることになる．しかし，構造物の寿命（life）には，必ずしも明確な定義があるわけではない．

橋の寿命がつきるということは，何らかの理由により使用できなくなることだと考えると，一般的に，橋の寿命は次のように分類される．

①　物理的寿命：　使用開始後，疲労，腐食，地震などの災害により構造物の性能低下，材料の劣化，これにともない外力（荷重）に耐えられなくなる限界としての寿命である．たとえば，腐食の進行とともに耐荷力不足になり，使用停止となる鋼構造物などの寿命がこれに当たる．

②　機能的寿命：　建設後の社会環境の変化により，構造物に要求される機能

も変化し，期待される機能を満足しなくなることによって，使用停止される場合の寿命である．たとえば，河川改修や交通量の増大に対応できずに使用停止される橋梁，生活様式の変化に対応できなくなった立体横断歩道橋の撤去などがその例である．機能的要因には，社会要請の変化や価値観の変化にともなう社会的要因と，設計法の変更（示方書の改訂）にともなう人為的要因とがある．

③ 経済的寿命： 構造物の性能を低下させないために，あるいは低下した機能を回復するために要する費用と，新しい構造物に取り換える場合の費用を比較し，更新する方が経済的との判断から決まる寿命である．また，有料道路や有料橋梁にみられる建設費およびその償還と収益との関係から算定される償還年数と，減価償却的な考えに基づいて算定された償却年数とのバランスから決められる寿命を意味する場合もある．

道路橋の架け換え理由を調べると，実際には腐食や構造上の欠陥，災害などの物理的寿命で取り換えられるものより，幅員などの機能上の問題，河川改修などの理由で取り換えられる場合が多い．

橋の設計には，耐用年数（lifetime）という用語がしばしば使われる．当然のことながら，橋の寿命とは定義が異なる．耐用年数は，構造物がその性能，機能を支障なく発揮する期間として設計時に規定する供用年数をいう．また，耐用期間，供用期間ともいう．「減価償却資産の耐用年数等に関する大蔵省令」によれば，鉄道橋の耐用年数は，コンクリート造で50年，鉄骨造で40年となっていることから，道路橋の耐用年数は50年程度と考えられている．しかし，現実には，この耐用年数をはるかに超えた鉄道橋および道路橋が存在することからも，橋の寿命とは同一ではないことがわかる．

さらに，1.3.5項で述べた各国の設計基準は，限界状態設計法を採用しており，75～120年といった設計年数（設計寿命）が用いられている．これは荷重の再現期間を非超過確率により算出する年数であり，橋の寿命とは異なることに注意を要する．

1.5.2 橋のライフサイクル

日本で建設された橋長15 m以上の道路橋は，全国でおおよそ13万あり，そのうち，鋼橋が約40％，PC橋が約35％，RC橋が約20％といわれている[3]．図1.32は，わが国の道路橋を建設年次ごと（5年間の総数）にまとめた橋梁数を示す．第一次道路整備五ヵ年計画が1954年にスタートし，高度経済成長期と重な

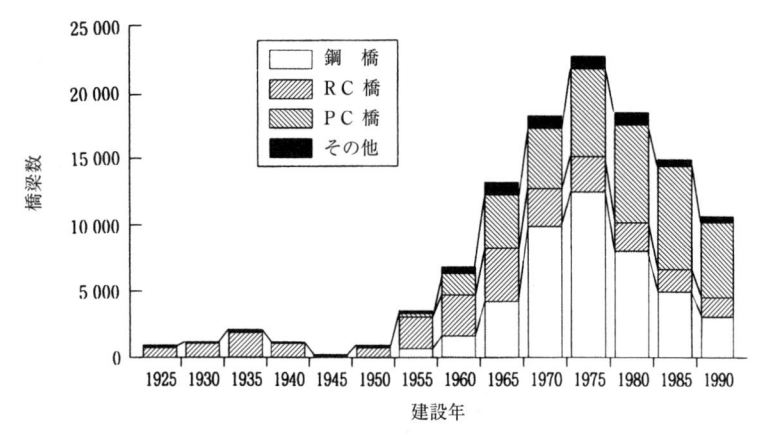

図 1.32 建設年次別橋梁数（建設年の前 5 年間の総数）

るように橋の建設数が増加し，石油ショックまでその傾向は続いた．1975 年に，橋の建設数はピークに達し，その後減少する傾向にある．1975 年を中心にして，橋にも一種の団塊の世代を形成していることがわかる．

橋の耐用年数を 50 年とするならば，2025 年以降には高齢化した橋が急速に増えることが予想される．しかも，橋の団塊世代に対する維持補修・補強に関する費用が増大することは確実である．つまり，このことは，社会資本の一つである橋を維持するために，後々の世代への経済的な負担が大きくなる可能性があることを意味する．

「将来の維持管理負担をどのように減らすか」という問題は，これからの橋に課せられた大きなテーマである．最近，橋の寿命を考えたライフサイクルコスト（LCC，life-cycle cost）が検討されている[4]．つまり，初期コスト I のみならず，維持管理コスト M および更新（架け換え）コスト R を含めたトータルコストを最小とする考え方である．LCC は一般に次式で表される．

$$LCC = I + M + R \tag{1.3}$$

ここに，LCC：ライフサイクルコスト，I：初期コスト，M：維持管理コスト，R：更新コストである．

道路橋の場合，いつでも支障なく通常の走行が確保されることが，道路管理者の責任（accountability）であるとすれば，それを阻害する更新や維持管理の作業頻度を極力少なくすることが望まれる．また，これらの作業にともなう社会的な損失および費用などを考えると，ライフサイクルコスト LCC を最小にすること

は，橋の寿命を長くすることにより，更新コスト R を抑えることと，同時に維持管理コスト M を小さくすることにつきる．橋の寿命を200年と設定し，LCCの縮減をめざしたミニマムメンテナンス橋の提案もある[5]．また，海外においては，橋の調査，計画に始まり，設計，製作，施工，維持管理，架け換えまで含めた，いわゆる橋のLCCの最適化を図る橋梁マネージメントシステム（BMS，bridge management system）が検討されている[6]．

1.5.3 橋の点検・検査

先に述べたように，幹線道路あるいは都市部高速道路では，構造物の異常により交通止めなどが発生すると，その社会的影響はきわめて大きい．したがって，異常の有無を事前に点検し適切な処置を施すこと，または，点検・検査結果に基づき維持管理計画を立て，必要に応じて補修・補強を行い，構造物が常によりよい状態を保つことが要求される．

橋の点検・検査には以下のものがある．

a．通常点検

道路構造物の良好な保全のために，日常的に行う点検を通常点検という．主として，目視および車上観察により，鋼げたや橋脚の形状および外観異常の有無が点検される．頻度は1回/日～1回/月程度で，日常点検，巡回点検ともいう．

b．定期点検

構造物の健全度を把握し，機能低下の原因となる腐食，劣化，損傷などの早期発見と評価のために，構造物に接近して定期的に行う点検を定期点検という．頻度としては，数年に1回行われる．この場合，足場は点検通路あるいは塗装塗り替え工事などの足場を利用する．また，自走式点検専用車あるいは海峡部の長大橋では，橋梁添架方式作業車を用いる場合がある．

c．詳細点検

通常点検あるいは定期点検の結果から，構造物の腐食，劣化，損傷などの進行が大きい場合には浸透探傷法，渦流探傷法，超音波探傷法などの非破壊検査を行い，より詳細な点検検査が行われる．

d．臨時点検

地震，台風，火災，豪雨，車両，あるいは船舶の衝突などの緊急事態が発生したとき，予想される異常箇所を目視により点検することを臨時点検，あるいは緊急点検という．

1.5.4 橋の補修・補強

橋梁の点検・検査により，損傷箇所を早期に発見し，適切な補修および補強を行うことは，供用後の維持管理に要するランニングコストの面でも経済的となる．たとえ一時的に補修・補強の費用がかかっても，それを怠り新設橋に架け換えるよりは，長い時間スパンで考えると，トータルコストは安くなるであろう．

a. 鉄筋コンクリート床版の補修・補強

道路橋で最も数多く損傷を受け，補修・補強が問題となるのは鉄筋コンクリート床版（RC床版）である．RC床版の主たる損傷の原因は，輪荷重の増大と設計耐荷力の不足と考えられる．損傷したRC床版を補修・補強した事例を以下に示す．

①床版の全面打換え： 損傷を受けた床版を取り除き，耐荷力の大きな床版につくり直す方法である．

②鋼床版に変更： RC床版をつくり直す場合は，一般に床版厚が厚くなる．このため死荷重が増大し，床組や主げたの耐荷力が不足する場合がある．これに対処するために，鋼床版やI形鋼格子床版に変更する方法である．

③鋼板接着工法： RC床版の下面（引張側）に，鋼板をエポキシ系樹脂の接着剤で貼りつけ，床版と一体化させて耐荷力を増す方法である．この方法の利点は橋面の下側で作業するため，自動車の走行に影響をおよぼさないところである．しかし，鋼板の接着不良や，鋼板幅が狭いときには，その端部からさらにひび割れが発達することがあるので注意を要する．

④縦げた増設工法： 鋼板接着工法は床版自身の耐荷力を増す方法であるのに対し，縦げた増設工法は，床版を支持する既存のけたの間に縦げたを入れ，床版の支間を短くすることにより作用曲げモーメントを減少させる工法である．

⑤その他の補強工法： 鋼板接着工法における鋼板の代わりに，繊維強化プラスチック（FRP，fiber reinforced plastic）をコンクリート面に接着する方法である．

b. 鋼橋の損傷事例

鋼材は比較的高強度の材料であり，構造物の軽量化が可能である．そのため，荷重全体に占める変動荷重の割合が大きくなり，疲労の影響を受けやすい．また，鋼材は延性に富み優れた加工性，変形性能を示すが，塗装や被膜が劣化した場合には，腐食の影響を受けやすいという弱点がある．このような疲労と腐食により

1.5 橋の維持管理

致命的な損傷を受けた鋼橋は少ないが，今後の維持管理において重要な因子であることから，以下にその損傷事例を示す[7]．

鋼橋における疲労損傷事例　鋼橋において確認されている疲労損傷の多くは，二次部材の接合部に発生している．損傷の主たる原因は，応力集中，面外変形，二次応力などの影響が重複して作用するためと考えられている．二次部材の接合部における疲労損傷は，直ちに鋼橋の安全性に重大な影響をおよぼすものではないが，疲労亀裂が進展し，主要部材の応力直角方向に向かう場合には，重大事故につながる危険性がある．

鋼道路橋において，疲労損傷が確認された部位を列挙すると以下のようである．

① けた橋では，対傾構，横げた，横構などの二次部材と主げたとの接合部．
② けた端切欠き構造の切欠きコーナー部における腹板と下フランジとの溶接部．
③ 鈑げた橋，箱げた橋の支承ソールプレート接合部．
④ アーチ橋，トラス橋の床組においては，縦げたと横げたとの接合部．
⑤ 上路アーチ橋（逆アーチ橋）における垂直材と補剛げた，あるいはアーチリブとの接合部．
⑥ 鋼床版における縦リブの溶接継手部，縦リブと横リブとの交差部，および垂直補剛材とデッキプレートとの溶接部．

鋼橋における腐食の原因　鋼橋の維持管理において，塗料の塗り替えは重要な因子である．鋼橋の腐食は，海塩粒子や亜硫酸ガスなどの周辺環境，および雨水の漏水により局部的な滞水が生じやすい部材の形状や位置によって，その腐食の程度が著しく異なることが多い．鋼道路橋の腐食事例から，その原因を整理すると以下のようになる．

① 橋梁形式を問わず，床版のひび割れ損傷部や打継ぎ不良部からの漏水．
② 伸縮継手部や床版端部からの雨水，漏水．
③ 箱げた橋では，高力ボルト継手部からの漏水により，けた内部に滞水．また，下路アーチ橋やトラス橋においては，路面からの雨水や泥の跳ね返りにより，弦材や格点部に滞水，ゴミの堆積．
④ 海上部および河口部に位置する橋梁では海塩粒子の付着．

演習問題

1.1 次の用語について説明せよ．
(1)支間と径間，(2)固定橋と可動橋，(3)複合橋梁，(4)けた部材，トラス部材，およびラーメン部材，(5)外的および内的不静定系アーチ橋，(6)マルチケーブル形式，(7)経済的径間割り，(8)CADとCAM，(9)信頼性設計，(10)仕様規定と性能規定，(11)要求性能と保有性能，(12)欧州コードとISO，(13)NC加工，(14)溶融亜鉛めっき法と金属溶射法，(15)素地調整，(16)手延べ式送出し架設工法，(17)大ブロック架設工法，(18)橋の寿命と耐用年数，(19)LCCとBMS，(20)BS，DIN，およびAASHTO．

1.2 橋を構造形式により分類し，その特徴について述べよ．
1.3 斜張橋が発展してきた理由を示し，設計・架設上の留意事項について述べよ．
1.4 吊橋の種類とその特徴について述べよ．
1.5 橋を設計する上で，必要とされる条件について述べよ．
1.6 橋の設計法の種類とその特徴について述べよ．
1.7 許容応力度設計法，限界状態設計法，および性能照査型設計法の特徴とその違いについて述べよ．
1.8 各国の設計基準の特徴について述べよ．
1.9 鋼橋の腐食事例と鋼材の防食方法について述べよ．
1.10 橋の架設工法の種類とその特徴について述べよ．
1.11 橋の寿命とライフサイクルコストについて述べよ．
1.12 鉄筋コンクリート床版の補修・補強について述べよ．
1.13 鋼橋の疲労損傷事例を示し，その維持管理のあり方について述べよ．

2 荷　　重

　橋に作用して，応力や変位の原因となるものを荷重（load）という．道路橋に作用する荷重は表2.1に示すように，大きく3種類に区分される．主荷重は常に作用する荷重，従荷重は常に作用するわけではないが，荷重の組合せを考慮しなければ

表 2.1　荷重の種類

荷重の区分	荷重の内容
主　荷　重（P）	死荷重（D），活荷重（L），衝撃（I），プレストレス力（PS），コンクリートのクリープの影響（CR），コンクリートの乾燥収縮の影響（SH），土圧（E），水圧（HP），浮力または揚力（U）
従　荷　重（S）	風荷重（W），温度変化の影響（T），地震の影響（EQ）
主荷重に相当する特殊荷重（PP）	雪荷重（SW），地盤変動の影響（GD），支点移動の影響（SD），波圧（WP），遠心荷重（CF）
特殊荷重（PA）	制動荷重（BK），施工時荷重（ER），衝突荷重（CO），その他

ならない荷重，特殊荷重は架橋地点や構造形式などの条件に応じて，とくに考慮しなければならない荷重である．ここでは，橋に作用する荷重の種類とその特徴について述べる．

2.1　死　　荷　　重

　死荷重（dead load）は，橋自身の重量であり，常に下向きに作用する静的荷重（時間的に変動しない荷重）である．橋の死荷重としては，以下のものが挙げられる．
　① 橋上の諸施設（高欄，照明柱など），添加物（水道管，ガス管，電話ケーブルなど）の重量．
　② 橋床（床版，舗装，地覆など）の重量．
　③ 床組（床げた，縦げたなど）の重量．
　④ 主げたおよび二次部材（対傾構，横構など）の重量．
　このうち，①と②はあらかじめ算定することができるものである．この死荷重

表 2.2 代表的な材料の単位体積重量

材　料	単位体積重量 kN/m³ (kgf/m³)	材　料	単位体積重量 kN/m³ (kgf/m³)
鋼・鋳鋼・鍛鋼	77(7 850)	コンクリート	23(2 350)
鋳　　　鉄	71(7 250)	セメントモルタル	21(2 150)
アルミニウム	27.5(2 800)	木　材	8.0(800)
鉄筋コンクリート	24.5(2 500)	歴青材（防水用）	11(1 100)
プレストレストコンクリート	24.5(2 500)	アスファルトコンクリート舗装	22.5(2 300)

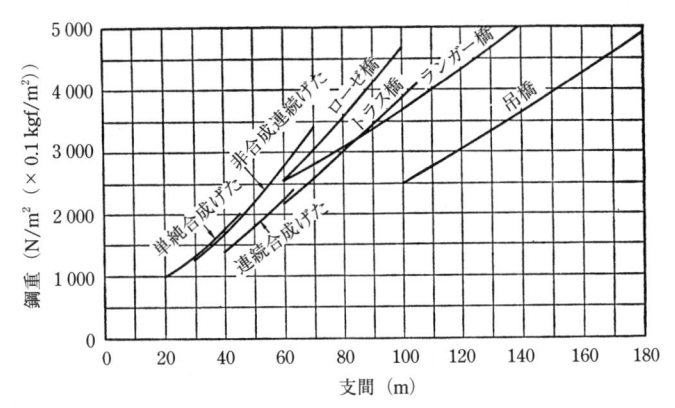

図 2.1　道路橋の鋼重と支間長との関係

は，表2.2に示す材料の単位重量に部材の断面積を乗じて，橋軸方向の単位長さ当たりの死荷重強度が求められる．しかし，③と④の重量は，設計完了後でなければ正確にはわからない．したがって，設計に当たっては，過去の設計資料などを参考にして仮定することになる．図2.1には，道路橋の単位面積当たりの概算鋼重が示されている．橋の設計完了後に実際の死荷重を算出したとき，当初の仮定した死荷重と大きな差異を生じた場合には，再び設計計算を行うことになる．

2.2　活　荷　重

道路橋における活荷重（live load）は，自動車荷重（T荷重，L荷重），群集荷重，軌道の車両荷重である．このうち，自動車荷重は，大型自動車の交通状況に応じて，A活荷重とB活荷重に区分される．すなわち，高速自動車国道，一般国道，都道府県道，および，これらの道路と基幹的な道路網を形成する市町村道の橋梁設計に当たっては，B活荷重を適用する．その他の市町村道の橋梁設計に当

たっては，大型自動車の交通状況に応じて，A活荷重またはB活荷重を適用する．多くの道路橋には，B活荷重が適用される．

平成5年11月，貨物輸送の増大，効率化に対応するために，また，橋床構造の耐久性を向上させる目的で，設計自動車荷重が従来の200 kN（20 tf）荷重から250 kN（25 tf）荷重に改訂された．したがって，これまでの設計自動車荷重の大きさにより，一等橋（20 tf荷重）と二等橋（14 tf荷重）に区分することは廃止された．また，特定路線に対応したTT-43荷重，TL-20荷重およびTL-14荷重もすべて廃止された．

一般に，床版や床組に不利な応力を発生させる荷重と，主げたに不利な応力を発生させる荷重とは，その分布範囲や起こりうる回数に差があることから，活荷重は床版および床組の設計に用いる荷重と，主げたの設計に用いる荷重とに区別される．前者をT荷重，後者をL荷重という．

2.2.1　床版および床組を設計する場合の活荷重（B活荷重，T荷重）

車道部には，図2.2に示すT荷重を載荷するものとする．T荷重は橋軸方向には1組，橋軸直角方向には組数に制限がないものとし，設計部材に最も不利な応力が生じるように載荷するものとする．T荷重の橋軸直角方向載荷位置は，載荷面の中心が車道部分の端部より25 cmまでとする（図2.3参照）．載荷面の辺長は，図2.2に示すように，橋軸方向および橋軸直角方向にそれぞれ20 cmと50 cmとする．

床組を設計する場合には，T荷重によって算出した断面力などに表2.3に示す係数を乗じたものを用いるものとする．ただし，この係数は1.5以下とする．

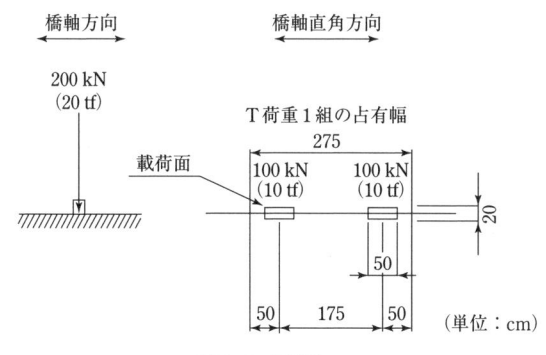

図2.2　T荷重

図 2.3 T荷重の載荷位置

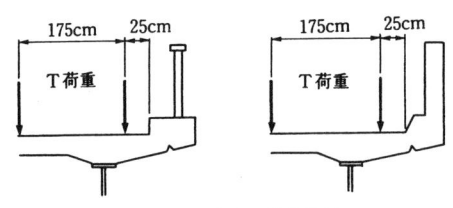

表 2.3 床組などの設計に用いる係数

部材の支間長 L (m)	$L \leqq 4$	$L > 4$
係　数	1.0	$\dfrac{L}{32} + \dfrac{7}{8}$

　支間長が，とくに長い縦げたなどは，T荷重とL荷重のうち不利な応力を与える荷重を用いて設計するものとする．

　歩道などには，群集荷重として，5.0 kN/m^2（500 kgf/m^2）の等分布荷重を載荷する．軌道には，軌道の車両荷重とT荷重のうち不利な応力を与える荷重を載荷するものとする．軌道の車両は，両数に制限がないものとし，設計部材に最も不利な応力を与えるように載荷する．

2.2.2　主げたおよび主構を設計する場合の活荷重（B活荷重，L荷重）

　車道部分には，図2.4および表2.4に示す2種類の等分布荷重 p_1，p_2 よりなるL荷重を載荷するものとし，p_1 は1橋につき1組とする．L荷重は着目している点または部材に最も不利な応力が生ずるように，橋の幅員5.5 mまでは等分布荷重 p_1 および p_2（主載荷荷重）を，残りの部分にはそれらの1/2（従載荷荷重）を載荷するものとする．したがって，主載荷荷重および従載荷荷重は，橋軸方向および橋軸直角方向において影響線（influence line）が同一符号となる範囲に載荷

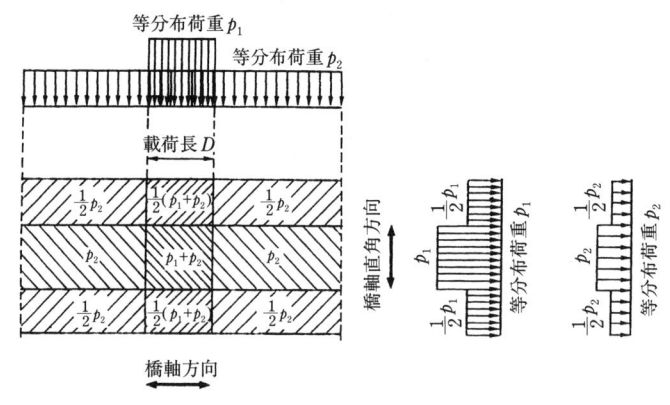

図 2.4　L荷重の載荷方法

2.3 衝 撃

表2.4 L荷重（B活荷重）

載荷長 D (m)	主載荷荷重（幅5.5 m）					従載荷荷重
	等分布荷重 p_1		等分布荷重 p_2			
	荷 重 (kN/m² (kgf/m²))		荷 重 (kN/m² (kgf/m²))			
	曲げモーメントを算出する場合	せん断力を算出する場合	$L \leqq 80$	$80 < L \leqq 130$	$L > 130$	
10	10 (1 000)	12 (1 200)	3.5 (350)	4.3−0.01L (430−L)	3.0 (300)	主載荷荷重の50%

A活荷重の載荷長 $D=6$ m, L：支間長 (m)

表 2.5 歩道などに載荷する等分布荷重

支間長 L (m)	$L \leqq 80$	$80 < L \leqq 130$	$L > 130$
等分布荷重 (kN/m² (kgf/m²))	3.5 (350)	4.3−0.01L (430−L)	3.0 (300)

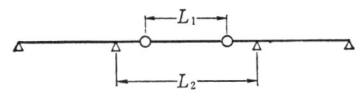

図 2.5 ゲルバーげたにおける支間長 L のとり方

することになる．ただし，支間長がとくに短い主げたや床版橋は，T荷重とL荷重のうち不利な応力を与える荷重を用いて設計する．

なお，ゲルバーげたの吊げたおよび片持部は，表2.4における支間長 L としてそれぞれ図2.5の L_1 と L_2 をとる．

歩道などには，群集荷重として表2.5の等分布荷重を載荷する．さらに，軌道には，当該軌道の規定による車両荷重を載荷する．

以上，B活荷重について説明した．大型車の走行頻度が比較的低い状況を想定したA活荷重は，以下の点でB活荷重と異なっている．

① 床版の設計においては，T荷重によって算出した断面力などに対して表2.3の係数を乗ずる規定がないこと．

② 主げたの設計に使用されるL荷重の載荷長 D が6 mと短いこと（表2.4参照）．

2.3 衝　　撃

活荷重は衝撃（impact）を生ずるものとして，これを考慮する．ただし，歩道などに載荷する分布荷重，吊橋の主ケーブルおよび補剛げたに作用する活荷重については，この影響が小さいことから考慮しないものとする．

橋に自動車が進入すると，伸縮装置部の段差，路面の凹凸，走行速度などに起因する動的影響をともなう．この動的影響は衝撃係数（impact coefficient）を用

表 2.6 衝撃係数

橋　種	衝撃係数 i	備　考
鋼　橋	$i=\dfrac{20}{50+L}$	T荷重，L荷重の使用の別にかかわらない
鉄筋コンクリート橋	$i=\dfrac{20}{50+L}$	T荷重を使用する場合
	$i=\dfrac{7}{20+L}$	L荷重を使用する場合
プレストレストコンクリート橋	$i=\dfrac{20}{50+L}$	T荷重を使用する場合
	$i=\dfrac{10}{25+L}$	L荷重を使用する場合

L：支間長(m)

いて設計応力に考慮する．死荷重のような静的作用による応力を σ_s，動的影響による応力増分を σ_d とすると，設計応力は次のように表せる．

$$\sigma = \sigma_s + \sigma_d = \sigma_s(1+i) \tag{2.1}$$

ここに，i は衝撃係数である．道路橋の衝撃係数は支間長 L の関数として，表2.6より求められる．なお，支間長 L のとり方は，橋の種類，構造形式により異なり，表2.7にしたがうものとする．

2.4 風の影響（風荷重）

2.4.1 風荷重

橋および橋上の活荷重に作用する風圧を風荷重（wind load）という．風荷重は橋軸直角方向の水平荷重とし，考えている部材に最も不利な応力を生ずるように載荷される．

単位面積当たりに作用する風荷重 p （kN/m^2 （kgf/m^2））は次式で与えられる．

$$p = \frac{1}{2}\rho U_d^2 C_d G \tag{2.2}$$

ここに，ρ：空気密度（$=1.23$ kg/m^3（0.125 kgf sec^2/m^4）），U_d：設計基準風速（m/sec），C_d：断面形状により定まる抗力係数，G：風の乱れ強さによるガスト応答係数．自然風の速度は時間的にも空間的にも変動するが，これを平均的な風速と，そのまわりの変動的な風速に分けて考える．このうち，設計で考える平均的な風速を設計基準風速と呼ぶ．変動的な風速の影響はガスト応答係数で考慮される．設計基準風速は，これらの影響を考慮して設定される．日本全国の高

2.4 風の影響（風荷重）

表 2.7 衝撃係数を求めるときの支間長

形　式	部　　　材	支間長 L (m)
単純げた	けたおよび支承	支　間　長
トラス	弦材・端柱および支承 下路トラスの吊材 上路トラスの支柱 分格間の斜材の類 その他の腹材	支　間　長 床げたの支間長 床げたの支間長 床げたの支間長 支間長の75％
連続げた	① ① ③ ② ├ L_1 ┤ L_2 ┤	荷重①に対しては L_1 荷重②に対しては L_2 荷重③に対しては $(L_1+L_2)/2$
ゲルバーげた	① ① ④②③ L_1 L_2 L_3 ③ ③ ②④① L_3 L_2 L_1	荷重①に対しては L_1 荷重②に対しては L_2+L_3 荷重③に対しては 　吊げたに対して L_3 　片持部および定着げたに対して L_2+L_3 荷重④に対しては $(L_1+L_2+L_3)/2$
ラーメン	① ① ② ├ L_1 ┤ L_2 ┤ ②③①① L_2 L_3 L_1	荷重①に対しては L_1 荷重②に対しては $(L_1+L_2)/2$ 荷重①に対しては L_1 荷重②に対しては 　吊げたに対して L_2 　片持部およびラーメンに対して L_2+L_3 荷重③に対しては 　ラーメンに対して L_1 　片持部に対して L_2+L_3
アーチおよび補剛げたを有するアーチ	アーチリブ，アーチの弦材，補剛げた，補剛トラスの弦材，支承およびタイドアーチのタイ アーチおよび補剛トラスの腹材 上路アーチの支柱 下路アーチのハンガー	支　間　長 支間長の75％ 床げたの支間長 床げたの支間長
吊橋	ハンガー	床げたの支間長
斜張橋	主げた ケーブル	連続げたに準じる 連続げたの支点に準じる

度10 mにおいて，50年間でその風速を超えない確率が0.6以上となるように，40 m/secを設計基準風速としている．したがって，静的設計では，設計基準風速は全国一律に高度にかかわらず40 m/secを基本とする．

　風速は地理的位置，周辺の地形条件，地表条件および架橋位置の高度によって異なる．

プレートガーダー　　道路橋のプレートガーダーに作用する風荷重は，1橋の橋軸方向長さ1m当たりの等分布荷重として，表2.8に示す値とする．ただし，橋の総幅B(m)と総高D(m)のとり方はそれぞれ図2.6と表2.9に示すとおりである．

2主構トラス　　2主構トラスに作用する風荷重は，風上側の有効鉛直投影面積1m^{2}につき，表2.10に示す値とする．ただし，標準的な2主構トラスについ

表2.8　プレートガーダーに作用する風荷重　(kN/m(kgf/m))

断面形状	風荷重	
$1 \leq B/D < 8$	$\{4.0-0.2(B/D)\}D \geq 6.0$	$(\{400-20(B/D)\}D \geq 600)$
$8 \leq B/D$	$2.4D \geq 6.0$	$(240D \geq 600)$

B：橋の総幅(m)(図2.6参照)，D：橋の総高(m)(表2.9参照)

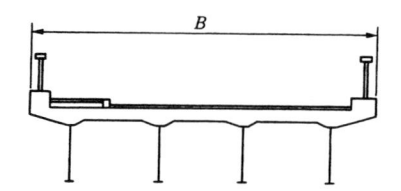

図2.6　総幅Bのとり方

表2.9　総高Dのとり方

橋梁用防護柵	壁型剛性防護柵	壁型剛性防護柵以外
Dのとり方		

表2.10　2主構トラスに作用する風荷重　(kN/m^2 (kgf/m^2))

トラス	活荷重載荷時	$1.25/\sqrt{\varphi}$	$(125/\sqrt{\varphi})$
	活荷重無載荷時	$2.5/\sqrt{\varphi}$	$(250/\sqrt{\varphi})$
橋床	活荷重載荷時	1.5	(150)
	活荷重無載荷時	3.0	(300)

ただし，$0.1 \leq \varphi \leq 0.6$
ここに，φ：トラスの充実率（トラス外郭面積に対するトラス投影面積の比）

2.4 風の影響（風荷重）

ては，風上側弦材の橋軸方向の長さ1m当たりにつき表2.11に示す風荷重（図2.7参照）を用いてもよいものとする．

その他の形式の橋梁　アーチ橋，吊橋，斜張橋のように，その他の橋梁形式の橋けた部分に作用する風荷重は，けた形状に応じ，プレートガーターあるいは2主構トラスの値を適用する．それらで規定されていないような部材（アーチ橋の吊材，支柱など）に作用する風荷重は，断面形状に応じて表2.12に示す値と

表 2.11　標準的な2主構トラスの風荷重（kN/m（kgf/m））

弦材		風荷重	
載荷弦	活荷重載荷時 活荷重無載荷時	$1.5+1.5D+1.25\sqrt{\lambda h} \geq 6.0$ $3.0D+2.5\sqrt{\lambda h} \geq 6.0$	$(150+150D+125\sqrt{\lambda h} \geq 600)$ $(300D+250\sqrt{\lambda h} \geq 600)$
無載荷弦	活荷重載荷時 活荷重無載荷時	$1.25\sqrt{\lambda h} \geq 3.0$ $2.5\sqrt{\lambda h} \geq 3.0$	$(125\sqrt{\lambda h} \geq 300)$ $(250\sqrt{\lambda h} \geq 300)$

ただし，$7 \leq \lambda/h \leq 40$
ここに，D：橋床の総高（m）．ただし，橋軸直角水平方向から見て弦材と重なる部分
　　　　　の高さは含めない．（図2.7参照）
　　　　h：弦材の高さ（m）
　　　　λ：下弦材中心から上弦材中心までの主構高さ（m）

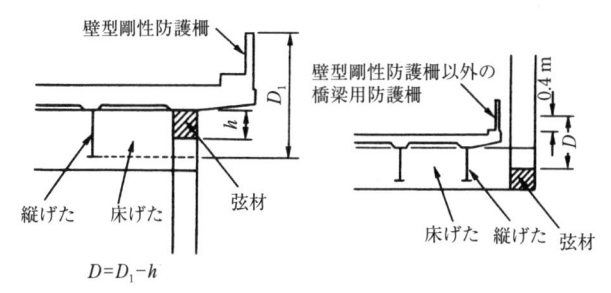

（a）上路トラスの場合　　　（b）下路トラスの場合

図 2.7　2主構トラスのDのとり方

表 2.12　プレートガーダーあるいは2主構トラス以外の橋梁部材に作用する風荷重（kN/m²（kgf/m²））

部材の断面形状		風荷重	
		風上側部材	風下側部材
円形	活荷重載荷時 活荷重無載荷時	0.75　(75) 1.5　(150)	0.75　(75) 1.5　(150)
角形	活荷重載荷時 活荷重無載荷時	1.5　(150) 3.0　(300)	0.75　(75) 1.5　(150)

する．なお，活荷重載荷時には，活荷重に対して橋面上1.5 mの位置に1.5 kN/m（150 kgf/m）の風荷重を作用させることとする．

並列橋梁　プレートガーダー橋が並列する場合には，上流側と下流側との橋げたに作用する風荷重は，単独時と異なる．並列による風の効果はその位置関係に応じて変化することから，表2.8の風荷重を適切に補正するものとする．

2.4.2　風による動的影響

以上，述べた風荷重は，橋げたに静的な空気力が作用するものとして算出している．しかし，構造物に作用する風は，振動学的には，動的な空気力と考えられる．この空気力は，物体まわりの気流の変化に基づき，空気圧力が物体表面に分布することによって生ずる．たとえば，図2.8に示すように，空気は物体から剥離したり，再付着したりして流れるため，構造物表面での圧力分布は複雑である．さらに，気流は構造物の振動と同期して振動すること（ロックイン現象，lock-in phenomenon）により，より複雑な動的挙動を示す．2次元の場合は，図2.8(c)に示すように，風向方向の空気力を抗力（drag），風向直角方向成分を揚力（lift），回転成分を空力モーメント（aerodynamic moment）と呼ぶ．

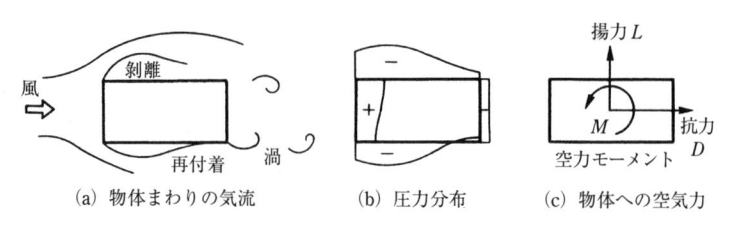

(a) 物体まわりの気流　　(b) 圧力分布　　(c) 物体への空気力

図 2.8　物体まわりの風の流れと空気力

風による構造物の振動振幅は風速によって，図2.9のように変化する．比較的低い風速では，振動振幅がある程度抑えられた限定振動が発生する．これは，構造物の背後に形成される規則的な渦の列（Karman渦列）が原因であることから，渦励振（vortex-induced oscillation）と呼ばれる．さらに，高風速域では風速の増加とともに，急激に振幅が大きくなる発散振動がある．これは，構造物の応答速度に比例する空気力が負の減衰効果をもたらすことに起因することから自励振動（self-excited oscillation）と呼ばれる．この発散振動には，たわみ，ねじれ，あるいは曲げとねじれが連成する3種類の振動現象があり，それぞれギャロッピング

(galloping)，ねじれフラッター，曲げねじれフラッター（flutter）と呼ばれる．この発散振動が発生すると，直ちに橋の破壊につながる危険性が大きいため，その安全性を照査しなければならない．その他，風の乱れによる不規則な風速変動にともなう橋の動的応答を，ガスト応答（gust response）という．

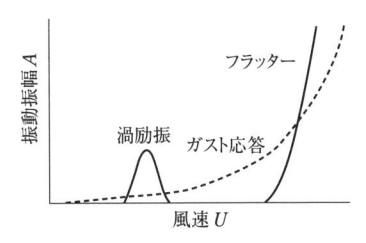

図 2.9 風速による構造物の振動振幅

道路橋の橋げた形式により，動的耐風設計を必要とする可能性のある振動現象

表 2.13 動的耐風設計の対象となる可能性のある振動現象

橋　種	現　象		発散振動		渦励振	
			たわみ	ねじれ	たわみ	ねじれ
吊橋・斜張橋	トラス		×	○	×	×
	充腹げた	鋼　製	○	○	○	○
		コンクリート製	×	○	○	○
鋼けた橋	プレートガーダー・箱げた		○	×	○	×

○：動的耐風設計を必要とする場合がある．×：動的耐風設計は不要である．

を表2.13に示す．具体的な耐風設計，計算方法および制振対策については，道路橋耐風設計便覧や耐風工学に関する図書などを参照されたい．

2.5　温度変化の影響

ラーメン橋，アーチ橋のような不静定構造物では，温度変化にともない部材間に温度応力（thermal stress）が発生する．設計に用いる基準温度は+20℃（気候寒冷地では+10℃）を標準とする．ここで，基準温度とは，設計図に示される構造物の形状や寸法が再現されるときの温度であり，温度変化を考慮する場合の基準となる温度をいう．

鋼道路橋に対する温度変化は，−10〜+50℃（気候寒冷地では−30〜+50℃）としている．橋の部材位置によっては，直射日光を受ける部分と日陰の部分があり，両者の間には温度差が生じる．このような部材間あるいは部材各部における相対的な温度差は15℃としている．合成げたは，コンクリート床版と鋼げた

表 2.14 可動支承の移動量算定に用いる温度変化と線膨張係数

橋　　種	温度変化		線膨張係数
	普通の地方	寒冷な地方	
PC橋, RC橋	$-5 \sim +35$℃	$-15 \sim +35$℃	10×10^{-6}
鋼橋（上路橋）	$-10 \sim +40$℃	$-20 \sim +40$℃	12×10^{-6}
鋼橋（下路橋および鋼床版橋）	$-10 \sim +50$℃	$-20 \sim +40$℃	12×10^{-6}

との温度差は10℃とし，温度分布はコンクリート床版と鋼げたともに一様とする．

　単純橋や連続げた橋では，温度変化により可動支承が移動する．この可動支承の移動量の算定には表2.14を用いる．ただし，合成げたを設計する場合には，鋼およびコンクリートともに線膨張係数は12×10^{-6}とする．

2.6　地震の影響（地震荷重）

　わが国のような地震国では，橋の設計に必ず地震の影響を考慮しなければならない．平成7年1月17日兵庫県南部地震では，高速道路や新幹線，さらに地下鉄や港湾施設などの公共都市施設に甚大な被害が生じた．橋梁の被害は，支承や橋脚などの損傷，崩壊が原因となったものが多く，それにともなって，上部構造にも著しい被害を受けた．道路橋の耐震設計は平成8年12月，平成13年3月と改訂され，地震の影響はこの耐震設計編によるものと規定されている．

　橋は一般に公共性の高い構造物であり，その機能の維持・確保が人間の生命や生活，社会・生産活動に大きな影響を与える．地震防災対策には，地震動に対して構造物が耐えうるように設計，施工，あるいは既存施設を補強するハード的対策と，万一被害が生じても，その施設の機能に致命的な影響を与えないようなシステムを事前に用意する，および震災後の迅速な復旧活動のための対応計画といったソフト的対策に大別される．

2.6.1　耐震設計の基本方針

　①橋の耐震設計は，橋の重要度に応じて必要とされる耐震性能を確保することを目標として行う．橋の重要度は，道路種別および橋の機能，構造に応じて重要度が標準的な橋（A種の橋）と，とくに重要度が高い橋（B種の橋）に区分される．A種の橋は，橋の供用期間中に発生する確率が高い地震動（以下，レベ

ル1地震動と呼ぶ)に対しては健全性を失うことなく,また,橋の供用期間中に発生する確率は低いが大きな強度をもつ地震動(以下,レベル2地震動と呼ぶ)に対しては致命的な被害を防止することを目標とする.B種の橋は,レベル1地震動に対しては健全性を失うことなく,レベル2地震動に対しては限定された損傷にとどめ,橋としての機能の回復が速やかに行い得ることを目標とする.

ここで,レベル2地震動としては,プレート境界型の大規模な地震を想定したタイプIの地震動および内陸直下型地震を想定したタイプIIの地震動の2種類を考慮する.レベル1地震動は,供用期間中に数回発生する大きさの地震動であり,従来の震度法に対応した地震外力に相当する.耐震設計で考慮する地震動と目標とする橋の耐震性能,およびこれを検討するための耐震計算法を表2.15にまとめて示す.

② 耐震設計は,原則として震度法および地震時保有水平耐力法によって行う.レベル1地震動に対しては,震度法により,許容応力度,許容支持力,許容変位,安全率,またこれらの組合せによって耐震設計を行うものとする.レベル2地震動に対しては,地震時保有水平耐力法により,地震時保有水平耐力,許容塑性率,残留変位,またこれらの組合せによって耐震設計を行うものとする.

③ 橋の構造が特殊で複雑な場合,上記の震度法や地震時保有水平耐力法では地震時の挙動を十分に評価できないことがある.このときは,動的解析により照査し,設計に反映させる必要がある.

④ 耐震設計にあたっては,地域性,地形・地質・地盤条件,立地条件などを

表 2.15 耐震設計で考慮する地震動と目標とする橋の耐震性能

耐震設計で考慮する地震動		目標とする橋の耐震性能		耐震計算法	
		重要度が標準的な橋 (A種の橋)	特に重要度が高い橋 (B種の橋)	静的解析法	動的解析法 (地震時の挙動が複雑な橋)
橋の供用期間中に発生する確率が高い地震動(レベル1地震動)		健全性を損なわない (耐震性能1)		震度法 時刻歴応答解析法	
橋の供用期間中に発生する確率は低いが大きな強度をもつ地震動 (レベル2地震動)	タイプIの地震動 (プレート境界型の大規模な地震)	致命的な被害を防止する (耐震性能3)	限定された損傷にとどめ,機能回復が速やかにできる (耐震性能2)	地震時保有水平耐力法	応答スペクトル法
	タイプIIの地震動 (兵庫県南部地震のような内陸直下型地震)				

考慮して，耐震性の高い構造形式を選定することが望ましい．また，支承部や落橋防止システムなども含めた橋全体の構造系が耐震性を有するように配慮しなければならない．

2.6.2 震 度 法

震度法（seismic coefficient method）は，構造物の弾性域の振動特性を考慮し，地震荷重を静的に作用させて耐震設計するための計算法である．震度法に用いる設計水平震度k_hは次式で計算する．ただし，0.1を下回らないものとする．

$$k_h = c_z k_{h0} \tag{2.3}$$

ここに，c_z：地域別補正係数，k_{h0}：設計水平震度の標準値で地盤種別と構造物の固有周期に対して表2.16のように求められる．ただし，土の重量に起因する慣性力および地震時土圧の算出には，設計水平震度の標準値k_{h0}は地盤種別がI種，II種，III種地盤に対して，それぞれ0.16，0.2，0.24とする．

地域別補正係数c_zは，地震危険度の地域特性を考慮して，しばしば規模の大きい地震が起こった地域を基準とした場合の，他地域における設計水平震度の補正係数である．わが国をA，B，Cの3地区に分けて，それぞれの補正係数を1.0，0.85，0.7としている．表2.16の耐震設計上の地盤種別は，地盤の振動特性に応じて，I種，II種，III種地盤に分類されている．I種地盤は良好な洪積地盤および岩盤，III種地盤は沖積地盤のうち軟弱地盤，II種地盤はI種地盤およびIII種地盤のいずれにも属さない洪積地盤および沖積地盤である．

表2.16 震度法に用いる設計水平震度の標準値k_{h0}

地盤種別	固有周期T(sec)に対するk_{h0}の値		
I種	$T<0.1$ $k_{h0}=0.431T^{1/3}$ ただし，$k_{h0}\geq 0.16$	$0.1\leq T\leq 1.1$ $k_{h0}=0.2$	$1.1<T$ $k_{h0}=0.213T^{-2/3}$
II種	$T<0.2$ $k_{h0}=0.427T^{1/3}$ ただし，$k_{h0}\geq 0.20$	$0.2\leq T\leq 1.3$ $k_{h0}=0.25$	$1.3<T$ $k_{h0}=0.298T^{-2/3}$
III種	$T<0.34$ $k_{h0}=0.430T^{1/3}$ ただし，$k_{h0}\geq 0.24$	$0.34\leq T\leq 1.5$ $k_{h0}=0.3$	$1.5<T$ $k_{h0}=0.393T^{-2/3}$

2.6.3 地震時保有水平耐力法

地震時保有水平耐力法（ductility design method）は，構造物の非線形域の変形性能や動的耐力を考慮し，地震荷重を静的に作用させて耐震設計するための計算法である．地震時保有水平耐力法に用いる等価水平震度 k_{he} は，橋脚の許容塑性率 μ_a に応じて次式で計算する．ただし，$0.4c_z$ を下回らないものとする．

$$k_{he} = \frac{k_{hc}}{\sqrt{2\mu_a - 1}} \tag{2.4}$$

ここに，k_{hc}：地震時保有水平耐力法に用いるタイプⅠ，タイプⅡの設計水平震度，μ_a：構造部材の損傷あるいは応答変位を制限するために，許容する塑性率（ductility factor，構造物の終局変位を降伏変位で除した値）である．

式(2.4)による等価水平震度は，1基の下部構造とそれが支持する上部構造部分を単位とする構造系を1質点の振動系に置換し，その非線形応答をエネルギー一定則によって近似的に求めたものである．ここで，エネルギー一定則（equal-energy principle）とは，弾塑性復元力特性を有する1質点系構造物が地震動を受けた場合，弾塑性応答と弾性応答との両者の入力エネルギーがほぼ同値となるというNewmarkにより提唱された法則に基づくものである．これにより，橋脚などの弾塑性応答変位を弾性解析で推定できることになる．

タイプⅠの設計水平震度は，従来の道路橋示方書・耐震設計編（平成2年2月）

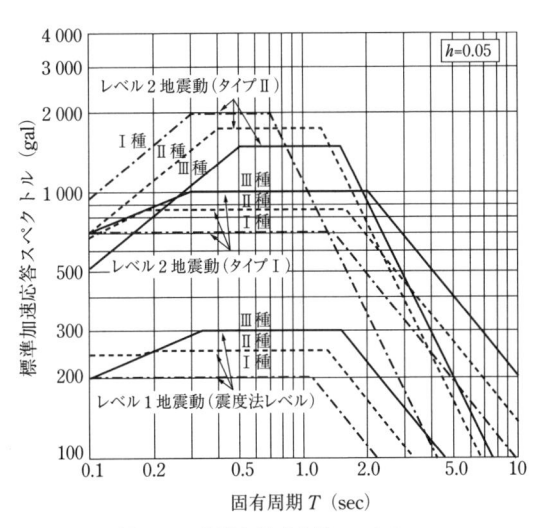

図 2.10 標準加速度応答スペクトル

に規定された設計水平震度であり，発生頻度が低いプレート境界に生じる海洋性の大規模な地震（プレート境界型）を想定した地震力を与えるものである．

一方，タイプIIの設計水平震度は，平成7年兵庫県南部地震（内陸直下型地震）により地盤上で実測された加速度強震記録に基づき，この加速度応答スペクトルを地盤種別ごとに分類して定めたものである．兵庫県南部地震では，神戸海洋気象台（I種地盤），JR西日本鷹取駅（II種地盤），東神戸大橋周辺地盤上（III種地盤）などにおいて大きな加速度が観測されている．

これらの加速度応答スペクトルを計算し，特別に大きなピークは平滑化して求めたスペクトルに，固有周期ごとの減衰定数（$h=0.05$）による補正を加えて求めた標準加速度応答スペクトルを図2.10に示す．レベル2地震動によるタイプIIに対応する設計水平震度は最大約2.0 G（2 000 gal）となり，従来の震度法およびタイプI設計水平震度に比較して，かなり大きな地震動である．なお，ガル（gal）はガリレイ（G. Galilei）に由来する加速度の単位であり，$1\,\mathrm{gal}=1\,\mathrm{cm/sec^2}$ である．

2.6.4 動的解析

動的解析（dynamic analysis）は，震度法や地震時保有水平耐力法で耐震設計した橋に対して，動的特性を考慮して照査するために行うものである．したがって，固有周期，減衰特性，橋脚などの非線形履歴特性など，橋の動的特性を表現できる適切な解析モデルを用いる必要がある．

動的解析には，橋を連続体としてモデル化する方法と，質量を有限個の節点に離散化する方法がある．前者の方法は，厳密解を求めることが可能な場合もあるが，境界条件などの適用範囲が限られる．最近は，コンピュータの発達により，大規模なマトリックス演算の繰返し計算が容易になったことから，後者の方法が一般的である．

橋の動的解析に用いられる手法としては，時刻歴応答解析法（時間領域の解析）およびモード解析による応答スペクトル法（周波数領域の解析），運動方程式を直接解く直接積分法などがある．さらに，地震時保有水平耐力法で想定している地震力に対応して，材料非線形性および部材の幾何学的非線形性を適宜考慮した$M-\varphi$モデル，ファイバーモデルなどを用いた非線形動的解析が行われる．

なお，動的解析に用いる地震入力波形は，1波形だけではなく，3波形程度用いるのが望ましい．これは，当該地点に発生するであろう地震動は，今までに観測された地震の特性や規模などと異なることが予想される．それで，3波形程度

の入力地震動に対する動的解析結果の平均値を用いて耐震性の照査を行うことが求められている．

具体的な耐震設計や計算方法については，道路橋示方書・同解説（V耐震設計編）および地震工学に関する図書などを参照されたい．

2.7 特殊荷重

2.7.1 縦荷重，遠心荷重，横荷重
a. 縦荷重
縦荷重（longitudinal load）は，橋軸方向の水平荷重であり，橋上で車両が急停止するときの制動荷重（brake load）と，停止中の車両が発進するときの始動荷重（starting load）とに分けられる．自動車の制動荷重は非常に小さいことから，極端に上部構造の軽い橋など特別な場合においてのみ考慮する．その荷重は 25 kN（2.5 tf）とし，橋面上 1.8 m の高さにおいて自動車の進行方向に作用するものとする．

b. 遠心荷重
遠心荷重（centrifugal load）は，車両が曲線上を走行するとき生ずる遠心力で，橋軸直角方向かつ水平に作用する移動荷重である．通常，この値はきわめて小さいことから，考慮する必要がない．ただし，曲線軌道のある道路橋では，軌道の車両荷重の 8% がレール面上 1.8 m の高さにおいて，横方向に作用するものとする．また，特別な場合には，自動車に対しても遠心荷重を考慮するものとする．

c. 横荷重
横荷重（lateral load）は鉄道橋において車両，とくに機関車の蛇行または横振動による横力のことであり，横衝撃とも呼ばれる．道路橋では，この荷重による影響は小さいので，考えないことにしている．

2.7.2 雪荷重
橋上の積雪に対しては除雪するのが原則であるが，架橋地点の実状に応じて雪荷重（snow load）を考慮する必要がある．

十分圧縮された雪の上を車両が通過する場合，活荷重のほかに雪荷重として，通常 1 kN/m^2（100 kgf/m^2，厚さ約 15 cm）を考慮する．雪が多く車の通行が不能の場合，多雪地域では一般に 3.5 kN/m^2（350 kgf/m^2）を見込めばよい．また，設計積雪深は，架橋地点の既往積雪記録および付近の積雪状況などを勘案して決

められる．

　比較的長支間の下路アーチ橋や下路トラス橋では，上横構面あるいは橋面に積もった雪が，春先の暖気と降雨のため，雪と氷の固まりとなって落下することがあるので，設計上注意する必要がある．

2.7.3　その他の荷重
a. 地盤変動および支点移動の影響
　下部構造が完成後，基礎地盤の圧密沈下，軟弱地盤の液状化 (liquefaction)，側方流動 (lateral flow) などによる地盤変動が予想される架橋地点では，この影響を考慮する．

　連続げたとかラーメン橋のような不静定構造物において，基礎地盤の圧密沈下などにより支点移動（沈下），回転の影響が予想される場合には，その最終移動量を推定して断面力を算定しなければならない．

b. 施工時荷重
　片持式架設工法，ケーブル式架設工法，その他特別な架設工法を採用する場合，施工時および運搬中に特殊な力が橋梁に作用することがある．これを施工荷重という．この荷重は，施工時のみ作用する一時的なものである．

　しかし，長大支間を有する橋梁を設計する場合，最初に架設方法を検討してから設計にかからないと，橋げたの横倒れ座屈，落橋という事態にもなりかねないので，十分に注意しなければならない．架設中の橋の応力状態は，施工後の応力状態とはまったく異質なものであることから，自重，施工機材，風，地震などの影響を考慮し，その安全性を照査する必要がある．

c. 衝突荷重
　自動車の衝突のおそれのある脚柱には，コンクリート壁などの十分な防護施設を設けるものとする．これらの防護施設が設けられない場合には，衝突荷重として車道方向に $1\,000$ kN (100 tf)，車道と直角方向に 500 kN (50 tf) が路面から 1.8 m の高さに水平にはたらくものとして設計を行う．

　橋脚に自動車，船舶，流木の衝突のおそれがある場合，これらの影響を考慮して設計する必要がある．

d. 高欄に作用する荷重
　歩道に接する地覆には高欄を，車道に接する地覆には橋梁用車両防護柵を設けるものとする．高欄は歩道などの路面から 110 cm の高さとすることを標準とし，

高欄の頂部には，橋軸直角方向に 2.5 kN/m（250 kgf/m）の水平推力が外側へ作用するものとして設計する．この値は，群集が密集した場合に高欄に作用する推力を実験結果から定めたものである．

この場合，床版に与える影響について，その推力，歩道などの等分布荷重の組合せに対して安全性を照査し，許容応力度の割増しは行わないものとする．

2.8 荷重の組合せ

橋を設計する際には，同時に作用する可能性が強い荷重の組合せのうち，構造物および各部材が最も不利になる組合せに対して安全性を照査する．上部構造を設計する場合の荷重の組合せと許容応力度の割増し係数を表 2.17 に示す．

表 2.17 荷重の組合せと許容応力度の割増し係数

荷 重 の 組 合 せ	割増し係数
1　主荷重＋主荷重に相当する特殊荷重＋温度変化の影響	1.15
2　主荷重＋主荷重に相当する特殊荷重＋風荷重	1.25
3　主荷重＋主荷重に相当する特殊荷重＋温度変化の影響＋風荷重	1.35
4　主荷重＋主荷重に相当する特殊荷重＋制動荷重	1.25
5　主荷重＋主荷重に相当する特殊荷重＋衝突荷重	
鋼部材に対して	1.70
鉄筋コンクリート部材に対して	1.50
6　風荷重のみ	1.20
7　制動荷重のみ	1.20
8　活荷重および衝撃以外の主荷重＋地震の影響	1.50
9　施工時荷重[1]	1.25

注1) 架設時荷重に対する割増し係数は，架設時に対する計算に用いる諸条件が完成状態に対する計算に用いる諸条件と等しい精度を有する場合に適用する．

これらの荷重の組合せでは，その発生頻度や構造物および各部材に与える影響の度合いが異なることから，許容応力度の割増し係数が規定されている．

演 習 問 題

2.1 次の用語について説明せよ．
(1)主荷重，従荷重，および特殊荷重，(2)A活荷重とB活荷重，(3)T荷重とL荷重，(4)衝撃係数，(5)設計基準風速，(6)動的な空気力，(7)限定振動と発散振動，(8)渦励振と自励振動，(9)基準温度，(10)温度応力，(11)A種とB種の橋，(12)タイプⅠとタイプⅡ地震動，(13)震度法と地震時保有水平耐力法，(14)Ⅰ種，Ⅱ種，およびⅢ種地盤，(15)地域別補正係数，(16)許容塑性率，(17)設計水平震度，(18)加速度応答スペクトル，(19)縦荷重と横荷重，(20)レベル1とレベル2地震動．

2.2 動的耐風設計が必要とされる道路橋の振動現象について述べよ．

2.3 道路橋の耐震設計に対する基本的方針について述べよ．

2.4 耐震設計で動的解析が用いられる理由について述べよ．

2.5 荷重の種類を列挙し，その特徴を述べよ．

2.6 上路式プレートガーダー橋の総高を $D=3.6$ m，総幅を $B=16.5$ m とするとき，橋に作用する風荷重強度を求めよ．

2.7 図2.11に示すように，重さ $W=10$ kN の重錘を上端に取り付けた柱がある．柱の高さ $h=6.8$ m，断面二次モーメント $I=1\,530$ cm^4 の鋼製パイプである．柱に作用する地震力 F を震度法により求めよ．ただし，鋼製パイプの質量は無視できるものとし，柱の座屈は起こらないものとする．地盤種別はI種とし，B地域区分とする．

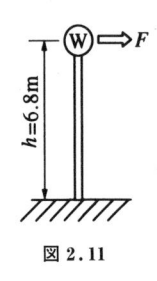

図 2.11

3 鋼材と許容応力度

 橋の主要構造に鋼材を用いた橋を鋼橋(steel bridge)という．鋼材は加工が容易で，信頼性と均一性があり，強度が高く，軽量であるなどの特徴を有しており，複雑な構造に適した材料である．鉄橋(iron bridge)は橋の主要構造に鉄材(鋳鉄あるいは錬鉄)を用いた橋であり，鋼橋とは区別される．現在では，鋼(steel)を用いた鋼橋が主流である．
 ここでは，鋼材の種類と性質，許容応力度について述べる．

3.1 使 用 鋼 材

3.1.1 鋼の製造と鋼材

 鋼は大きく分けて，製鉄，製鋼，圧延という3段階の工程により製造される．高炉でできた銑鉄は，炭素量が3.0～4.0％とかなり高く，リン(P)とか硫黄(S)といった不純物が多く含まれている．このままでは，ねばりや伸び(延性)がないため，鋳物(いもの)としてしか利用できない．この銑鉄を製鋼炉で精錬し，有害な不純物を取り除き，けい素(Si)，マンガン(Mn)などの元素を添加する工程を製鋼という．製鋼方法には平炉，転炉，電気炉などがある．現在ではほとんど転炉が用いられている．
 溶けた鋼(溶鋼)は，鋳型に鋳込んで鋼塊(ingot)となり，これを分塊圧延して鋼板がつくられる．現在では，溶鋼は連続鋳造設備に運ばれ，スラブ，ブルーム，ビレットと呼ばれる鋼片に形成され，圧延工程を経て製品となる．この工程を連続鋳造(continuous casting)という．
 溶鋼中に含まれている酸素を適当な脱酸剤で除去した鋼をキルド鋼(killed steel)という．脱酸によって生じる非金属介在物を浮上分離させ，溶鋼の温度を調節するために鎮静させることから，鎮静鋼ともいう．キルド鋼は不純物の凝集(偏析)や気泡(ブローホール)が少なく，材質が均一で溶接性に優れているが，圧延歩留まりが悪く高価となる．
 これに対して，脱酸の程度が少ないものをリムド鋼(rimmed steel)，両者の

中間程度のものをセミキルド鋼（semi-killed steel）という．リムド鋼は表面が平滑で冷間加工性に富むが，内部にP，Sなどの不純物を多く含み，割れなどの欠陥がキルド鋼に比較して出やすく，高張力鋼（後述）や厚板には適さない．日本工業規格（JIS）における一般構造用圧延鋼材（SS材）はリムド鋼でつくられ，溶接構造用圧延鋼材（SM材）の大部分がセミキルド鋼またはキルド鋼でつくられている．

圧延工程には鋼片を高温で圧延する熱間圧延加工と，常温で圧延を行う冷間圧延加工がある．板厚が2〜3 mm以上の鋼材は熱間圧延が，それ以下の厚さでは冷間圧延が行われる．また，形成された鋼材は，焼入れ，焼戻し，焼鈍しなどの熱処理を施すこと（調質）により，強度，延性，溶接性が変化する．このように熱処理したものを調質鋼あるいは熱処理鋼という．未処理のものを非調質鋼という．

橋に使用される構造用鋼材は，おおよそ0.18〜0.30％の炭素量があり，400〜490 N/mm^{2}程度の引張強度と15％以上の伸びをもち，軟鋼（mild steel）あるいは普通鋼と呼ばれる．さらに，引張強度が軟鋼よりも高く，690 N/mm^{2}以上のものを高張力鋼（high tensile strength steel），略してHT（ハイテン）と呼んでいる．わが国では，Si-Mn系の高張力鋼が開発され，鋼材規格としてHT 690，HT 780，HT 950がある．高張力鋼は普通鋼よりも強度が高いため，部材の断面が小さくなり，鋼重が軽減されることから，長支間橋梁に用いられることが多い．

3.1.2　鋼の機械的性質
a．引張強度

鋼材から図3.1(a)に示すような試験片を切り出し，常温で引張試験を行うと，試験片には伸び（Δl）が生ずる．このときの応力σ（stress）とひずみε（strain）は次式で求められる．

$$\sigma = \frac{P}{A}, \quad \varepsilon = \frac{\Delta l}{l} \tag{3.1a・b}$$

ここに，P：引張力，A：試験片の断面積，l：試験片の着目した2点間の距離である．

一例として，軟鋼（普通鋼）の応力-ひずみ曲線を図3.1(b)に示す．引張力が小さい範囲では応力とひずみの間には比例関係が成り立つ．これをフックの法則（Hooke's law）という．図中の直線勾配を鋼材のヤング係数E（Young's

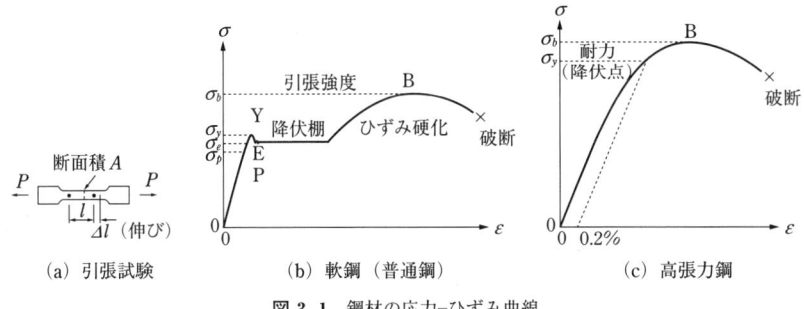

図3.1 鋼材の応力-ひずみ曲線
(a) 引張試験　(b) 軟鋼（普通鋼）　(c) 高張力鋼

modulus）といい，縦弾性係数，ヤング率ともいう．したがって，この区間では$\sigma = E\varepsilon$と線形関係が成り立つ．

この線形関係が成立する上限を比例限度σ_p（proportional limit）という．図中のσ_pからσ_eまでの応力-ひずみ関係は，正確には比例していないが，除荷するとひずみは残留せず弾性的に挙動することからσ_eを弾性限度という．弾性域を超えると塑性域となり，引張力を取り除くとひずみが残留する．これを残留ひずみ（residual strain）という．

さらに，荷重を増加させると降伏点（yield point）に達し，次には応力が一定状態を保ち，ひずみが増加する現象が見られる．ひずみが増加するこの区間を降伏棚，または俗に踊り場という．降伏点には上降伏点σ_{yu}と下降伏点σ_{yl}がある．下降伏点は試験片や試験条件によって変動し不安定であるのに対して，上降伏点はほぼ一定であることから，一般的に上降伏点を降伏点σ_yとする．

続けて引張荷重を増加させると，再び応力の増加が見られる．これをひずみ硬化（strain hardening）という．さらに引張力を加えると，応力は最大値に達した後，試験片の一部が急激に断面減少を呈し，最後には破断する．この最大応力を引張強度σ_b（tensile strength）あるいは引張強さと呼ばれる．

図3.1(c)は高張力鋼の応力-ひずみ曲線である．高張力鋼は軟鋼のように明瞭な降伏点が認められない．そこで，0.2％の永久ひずみ（残留ひずみ）が生じる応力を0.2％耐力と呼び，この値を設計上の降伏点とする場合が多い．

b．延性，靱性，脆性

橋で使用される溶接構造用鋼材は，十分な強度と延性（ductility），靱性（toughness）を有するだけではなく，同時に脆性（brittleness）の少ないものでなければならない．延性と靱性はほぼ同じ意味で使われることが多い．延性は鋼

のねばり強さを表し，その破壊が十分な変形をともなって生じる場合（延性破壊），これを靱性が大きいという．一方，脆性は材料のもろさを表し，その破壊がほとんど変形をともなわずに生じる場合，これを脆性的な材料といい，そのような破壊を脆性破壊という．

一般的に，鋼の炭素量を多くすると，その強度は高くなる反面脆くなる．靱性を高くするためには，炭素量を抑えて合金元素の添加や熱処理の組合せを行うことが必要である．

以下に，橋の設計上注意すべき脆性について示す．

切欠き脆性　切欠きを有する材料は低温時に衝撃的な荷重を受けると脆く破壊する性質がある．これを切欠き脆性（notch brittleness）という．この切欠き脆性の評価には，Vノッチのある試験片に衝撃を与え，破壊に必要なエネルギーを求めるシャルピー衝撃試験（Charpy impact test）が使われる．図3.2に示すシャルピー衝撃試験結果から，試験片が吸収するエネルギーは，振り子の位置エネルギーより次のように求められる．

$$E = WR(\cos\beta - \cos\alpha) \tag{3.2}$$

ここに，W：振り子の重さ，R：振り子の腕の長さ，α：もち上げ角度，β：振り上げ角度である．

この E を試験片の切り込み部の断面積（$0.8\ \mathrm{cm}^2$）で除した値を，シャルピー衝撃値という．この値が大きければ，延性があり脆性が少ないということができる．

図3.2(c) に吸収エネルギーと試験片の温度との関係を示す．吸収エネルギーが 15 ft·lb（$26\ \mathrm{J/cm}^2$，$2.6\ \mathrm{kgf·m/cm}^2$）における試験片の温度を遷移温度 T_{r15}（transition temperature）といい，破壊面が延性破壊から脆性破壊に移る境目の温度としてよく用いられる．わが国では橋梁用鋼材として，Vノッチシャルピー衝撃値 $34\ \mathrm{J/cm}^2$（$3.5\ \mathrm{kgf·m/cm}^2$）以上あることが望ましいとしている．

炭素Cが多くなると遷移温度が高くなり，Mnはこれを低めるので，Mn/Cの値が大きいほど，切欠き脆性が少なくなる（図3.2(d) 参照）．また，PやSは含有量が大となると，脆性破壊を起こしやすい．リムド鋼は遷移温度が高く，Sの偏析によるサルファークラックも起こりやすい．そこで，寒冷地で厚板を用いるときには，セミキルド鋼か，キルド鋼を用いるのがよい．

溶接構造では溶接することによる欠陥（切欠き）を生じることがあり，そこに応力集中が発生するので注意を要する．そのために，溶接構造用鋼材では必要なVノッチシャルピー吸収エネルギーが規定されている．また，寒冷地では低温脆

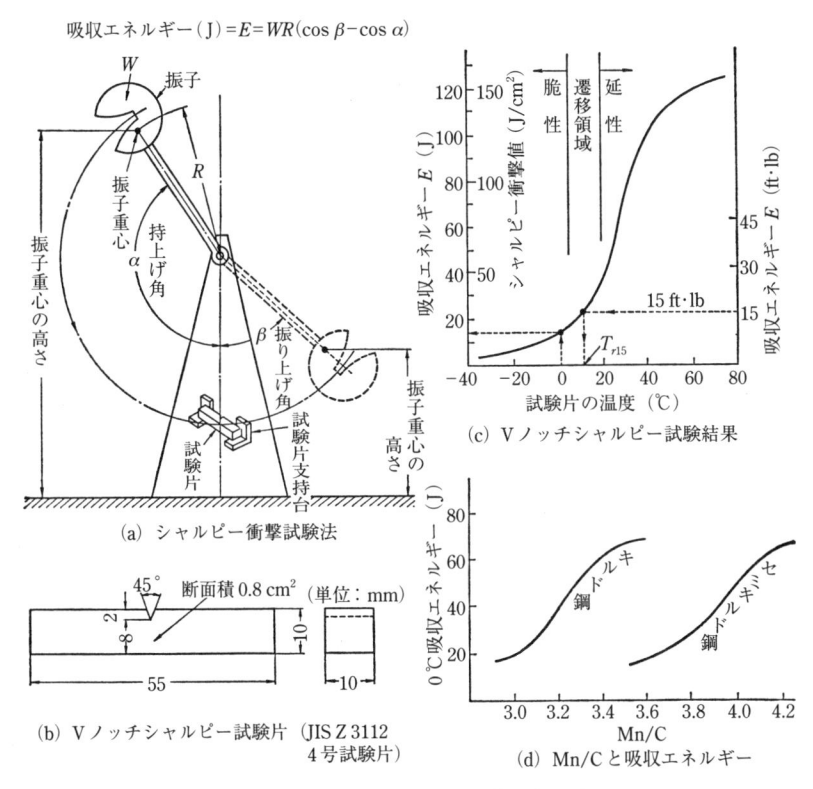

図 3.2 シャルピー衝撃試験と吸収エネルギー

性に注意して鋼材を選定することが必要である.

遅れ破壊　鋼には水素成分が混じっている. 水素原子Hの粒子の大きさは, 鉄Feの結晶粒子間隙よりも小さいので, 鋼の中を自由に移動できる. これを拡散性水素という. 水素分子H_2の粒子は鉄の結晶粒子間隙よりも大きいので, 鋼の中を自由に移動することができない. これを非拡散性水素という. 拡散性水素は鋼の応力集中箇所などに集まりやすく, 遅れ破壊 (delayed failure) の原因になるといわれている. 静的な引張荷重が長期間作用する高力ボルトでは, ある時間の経過後に突然破断するため, 遅れ破壊と呼ばれる. この原因は, 拡散性水素による脆性破壊と考えられている. この現象はPC鋼棒, 高張力タイロッドなど引張強度の大きな高張力鋼に生じやすく, 静的疲れ破壊ともいう.

3.1.3 鋼材の種類

鋼材の種類と品質は，日本工業規格（JIS）に規定されている．橋に使用される鋼材としては，構造用鋼材（鋼板），鋼管，接合用鋼材（ボルトなど），溶接材料，鋳鍛造品，線材，棒鋼などがある．

a. 鋼　　板

鋼板は連続鋳造により平らに熱間圧延されたもので，厚さにより薄板（3 mm 未満），中板（3～6 mm），厚板（6～150 mm），極厚板（150 mm 以上）に分類される．橋に使用する鋼材の最小板厚は将来の腐食を考えて 8 mm と定めている．ただし，腐食環境がよい場合には，鋼床版（第5章）のトラフリブのように 6 mm の板厚が許されている．

鋼板は橋の製作工場に搬入され，溶接接合により I 形断面や箱形断面に形成した後，主げた，横げた，主塔などの部材に用いられる．鋼板に使用される鋼材は，一般構造用圧延鋼材（SS材），溶接構造用圧延鋼材（SM材），溶接構造用耐候性熱間圧延鋼材（SMA材）があり，それぞれ JIS G 3101，JIS G 3106，JIS G 3114

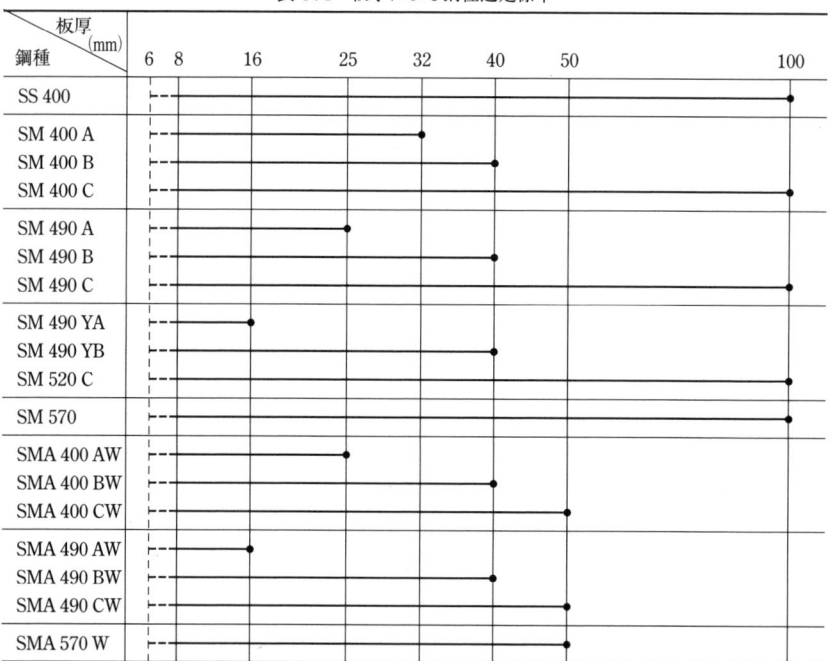

表 3.1　板厚による鋼種選定標準

鋼種	板厚範囲 (mm)
SS 400	8 ～ 100
SM 400 A	8 ～ 32
SM 400 B	8 ～ 40
SM 400 C	8 ～ 100
SM 490 A	8 ～ 32
SM 490 B	8 ～ 40
SM 490 C	8 ～ 100
SM 490 YA	8 ～ 16
SM 490 YB	8 ～ 40
SM 520 C	8 ～ 100
SM 570	8 ～ 100
SMA 400 AW	8 ～ 25
SMA 400 BW	8 ～ 40
SMA 400 CW	8 ～ 100
SMA 490 AW	8 ～ 16
SMA 490 BW	8 ～ 40
SMA 490 CW	8 ～ 100
SMA 570 W	8 ～ 100

板厚が 8 mm 未満の鋼材については道路橋示方書・II 鋼橋編 3.1.6 および 6.2.6 による．

に適合するものが用いられる．

板厚に応じた鋼種の選定を表3.1に示す．また，鋼材の機械的性質を表3.2に示す．溶接構造用圧延鋼材（SM材）は溶接性を確保するために，CとMnの量がJISで規定されている．低温脆性（あるいは低温靱性）の目安となるシャルピー吸収エネルギーによって3種類の規格がある．そのうち，A材には0℃Vノッチシャルピー吸収エネルギーの規定がなく，B材では27 J（2.8 kgf·m）以上，C材は47 J（4.8 kgf·m）以上と規定されている．表3.1と表3.2の鋼種を表す記号の後ろのA，B，Cはこのシャルピー吸収エネルギーの違いを意味している．ま

表3.2 構造用圧延鋼材の機械的性質

鋼材種別	鋼種	引張試験							衝撃試験
		降伏点または耐力の最小値 (N/mm², (kgf/mm²))			引張強さ (N/mm², (kgf/mm²))	伸びの最小値 (%)			シャルピー吸収エネルギーの最小値[4] (J, (kgf·m))
		鋼材の厚さ(mm)				鋼材の厚さ(mm)			
		16以下	16を超え40以下	40を超え75以下[1]	75を超えるもの	16以下	16を超え50以下[2]	40を超えるもの[3]	
一般構造用圧延鋼材	SS 400	245 (25)	235 (24)	215 (22)		400〜510 (41〜52)	17	21	23[5]	
溶接構造用圧延鋼材	SM 400 A, B, C	245 (25)	235 (24)	215 (22)		400〜510 (41〜52)	18	22	24[5]	B：27(2.8) C：47(4.8)
	SM 490 A, B, C	325 (33)	315 (32)	295 (30)		490〜610 (50〜62)	17	21	23[5]	B：27(2.8) C：47(4.8)
	SM 490 Y A, B	365 (37)	355 (36)	335 (34)	325 (33)	490〜610 (50〜62)	15	19	21[5]	B：27(2.8)
	SM 520 C	365 (37)	355 (36)	335 (34)	325 (33)	520〜640 (53〜65)	15	19	21[5]	C：47(4.8)
	SM 570	460 (47)	450 (46)	430 (44)	420 (43)	570〜720 (58〜73)	19[6]	26[6]	20[5]	47(4.8)
溶接構造用耐候性熱間圧延鋼材	SMA 400 W A, B, C	245 (25)	235 (24)	215 (22)	—	400〜510 (41〜52)	17	21	23[5]	B：27(2.8) C：47(4.8)
	SMA 490 W A, B, C	365 (37)	355 (36)	335 (34)	—	490〜610 (50〜62)	15	19	21[5]	B：27(2.8) C：47(4.8)
	SMA 570 W	460 (47)	450 (46)	430 (44)		570〜720 (58〜73)	19[6]	26[6]	20[5]	47(4.8)

注 1) SMAについては，40を超え50以下．2) SM 570，SMA 570 Wについては，16を超えるもの．
3) SM 570，SMA 570 Wについては，20を超えるもの．4) SM 570，SMA 570 Wについては，試験温度-5℃，他は0℃．5) JIS Z 2201（金属材料引張試験片）4号．6) 5号，他は1A号．

た，鋼種の3けたの数字は鋼材の引張強度をSI単位で表した最小値に対応している．たとえば，SM 490 B材の引張強度の最小値は，490 N/mm^{2}である．

溶接による熱影響部は，炭素量やその他の元素が多いほど急冷による硬化が大きく，場合によっては割れが発生する．そこで，含有元素を炭素量に換算した次式で表される炭素当量 C_{eq}（carbon equivalent content）をある制限値以下にする必要がある．

$$C_{eq} = C + \frac{Mn}{6} + \frac{Si}{24} + \frac{Ni}{40} + \frac{Cr}{5} + \frac{Mo}{4} + \frac{V}{14} \tag{3.3}$$

ここで，炭素当量 C_{eq} の大きい鋼材ほど，また板厚が厚いほど溶接時に急冷しやすい．これを防ぐためには母材の予熱（preheating）を行う必要がある．

耐候性鋼材（weathering steel）は，Cu，P，Ni，Cr，Mo，Siなどの元素を添加したもので，耐腐食性を改善した鋼である．これは鋼材の表面に時間の経過とともに緻密な安定さびが形成され，それ以後の腐食を防ぐ性質がある．安定さびは常に期待できるものではなく，海岸地帯での塩分や工場地帯での亜硫酸ガスが多い環境下では安定化しないことがある．また，細部構造の設計において滞水，結露，泥などの堆積が生じないように配慮しなければならない．溶接構造用耐候性熱間圧延鋼材（SMA材）は，裸使用されるW種と塗装を前提としたP種があるが，通常W種のみ規定されている．

平成8年度に改訂された道路橋示方書では，鋼橋の製作技術の進歩にともない，また，製作・施工の省力化の要望から，鋼材の適用板厚の適用範囲が拡大された．すなわち，溶接構造用圧延鋼材（SM材）のC材とSM 570，および非溶接用SS 400材に適用範囲の最大値が50 mmから100 mmまで拡大された（表3.1参照）．

b．形　鋼

形鋼は，鋼を種々の断面形に熱間圧延成形したものである．代表的な断面形状と呼び名を図3.3に示す．支間の短い橋では，H形鋼が主げたとして用いられる

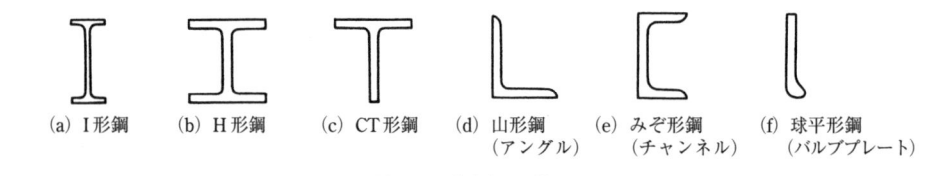

(a) I形鋼　(b) H形鋼　(c) CT形鋼　(d) 山形鋼（アングル）　(e) みぞ形鋼（チャンネル）　(f) 球平形鋼（バルブプレート）

図 3.3　代表的な形鋼

場合がある．しかし，一般には対傾構や横構などの二次部材に形鋼は使用される．球平形鋼はバルブプレートと呼ばれ，鋼床版の縦リブとして使用される．

c. 棒　　鋼

棒鋼には，鉄筋コンクリート用棒鋼と，PC鋼棒がある．鉄筋コンクリート床版（RC床版）に使われる鉄筋（SR材）は丸鋼から，異形鉄筋（SD材）は異形棒鋼から製造される．また，合成げたで使用されるスタッド（コンクリートと鋼のずれ止め）も丸鋼から製造される．表3.3に鉄筋コンクリート用棒鋼の機械的性質を，表3.4に異形棒鋼の標準寸法を示す．

表3.3 鉄筋コンクリート用棒鋼の機械的性質

種類の記号	降伏点または耐力 (N/mm², (kgf/mm²))	引張強さ (N/mm², (kgf/mm²))	引張試験片	伸び (%)
SR 235	235以上 (24以上)	380〜520 (39〜53)	2号	20以上
			3号	24以上
SD 295 A	295以上 (30以上)	440〜600 (45〜61)	2号に準じるもの	16以上
			3号に準じるもの	18以上
SD 295 B	295〜390 (30〜40)	440以上 (45以上)	2号に準じるもの	16以上
			3号に準じるもの	18以上
SD 345	345〜440 (35〜45)	490以上 (50以上)	2号に準じるもの	18以上
			3号に準じるもの	20以上

表3.4 異形棒鋼の標準寸法

呼び名	単位質量 (kg/m)	公称直径 d (mm)	公称断面積 S (cm²)	公称周長 l (cm)
D 6	0.249	6.35	0.3167	2.0
D 10	0.560	9.53	0.7133	3.0
D 13	0.995	12.7	1.267	4.0
D 16	1.56	15.9	1.986	5.0
D 19	2.25	19.1	2.865	6.0
D 22	3.04	22.2	3.871	7.0
D 25	3.98	25.4	5.067	8.0
D 29	5.04	28.6	6.424	9.0
D 32	6.23	31.8	7.942	10.0
D 35	7.51	34.9	9.566	11.0
D 38	8.95	38.1	11.40	12.0
D 41	10.5	41.3	13.40	13.0
D 51	15.9	50.8	20.27	16.0

d. 鋼　　管

鋼管には，一般構造用炭素鋼管（STK材），鋼管杭（SKK材），鋼管矢板（SKY材）がある．鋼管杭と鋼管矢板は，主に下部構造に使用される．

e. 線　　材

線材には，ピアノ線材（SWRS材），硬鋼線材（SWRH材），PC鋼線およびPCより線がある．吊橋や斜張橋のケーブルは，ピアノ線材，硬鋼線材を熱処理した後，冷間引抜き加工して製造される．一般に炭素量が多く，シリコンを添加する

ことにより，引張強度が1 470～1 770 N/mm² (150～180 kgf/mm²) と高い．

f. その他

機械構造用炭素鋼材 (S 35 CN, S 45 CN) はアンカーボルトやピンに，鍛鋼品 (SF材)，鋳鋼品 (SC材，SCW材，SCMn材)，鋳鉄品 (FC材，FCD材) は支承，高欄，排水装置，伸縮装置など橋の附属施設に使用される．

3.1.4 鋼材の物理定数

橋の設計計算に用いる鋼材の物理定数を表3.5に示す．鋼材のヤング係数 E およびポアソン比 ν (Poisson's ratio) の値には，多少のばらつきがあるものの，橋梁設計には表3.5の値を使う．なお，ポアソン比は軸方向ひずみに対する軸直角方向ひずみとの比をいう．

表 3.5 鋼材の物理定数

物理定数	鋼材の種類	定数の値
ヤング係数	鋼材および鋳鋼材 PC鋼材 鋳鉄材	2.0×10^5 N/mm² (2.1×10^6 kgf/cm²) 2.0×10^5 N/mm² (2.0×10^6 kgf/cm²) 1.0×10^5 N/mm² (1.0×10^6 kgf/cm²)
せん断弾性係数	鋼材	7.7×10^4 N/mm² (8.1×10^5 kgf/cm²)
ポアソン比	鋼材および鋳鋼材 鋳鉄材	0.30 0.25

鋼のせん断弾性係数 G (modulus of transverse elasticity) と E, ν との間には

$$G = \frac{E}{2(1+\nu)} \tag{3.4}$$

の関係がある．せん断弾性係数は材料の弾性的なずれ変形を表す係数であり，横弾性係数ともいう．

3.2 許容応力度

3.2.1 安全率

許容応力度設計法は，構造物に作用する荷重によって生じる部材の応力度が，材料の許容応力度 (allowable stress) 以下であることを照査する設計方法である．構造物の設計では，応力などの計算値と実際の応力との間には差が生じる．この原因としては，以下のものが挙げられる．

① 設計荷重の仮定と荷重推定の不確実さ．
② 材料強度のばらつき．
③ 構造解析のモデル化や構造計算の不確実さ．
④ 製作・架設時の寸法誤差，腐食などによる強度低下．

鋼材では，引張部材に関しては降伏点を基準にして，圧縮部材に関しては座屈応力（後述）を基準にして安全率 s（safety factor）約 1.7 を見込んでいる．

各種鋼材の許容応力度（引張応力度，圧縮応力度，せん断応力度，支圧応力度），降伏点，安全率を使用する板厚に応じて表 3.6 にまとめて示す．この許容応力度の算出については，次項で詳しく説明される．また，鉄筋コンクリート用棒鋼の許容応力度を表 3.7 に示す．ただし，鉄筋コンクリート床版に用いる棒鋼の引張許容応力度は，床版の有害なひび割れによる破損を防ぐことを目的として，低めに抑えられている．表 5.6 に示すように，SD 295 材の引張許容応力度は 140 N/mm^2（1 400 kgf/cm^2）である．

3.2.2　許容引張応力度

表 3.6 に示す許容軸方向引張応力度および許容曲げ引張応力度は，鋼材の降伏点 σ_y を安全率 s で割った値である．

SM 570 材は，他の鋼材に比べて降伏点が高く破断までの余裕が少ないこと，使用実績がまだ少ないことを考慮して，安全率をやや高く規定している．

3.2.3　許容軸方向圧縮応力度

柱などが圧縮力を受ける場合，ある荷重で横方向への湾曲が生じ，それまでとは異なる変形状態（あるいは，つり合い状態）に移る現象を座屈（buckling）という．圧縮部材では，鋼材が降伏点に達する前に座屈を起こす（これを弾性座屈という）可能性があるため，これを基準にして許容軸方向圧縮応力度を決めなければならない．

いま，図 3.4 に示すように，部材長 L，断面二次モーメント I，およびヤング係数 E の両端単純支持された長柱が，軸方向圧縮力 P を受けて波線のように座屈する場合を考える．このときの変位 w が微小なものとすると，変形後の柱のつり合い方程式は次式で与えられる．

$$EI\frac{d^4w}{dx^4} + P\frac{d^2w}{dx^2} = 0 \tag{3.5}$$

表 3.6a 各種鋼材の許容応力度 （N/mm² (kgf/cm²)）

鋼種	板厚 (mm)	基準降伏点および安全率	軸方向引張および曲げ引張応力度	局部座屈を考慮しない軸方向圧縮応力度 (N/mm²)	曲げ圧縮応力度 床版で固定，箱形，π形断面	曲げ圧縮応力度 左記以外[1] (N/mm²)	せん断応力度	支圧応力度 鋼板と鋼板との間	支圧応力度 ヘルツ公式で算出
SS 400 SM 400 SMA 400 W	40以下	235 (2 400) 1.68 (1.71)	140 (1 400)	$140 : \frac{l}{r} \leq 18$ $140 - 0.82(\frac{l}{r} - 18) :$ $18 < \frac{l}{r} \leq 92$ $\frac{1\,200\,000}{6\,700+(\frac{l}{r})^2} : 92 < \frac{l}{r}$	140 (1 400)	$140 : \frac{l}{b} \leq \frac{9}{K}$ $140 - 1.2(K\frac{l}{b} - 9) :$ $\frac{9}{K} < \frac{l}{b} \leq 30$	80 (800)	210 (2 100)	600 (6 000)
	40を超え100以下	215 (2 200) 1.72 (1.69)	125 (1 300)	$125 : \frac{l}{r} \leq 19$ $125 - 0.68(\frac{l}{r} - 19) :$ $19 < \frac{l}{r} \leq 96$ $\frac{1\,200\,000}{7\,300+(\frac{l}{r})^2} : 96 < \frac{l}{r}$	125 (1 300)	$125 : \frac{l}{b} \leq \frac{10}{K}$ $125 - 1.1(K\frac{l}{b} - 10) :$ $\frac{10}{K} < \frac{l}{b} \leq 30$	75 (750)	190 (1 950)	
SM 490	40以下	315 (3 200) 1.70 (1.68)	185 (1 900)	$185 : \frac{l}{r} \leq 16$ $185 - 1.2(\frac{l}{r} - 16) :$ $16 < \frac{l}{r} \leq 79$ $\frac{1\,200\,000}{5\,000+(\frac{l}{r})^2} : 79 < \frac{l}{r}$	185 (1 900)	$185 : \frac{l}{b} \leq \frac{8}{K}$ $185 - 1.9(K\frac{l}{b} - 8) :$ $\frac{8}{K} < \frac{l}{b} \leq 30$	105 (1 100)	280 (2 800)	700 (7 000)
	40を超え100以下	295 (3 000) 1.69 (1.71)	175 (1 750)	$175 : \frac{l}{r} \leq 16$ $175 - 1.1(\frac{l}{r} - 16) :$ $16 < \frac{l}{r} \leq 82$ $\frac{1\,200\,000}{5\,300+(\frac{l}{r})^2} : 82 < \frac{l}{r}$	175 (1 750)	$175 : \frac{l}{b} \leq \frac{8}{K}$ $175 - 1.8(K\frac{l}{b} - 8) :$ $\frac{8}{K} < \frac{l}{b} \leq 30$	100 (1 000)	260 (2 600)	
SM 490 Y SM 520 SMA 490 W	40以下	355 (3 600) 1.69 (1.71)	210 (2 100)	$210 : \frac{l}{r} \leq 15$ $210 - 1.5(\frac{l}{r} - 15) :$ $15 < \frac{l}{r} \leq 75$ $\frac{1\,200\,000}{4\,400+(\frac{l}{r})^2} : 75 < \frac{l}{r}$	210 (2 100)	$210 : \frac{l}{b} \leq \frac{7}{K}$ $210 - 2.3(K\frac{l}{b} - 7) :$ $\frac{7}{K} < \frac{l}{b} \leq 27$	120 (1 200)	315 (3 100)	

l : 有効座屈長または圧縮フランジ固定点間距離，r : 断面二次半径，b : 圧縮フランジ幅，
$K : \sqrt{3+A_w/(2A_c)}$，A_w : 腹板の断面積，A_c : 圧縮フランジの断面積

注 1) $A_w/A_c > 2$ の場合について記した．$A_w/A_c \leq 2$ の場合には $K=2$ として求めればよい．

3.2 許容応力度

表 3.6b 各種鋼材の許容応力度 (N/mm^2 (kgf/cm^2))

鋼種	板厚 (mm)	基準降伏点および安全率	許容応力度					
			軸方向引張および曲げ引張応力度	局部座屈を考慮しない軸方向圧縮応力度 (N/mm^2)	曲げ圧縮応力度		せん断応力度	支圧応力度
					床版で固定,箱形・π形断面	左記以外[1] (N/mm^2)		鋼板と鋼板との間 / ヘルツ公式で算出
SM 490 Y SM 520 SMA 490 W	40を超え75以下	335 (3 400) 1.72 (1.70)	195 (2 000)	$195 : \dfrac{l}{r} \leq 15$ $195 - 1.3\left(\dfrac{l}{r}-15\right):$ $15 < \dfrac{l}{r} \leq 77$ $\dfrac{1\,200\,000}{4\,700+\left(\dfrac{l}{r}\right)^2} : 77 < \dfrac{l}{r}$	195 (2 000)	$195 : \dfrac{l}{b} \leq \dfrac{8}{K}$ $195 - 2.1\left(K\dfrac{l}{b}-8\right):$ $\dfrac{8}{K} < \dfrac{l}{b} \leq 27$	115 (1 150)	295 (3 000)
	75を超え100以下	325 (3 300) 1.71 (1.69)	190 (1 950)	$190 : \dfrac{l}{r} \leq 16$ $190 - 1.3\left(\dfrac{l}{r}-16\right):$ $16 < \dfrac{l}{r} \leq 78$ $\dfrac{1\,200\,000}{4\,800+\left(\dfrac{l}{r}\right)^2} : 78 < \dfrac{l}{r}$	190 (1 950)	$190 : \dfrac{l}{b} \leq \dfrac{8}{K}$ $190 - 2.0\left(K\dfrac{l}{b}-8\right):$ $\dfrac{8}{K} < \dfrac{l}{b} \leq 27$	110 (1 100)	285 (2 900)
SM 570 SMA 570 W	40以下	450 (4 600) 1.76 (1.77)	255 (2 600)	$255 : \dfrac{l}{r} \leq 18$ $255 - 2.1\left(\dfrac{l}{r}-18\right):$ $18 < \dfrac{l}{r} \leq 67$ $\dfrac{1\,200\,000}{3\,500+\left(\dfrac{l}{r}\right)^2} : 67 < \dfrac{l}{r}$	255 (2 600)	$255 : \dfrac{l}{b} \leq \dfrac{10}{K}$ $255 - 3.3\left(K\dfrac{l}{b}-10\right):$ $\dfrac{10}{K} < \dfrac{l}{b} \leq 25$	145 (1 500)	380 (3 900)
	40を超え75以下	430 (4 400) 1.76 (1.76)	245 (2 500)	$245 : \dfrac{l}{r} \leq 17$ $245 - 2.0\left(\dfrac{l}{r}-17\right):$ $17 < \dfrac{l}{r} \leq 69$ $\dfrac{1\,200\,000}{3\,600+\left(\dfrac{l}{r}\right)^2} : 69 < \dfrac{l}{r}$	245 (2 500)	$245 : \dfrac{l}{b} \leq \dfrac{9}{K}$ $245 - 3.1\left(K\dfrac{l}{b}-9\right):$ $\dfrac{9}{K} < \dfrac{l}{b} \leq 25$	140 (1 450)	365 (3 750)
	75を超え100以下	420 (4 300) 1.75 (1.76)	240 (2 450)	$240 : \dfrac{l}{r} \leq 17$ $240 - 1.9\left(\dfrac{l}{r}-17\right):$ $17 < \dfrac{l}{r} \leq 69$ $\dfrac{1\,200\,000}{3\,700+\left(\dfrac{l}{r}\right)^2} : 69 < \dfrac{l}{r}$	240 (2 450)	$240 : \dfrac{l}{b} \leq \dfrac{9}{K}$ $240 - 3.0\left(K\dfrac{l}{b}-9\right):$ $\dfrac{9}{K} < \dfrac{l}{b} \leq 25$	135 (1 400)	355 (3 650)

l:有効座屈長または圧縮フランジ固定点間距離, r:断面二次半径, b:圧縮フランジ幅,
$K:\sqrt{3+A_w/(2A_c)}$, A_w:腹板の断面積, A_c:圧縮フランジの断面積
注1) $A_w/A_c > 2$ の場合について記した。$A_w/A_c \leq 2$ の場合には $K=2$ として求めればよい。

表 3.7 鉄筋コンクリート用棒鋼の許容応力度（N/mm²（kgf/cm²））

棒鋼の種類 応力度の種類	SR 235	SD 295 A SD 295B	SD 345
引張応力度	140 (1 400)	180 (1 800)	180（1 800）
圧縮応力度			200（2 000）

長柱両端の境界条件を考慮して，この方程式を解くと，座屈荷重 P_e は次のように与えられる．

$$P_e = k\frac{\pi^2 EI}{L^2} \qquad (3.6)$$

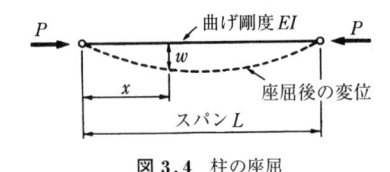

図 3.4 柱の座屈

この荷重はオイラー（Euler）の座屈荷重あるいは弾性座屈荷重と呼ばれる．また，係数 k を座屈係数という．

上式の両辺を部材の断面積 A で割ると，座屈応力度 σ_e を得る．

$$\sigma_e = \frac{P_e}{A} = k\frac{\pi^2 EI}{AL^2} = k\frac{\pi^2 E}{(L/r)^2} = \frac{\pi^2 E}{(l/r)^2} = \frac{\pi^2 E}{\lambda^2} \qquad (3.7)$$

ここに，$l=L/\sqrt{k}=\beta L$：有効座屈長（effective buckling length），$r=\sqrt{I/A}$：断面二次半径，$\lambda=l/r$：細長比（slenderness ratio）である．

有効座屈長 l は，長柱両端の境界条件（支持条件）によって異なる．いくつかの境界条件について，有効座屈長を決める係数 β と座屈係数 k との関係を図3.5に示す．

さて，式(3.7)はオイラーの長柱公式と呼ばれ，SS 400材あるいはSM 400材に対する細長比 λ との関係は図3.6のように表される．図中のオイラーの座屈曲線aは，鋼材の弾性範囲内（$\lambda \geq 92$）にのみ有効であり，非弾性領域（$\lambda < 92$）では塑性座屈となり，使うことができない．

また，鋼板を適当に切断し，I形あるいは箱形の柱断面に組み立てると，製作による初期たわみ（initial deflection）や溶接による残留応力（residual stress）が生じる．この両者を合わせて初期不整（initial imperfection）という．初期不整のある柱の耐荷力曲線は，図中の曲線bのように，かなり低下することが理論的，実験的に知られている．

このような耐荷力曲線 σ_{cu} を安全率で割ることにより，許容軸方向圧縮応力度 σ_{ca} が得られる．たとえば，道路橋示方書によると，SS 400材あるいはSM 400材に対する許容軸方向圧縮応力度 σ_{ca}（N/mm²）の値は細長比 $\lambda=l/r$ に対応して，

3.2 許 容 応 力 度

座屈係数 k	4	2	1	1	0.25	0.25
座屈形が点線のような場合						
β の理論値	0.5	0.7	1.0	1.0	2.0	2.0
β の推奨値	0.65	0.8	1.2	1.0	2.1	2.0

材端条件	回転に対して	水平変位に対して
	固定	固定
	自由	固定
	固定	自由
	自由	自由

図 3.5　有効座屈長の係数 β と座屈係数 k

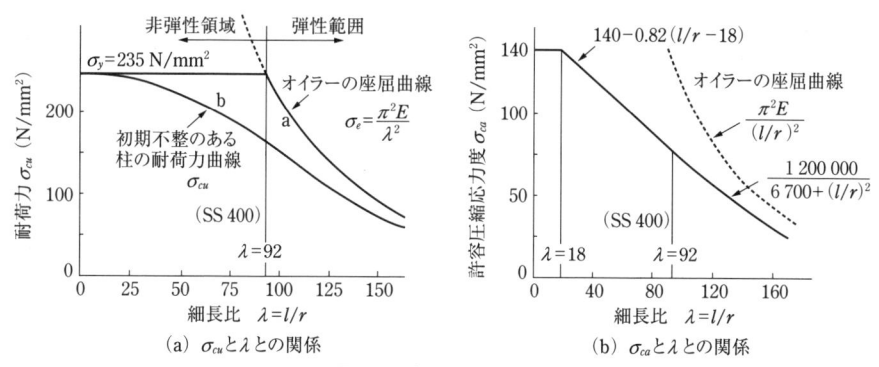

図 3.6　柱の耐荷力曲線

(a) σ_{cu} と λ との関係

(b) σ_{ca} と λ との関係

次のように定めている（表 3.6 参照）.

$$\sigma_{ca} = 140 \qquad (l/r \leqq 18) \tag{3.8a}$$

$$\sigma_{ca} = 140 - 0.82(l/r - 18) \qquad (18 < l/r \leqq 92) \tag{3.8b}$$

$$\sigma_{ca} = \frac{1\,200\,000}{6\,700 + (l/r)^2} \qquad (92 < l/r) \tag{3.8c}$$

以上は，あくまでも柱の構成部材の板厚が厚く，図3.7に示すように，柱部材として全体座屈を起こす場合に対する許容軸方向圧縮応力度である．しかし，薄板を用いた場合には，板が降伏点より低い圧縮応力度で局部座屈（local buckling）を起こし，柱の全体座屈と連成することもあり得る．

このような場合，構造用鋼材の許容軸方向圧縮応力度 σ_{ca} の値は次式により求められる．

$$\sigma_{ca} = \sigma_{cag} \cdot \sigma_{cal} / \sigma_{cao} \qquad (3.9)$$

ここに，σ_{cag}：局部座屈を考慮しない許容軸方向圧縮応力度，σ_{cao}：σ_{cag} の上限値，σ_{cal}：局部座屈に対する許容応力度である．

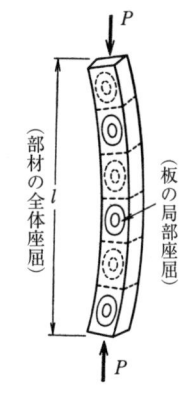

図3.7 柱の全体座屈と局部座屈

3.2.4 許容曲げ圧縮応力度

I形断面げたに曲げモーメント M が作用した場合，図3.8(b) の状態Iの主げたは，鉛直方向に w だけたわみ，状態IIとなる．ところが，曲げモーメント M がある限界値 M_{cr} に達すると，圧縮側のフランジが横方向に著しい水平変位 v を生じ，それ以降の曲げモーメントに耐えられなくなる．このような現象を，横倒れ座屈（lateral buckling）あるいは横座屈という．

したがって，曲げモーメントが作用する場合の圧縮フランジの横倒れ座屈応力度 σ_{cr} は，横倒れ座屈モーメント M_{cr} によって定めることができる．すなわち，W を断面係数（cm^3）とすると，

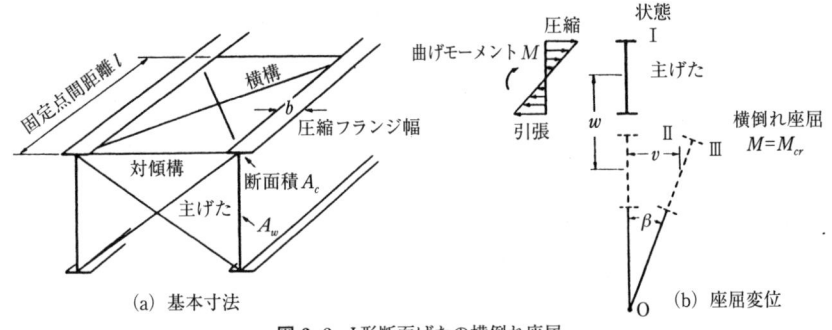

図3.8 I形断面げたの横倒れ座屈

$$\sigma_{cr} = \frac{M_{cr}}{W} = \frac{\pi^2 E}{4\{K(l/b)\}^2} \tag{3.10}$$

である.ここに,b:圧縮フランジの幅,l:圧縮フランジの座屈に対する固定点間距離であり,図3.8(a)に示す対傾構の間隔である.また,

$$K = \sqrt{3 + \frac{A_w}{2A_c}} \tag{3.11}$$

ここに,A_w:腹板の断面積,A_c:圧縮フランジの断面積である.上下対称断面では,$K \fallingdotseq 2$ となる.

図3.9は横倒れ座屈に対する耐荷力曲線を示す.ここで,座屈パラメーター α は

$$\alpha = \frac{2K}{\pi} \frac{l}{b} \sqrt{\frac{\sigma_y}{E}} \tag{3.12}$$

と与えられる.また,非弾性座屈領域($0.2 < \alpha \leq \sqrt{2}$)において,座屈応力度と降伏点応力度との比 σ_{bu}/σ_y は,

$$\frac{\sigma_{bu}}{\sigma_y} = 1 - 0.142(\alpha - 0.2) \tag{3.13}$$

と近似される.

道路橋示方書によると,SS 400材あるいはSM 400材に対する許容曲げ圧縮応力度 σ_{ba} (N/mm^2) は,上式(3.13)を安全率で割り,$A_w/A_c \leq 2$ のとき次のように表される(表3.6参照.$K=2$ として).

$$\sigma_{ba} = 140 \qquad (l/b \leq 4.5) \tag{3.14a}$$
$$\sigma_{ba} = 140 - 2.4(l/b - 4.5) \quad (4.5 < l/b \leq 30) \tag{3.14b}$$

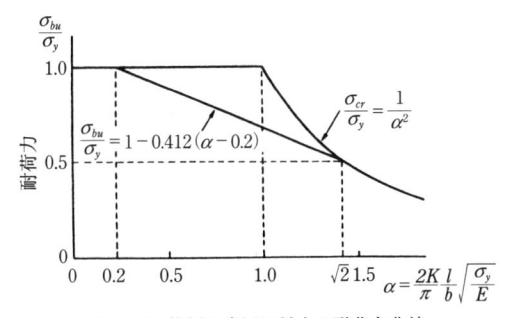

図 3.9 横倒れ座屈に対する耐荷力曲線

ただし，圧縮フランジが直接コンクリート床版などで固定されている場合，および箱形やπ形断面の場合は，曲げによる横倒れ座屈は起きにくいので，許容曲げ圧縮応力度はその上限値をとるものとする．

3.2.5 許容せん断応力度

図3.10のように，曲げモーメントMとせん断力Qが同時にけた断面に作用する場合，図中のけた要素には，曲げモーメントMによる垂直応力度σとせん断力Qによるせん断応力度τが共存する応力状態となる．

このような応力状態における材料の降伏は，せん断ひずみエネルギー一定説（または，von Misesの降伏条件）によれば，次式を満足する場合であるといわれている．

$$\sigma_y = \sqrt{\sigma^2 + 3\tau^2} \tag{3.15}$$

ここで，$\sigma = 0$とおくと，せん断応力度τのみによって材料が降伏するのは，

$$\tau = \sigma_y/\sqrt{3} \tag{3.16}$$

である．したがって，許容せん断応力度τ_aは上式を安全率で割ることにより得られる．

たとえば，SS 400材あるいはSM 400材に対する許容せん断応力度τ_a（N/mm^2）は，

$$\tau_a = \frac{235/\sqrt{3}}{1.68} \fallingdotseq 80 \tag{3.17}$$

となる．

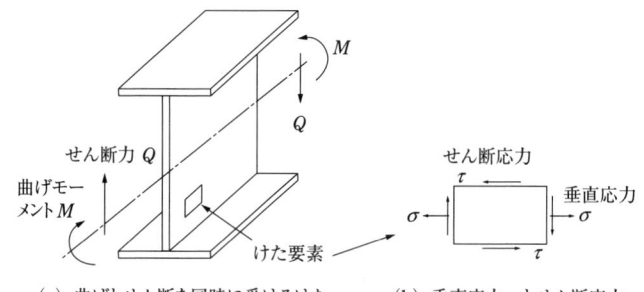

(a) 曲げとせん断を同時に受けるけた　　(b) 垂直応力σとせん断応力τ

図 3.10　曲げとせん断を同時に受けるけた要素の応力状態

以上，各種鋼材の主荷重および主荷重に相当する特殊荷重に対する許容応力度は表3.6に示す値とする．

3.2.6 許容支圧応力度

構造用鋼材の許容支圧応力度は，表3.6に示す値を用いるものとする．線支承および球面支承などの接触面の最大支圧力はおおむねヘルツの公式（Hertz's formula）により求められる．この公式は，半径の異なる2つの球面，あるいは2つの円筒面などが接触する場合の支圧応力を算出するのときに有効である．

鋼材の接触部付近では，荷重が増加するにつれて金属の塑性変形が始まり，ごくわずかな残留変形が残る．これを極限支圧応力状態という．さらに，荷重を増加すると接触部付近全域で塑性変形を生じる降伏支圧応力状態になる．種々の金属表面に硬い鋼球を押し込み，圧痕の表面積で荷重を除した値を用いて，ブリネル硬さ（Brinell's hardness）を測定する．

この値は，ほぼ降伏支圧応力に相当するといわれている．許容支圧応力度はブリネル硬さを基本として，適切な安全率（約2以上）を考慮して定められる．鋼板と鋼板が接触する場合およびヘルツ公式で算出する場合の許容支圧応力度を表3.6に示す．

3.2.7 許容応力度の割増し

橋に活荷重が満載し，従荷重である強風が吹いたり，大きな地震が同時に発生することは，きわめてまれなことと考えられる．道路橋示方書では，このような従荷重の組合せに応じて，表2.17のように許容応力度の割増しを認めている．

ただし，施工時荷重の割増し係数は，施工時の諸条件が設計計算における施工条件と同等と認められる場合のみ適用される．また，施工時荷重として，架設時の風荷重や地震の影響を考慮する場合，架設地点の条件，架設中の構造系などを考慮して，別途定められる．

3.3 鋼材の疲労

鋼材の引張強度より低い応力状態でも，繰返し回数がある限度を超えると，亀裂が発生し破壊することがある．この現象を鋼材の疲労（fatigue）あるいは疲労破壊という．橋梁の各部材は活荷重によって，常に繰返し荷重を受けるため，疲労による強度の低下を考慮する必要がある．

ヴェーラー（Wöhler）は実験結果より，繰り返される応力の上限値 σ_{max} と下限値 σ_{min} との差，すなわち応力範囲 $S=\sigma_{max}-\sigma_{min}$ が疲労破壊に大きく関係することを明らかにした．その応力範囲 S と繰返し回数 N との関係は両対数で直線関係となる $S-N$ 曲線で表される（図3.11参照）．

この図より，応力範囲が小さい場合，破壊に至る繰返し回数は大きい．一方，応力範囲が大きい場合には，破壊に至る繰返し回数が少ない．ここで，後者の脆性的な破壊を低サイクル疲労による破壊という．

一般に，橋梁の耐用年数（60～70年）から考えると，繰返し回数は $N=10^6$ 程度で十分と考えられる．しかし，安全側を見込んだ $N=2\times10^6$ 回を目標として，繰返し荷重をいくら作用させても疲労破壊を生じない限界の応力範囲を規定している．これを疲労限度（fatigue limit）または疲れ限度という．また，これをもとにして，鋼材の許容疲労応力度が定められる．

道路橋では，設計応力に占める活荷重応力の割合が小さく，またL荷重に相当する活荷重が載荷される頻度が小さいことから，従来より，活荷重による疲労の影響を考慮しなくてもよいとされていた．しかし，近年，道路橋では対傾構，横げた，横構などの二次部材と主げたとの接合部，鋼製橋脚の隅角部などで疲労き

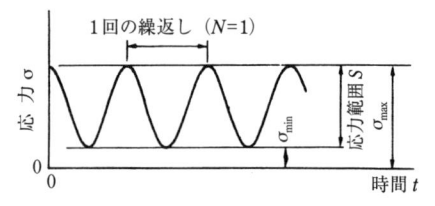

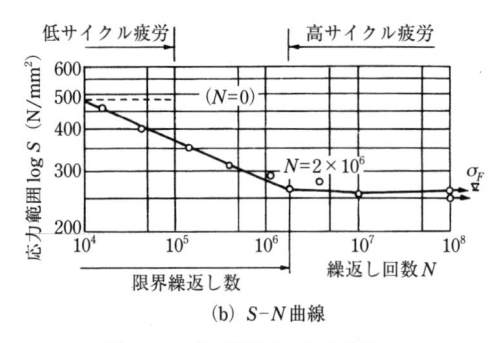

図 3.11 応力範囲 S と $S-N$ 曲線

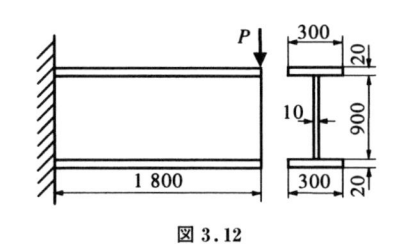

図 3.12

裂の発生が多数報告されている．今後とも交通量および車両重量の増加にともない，疲労損傷事例が増大することが懸念される．鋼道路橋の設計にあたっては耐久性の向上を図るために，疲労の影響を考慮するものと道路橋示方書（平成14年3月）の改訂が行われた．一方，鉄道橋では，全荷重に占める活荷重の割合が大きく，また設計活荷重に近い列車が繰返し載荷されるため，きめ細かい疲労照査が行われる．

演 習 問 題

3.1 次の用語について説明せよ．
(1)鋼と鉄，(2)連続鋳造，(3)キルド鋼とリムド鋼，(4)軟鋼と高張力鋼，(5)鋼の引張強度と降伏点，(6)切欠き脆性，(7)遅れ破壊，(8)延性，靱性，および脆性，(9)炭素当量，(10)耐候性鋼材，(11)せん断ひずみエネルギー一定則，(12)疲労限度，(13)初期不整，(14)SS材，SM材，およびSMA材，(15)局部座屈と全体座屈，(16)横倒れ座屈，(17)細長比，(18)熱処理，(19)シャルピー衝撃試験，(20)ヘルツ公式とブリネル硬さ．

3.2 軟鋼の応力-ひずみ曲線を用いて，鋼の機械的性質について述べよ．

3.3 許容応力度設計法で安全率を考える理由について述べよ．

3.4 式(3.5)の微分方程式から，両端単純支持された長柱の座屈荷重P_{cr}を求めなさい．

3.5 図3.12に示すように，片持ばりの先端に集中荷重$P=450$ kNが作用している．曲げ変形による片持ばり先端の鉛直たわみwを求めよ．また，最大曲げ応力度を求め，その応力を照査せよ．ただし，使用する鋼材はSM 400とする．

3.6 図3.12と同様の荷重状態において，せん断変形による片持ばり先端の鉛直たわみwを求めよ．また，腹板内のせん断応力度は一定とみなし，そのせん断応力度の安全性を照査せよ．ただし，使用する鋼材はSM 400とする．

4 連　結

　橋を構成する部材と部材との接合を，連結（connection）という．また，ある一つの部材内での接合を添接（splice）という．この両者の接合方法を合わせて継手（joint）と呼ぶことが多い．これらの区別は，必ずしも厳密なものではなく，添接に対しても連結あるいは接合と呼ぶことがある．鋼橋の継手構造には，① 溶接継手（welded joint），② 高力ボルト継手（high strength bolt joint），③ リベット継手（rivet joint），④ ピン連結（pin connection）がある．鋼道路橋で用いられる接合方法としては，主に溶接継手と高力ボルト継手が用いられる．

4.1 溶 接 継 手

4.1.1　金属アーク溶接

　溶接（welding）は，2つまたは数個の金属個体を加熱または加圧により組織的に結合することをいい，融接，圧接およびろう接に大別される．融接は，接合部に溶融金属を生成または供給して行う溶接方法であり，このうち橋には金属アーク溶接（metallic arc welding）が多く用いられる．

　金属アーク溶接は，図 4.1 に示すように，被溶接材（母材）と金属電極棒（溶接棒）との間に発生するアーク（電弧）から熱を得る溶接である．アーク溶接部には 3 000～5 000 ℃ の高熱が発生する．大気中の酸素や窒素は溶接部に悪い影響（脆性）を与えるため，アークや溶融金属を包んで外気を遮断する（シールド）方法が広く用いられる．これを被覆アーク溶接（shielded arc welding）という．

　被覆アーク溶接には，図 4.2 のように被覆溶接棒による溶接と，サブマージアーク溶接（submerged arc welding）がある．前者は，溶接棒のフラックスがガス発生体となるので，溶接姿勢の制約を受けることが少なく，主として手溶接作業に用いられる．後者は，接合部の表面に粒状のフラックスを盛り上げ，その中に線状のワイヤ（金属電極棒

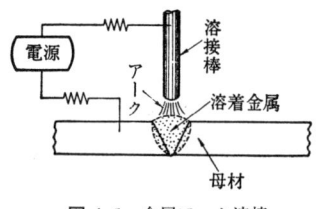

図 4.1　金属アーク溶接

4.1 溶接継手

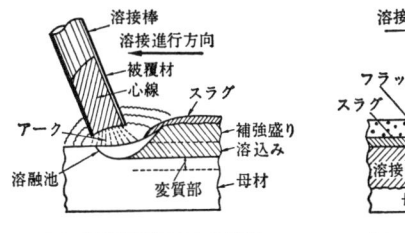

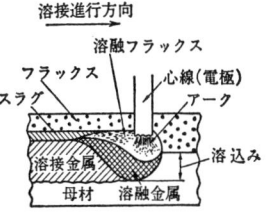

(a) 被覆溶接棒による溶接
(b) サブマージアーク溶接
(c) ユニオンメルト溶接

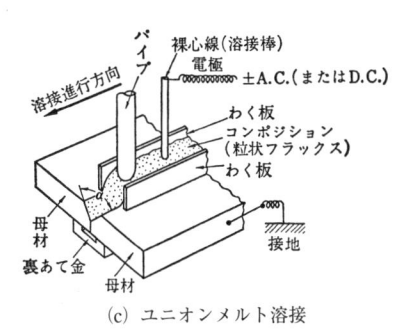

図 4.2 被覆アーク溶接

を連続的に供給しながら溶接する方法である．この溶接は下向きの溶接姿勢に限られるが，ワイヤを自動的に送り移動させることで，自動溶接として利用される．また，アークはフラックスにかくれて見えないため，サブマージ（潜る）の名が付けられ，潜弧溶接とも呼ばれる．さらに，サブマージアーク溶接機器を開発した会社の名称から，ユニオンメルト溶接と呼ばれることがある．

この他に被覆アーク溶接には，不活性ガスをノズルから噴出し，その保護された中でアーク溶接を行う炭酸ガス（CO_2 gas）アーク溶接がある．この溶接は，溶接姿勢を選ばず能率的でかつ安価であることから，工場などの半自動溶接に利用される．

また，ボルト，丸鋼などの先端と母材との間にアークを発生させ，溶融池の中に押しつけて溶植するアークスタッド溶接（arc stud welding）がある．合成げたのスタッドジベルの溶接に用いられる．アークスタッド溶接には，フラックスなどは使用せずにリング状のアークシールドが用いられる．

図 4.3 は溶接部が冷却された後の変質状態

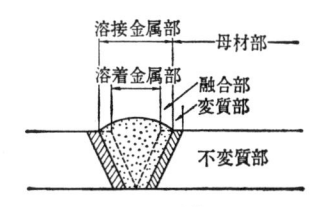

図 4.3 溶接部

を示す．溶接部は溶着金属部，母材が溶融して溶着金属と融合した融合部，溶接熱により金属組織が変化した変質部，少しも変化を受けない不変質部（母材）からなる．ここで，溶接前の母材面から測った融合部の深さを溶込み（とけこみ）という．

4.1.2 溶接継手の種類

溶接継手は，図4.4のように突合せ溶接継手（butt weld），すみ肉溶接継手

(a) 突合せ溶接継手　(b) すみ肉溶接継手　(c) せん溶接継手

図 4.4　溶接継手の種類

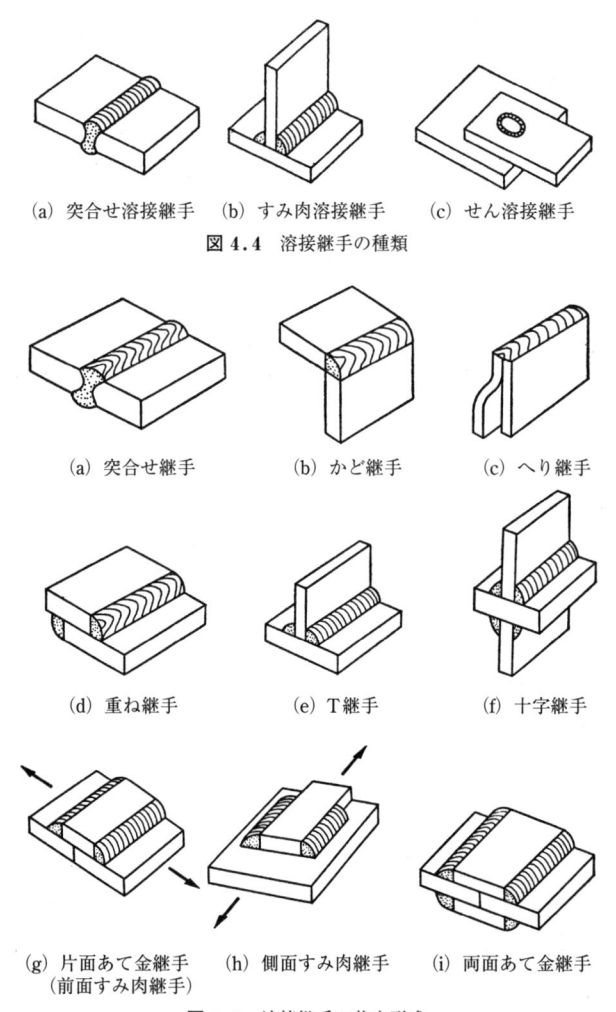

(a) 突合せ継手　(b) かど継手　(c) へり継手

(d) 重ね継手　(e) T継手　(f) 十字継手

(g) 片面あて金継手　(h) 側面すみ肉継手　(i) 両面あて金継手
　（前面すみ肉継手）

図 4.5　溶接継手の基本形式

(fillet weld)，せん溶接継手（plug weld）と大きく3種類に分けられる．しかし，せん溶接はスラグを巻き込みやすく，溶込みも不十分となる可能性があるため，橋の主要部材に用いることはない．さらに，溶接継手の基本形として，図4.5のような形式が挙げられる．

　溶接の表面形状によって，図4.6のように，平溶接，とつ溶接，へこみ溶接に分けられる．また，溶接線の方向が伝達すべき応力の方向に対して，側面すみ肉溶接，斜方すみ肉溶接，前面すみ肉溶接（図4.7）と分けられる．溶接の連続性については，図4.8のように連続溶接と断続溶接がある．さらに，溶接の作業姿勢により，下向溶接，立向溶接，横向溶接，および上向溶接がある．作業性としては，下向溶接が最も能率的で，信頼性の高い溶接ができる．けたを製作する場合には，けたを回転枠に入れ，枠ごと回転し，常に下向溶接が行えるようにする．

　良好な溶接を行うために，母材端部を加工してつくったみぞを開先（groove）といい，このような開先加工した溶接をグルーブ溶接（groove weld）という．開先形状には図4.9のようなものがある．溶接方法や母材の板厚などに応じて，開先形状は図4.10のように決められる．

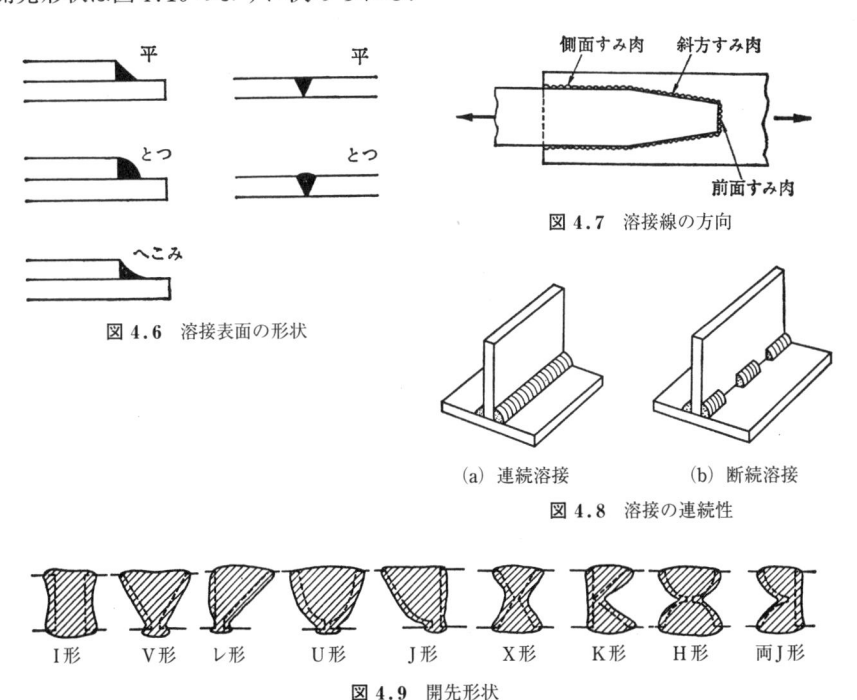

図 4.6　溶接表面の形状

図 4.7　溶接線の方向

(a) 連続溶接　(b) 断続溶接
図 4.8　溶接の連続性

I形　V形　レ形　U形　J形　X形　K形　H形　両J形
図 4.9　開先形状

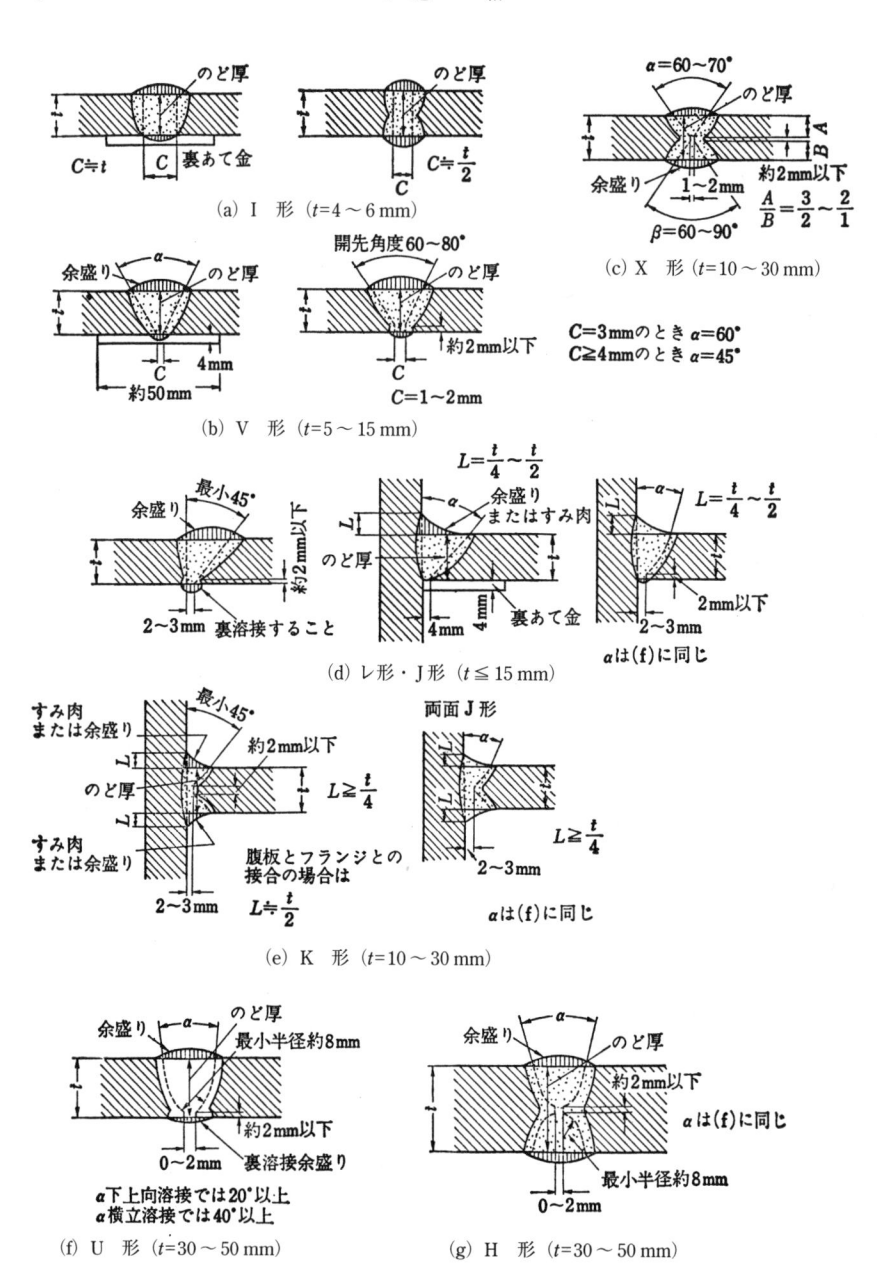

図 4.10　グルーブ溶接の開先形状と使用板厚

したがって，鋼橋の溶接継手としては，① 開先加工したグルーブ溶接と② 開先を取らずに材片の交わった表面を溶接するすみ肉溶接がもっぱら用いられる．図 4.5 に示した溶接継手の基本形において，開先加工すればグルーブ溶接と呼び，開先を取らないものをすみ肉溶接と呼ぶ．

橋梁の設計図面では，溶接の種類，寸法，表面形状，仕上方法および工場溶接，現場溶接などを明記しなければならない．溶接記号の記載方法は JIS Z 3021 に規定されており，グルーブ溶接とすみ肉溶接の表示例を図 4.11 に示す．

4.1.3 溶接部の基本寸法

一般的に，溶着金属の静的強度は母材のそれよりも高いので，溶接部の圧縮，引張，せん断に関する許容応力度は母材の許容応力度（表 3.6）と同等として扱う．また，現場溶接については，現場における施工管理，品質管理，溶接技術の向上などにより，工場溶接と同等の許容応力度が用いられる．以前は，現場溶接の許容応力度を工場溶接の 90% を原則としていた．

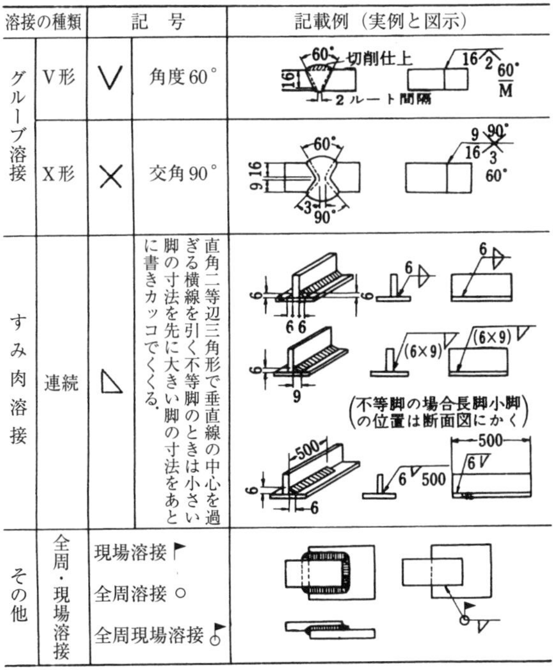

溶接の種類		記　号	記載例（実例と図示）
グルーブ溶接	V形	∨ 角度 60°	
	X形	✕ 交角 90°	
すみ肉溶接	連続	△ 直角二等辺三角形で垂直線の中心を過ぎる横線を引く不等脚のときは小さい脚の寸法を先に大きい脚の寸法をあとに書きカッコでくくる．	（不等脚の場合長脚小脚）の位置は断面図にかく
その他	全周・現場溶接	現場溶接 ▶ 全周溶接 ○ 全周現場溶接	

図 4.11　溶接記号

溶接継手の応力分布は作用する荷重によって，必ずしも単純なものではない．しかし，溶接継手を設計するためには，通常，応力分布を一様なものとして強度計算が行われる．すなわち，溶接部の有効厚さをのど厚（throat）と定義し，強度計算の基本寸法として用いる．

a. 溶接部ののど厚

グルーブ溶接 グルーブ溶接は図4.12のように，溶接金属部分が母材表面より少し高く盛り上がる．これを余盛り（reinforcement of weld）という．グルーブ溶接ののど厚 a (mm) は安全側を考え，余盛りの存在を無視して図4.12のように求められる．ここで，図4.12(a)～(d)は全断面溶込みグルーブ溶接の場合であり，図4.12(e)は部分溶込みグルーブ溶接の場合である．

溶接線に直角な方向に引張応力を受ける継手には，全断面溶込みグルーブ溶接を用いることを原則とする．ただし，引張応力度が小さい場合などでは，溶接性や溶接ひずみを考慮するとすみ肉溶接を併用した方が有利な場合がある．たとえば，主げたと横げたの連結部では，フランジに全断面溶込みグルーブ溶接を，腹板にすみ肉溶接を用いることがある．

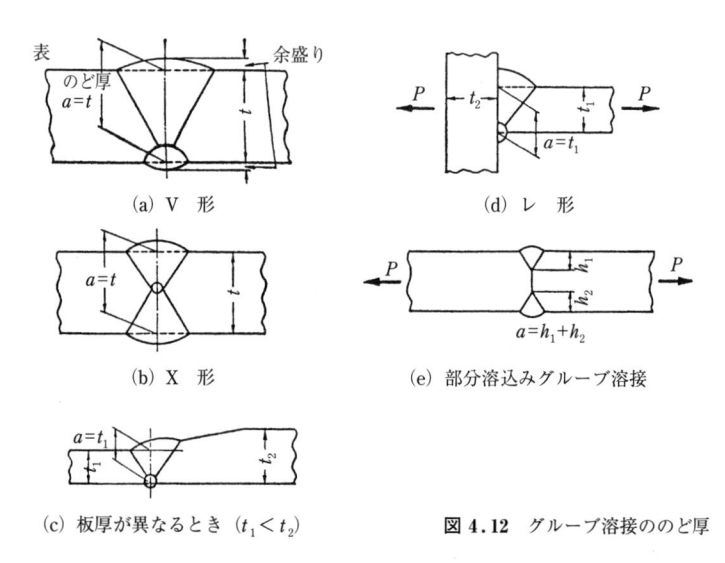

すみ肉溶接 すみ肉溶接ののど厚は，図4.13のような横断面内に二等辺三角形を考え，継手のルートから斜辺までの最短距離をいう．これを理論のど厚という．いま，理論のど厚を a，すみ肉溶接のサイズを S とすれば

$$a = S \cos 45° = 0.707 S \tag{4.1}$$

(a) V 形

(b) X 形

(c) 板厚が異なるとき $(t_1 < t_2)$

(d) レ 形

(e) 部分溶込みグルーブ溶接

図 4.12 グルーブ溶接ののど厚

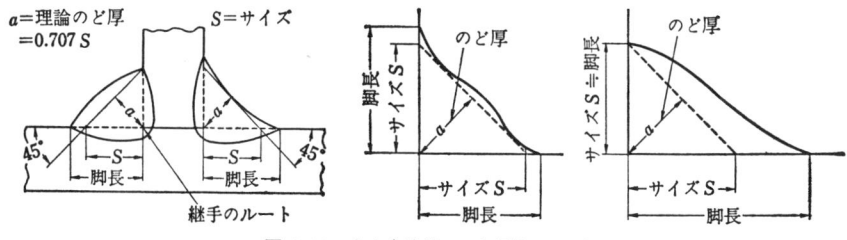

図 4.13 すみ肉溶接ののど厚とサイズ

となる．すみ肉溶接の場合は，このサイズ S を指定して，のど厚が求められ溶接継手の設計が行われる．応力計算にはもっぱら理論のど厚 a が用いられ，単にのど厚といえば理論のど厚のことをいう．

すみ肉溶接は，力の作用方向のいかんにかかわらず，のど厚断面に作用するせん断力に抵抗できるものとして設計される．主要部材の応力を伝えるすみ肉溶接のサイズ S は 6 mm 以上とし，次式を満足するように決められる．

$$t_1 > S \geqq \sqrt{2t_2} \tag{4.2}$$

ここに，t_1：薄い方の母材の厚さ（mm），t_2：厚い方の母材の厚さ（mm）である．

b．溶接部の有効長

溶接部の有効長は，理論のど厚を有する溶接部の長さをいう．図 4.14 のように，溶接部の始端部と終端部では，溶着金属の溶込みが不十分となり，十分な応力伝達が期待できないことから，溶接部の有効長には入れないことにする．

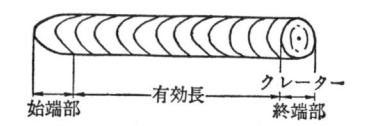

図 4.14 溶接部の有効長

したがって，すみ肉溶接には図 4.15 のような回し溶接あるいは図 4.16 のような全周溶接を行うのがよい．ただし，回し溶接部分は有効長に含めず，全周溶接の有効長は全長が有効となる．

図 4.17 のように，グルーブ溶接の溶接線が応力方向に対して斜めの場合，有効長は応力に直角な方向に投影した長さとする．しかし，斜角のあるすみ肉溶接では，回し溶接部を除き図 4.18 のように有効長をとることができる．

4.1.4 溶接部の強度計算

a．軸方向力またはせん断力が作用する場合

溶接継手に軸方向引張力または圧縮力が作用する場合は式（4.3）より，せん

図 4.15 回し溶接　　　　　　　　　**図 4.16** 全周溶接

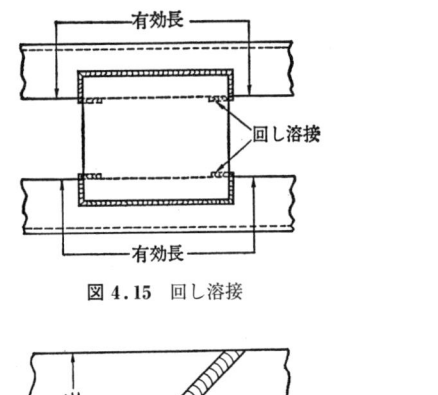

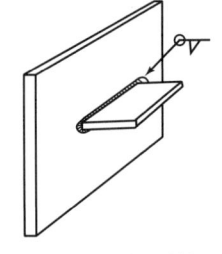

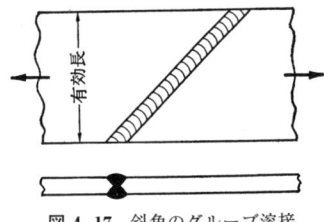

図 4.17 斜角のグルーブ溶接　　　　**図 4.18** 斜角のすみ肉溶接

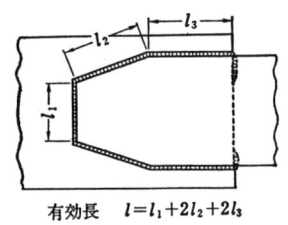

　　　　　　　　　　　　　　　　　　有効長　$l = l_1 + 2l_2 + 2l_3$

断力が作用する場合は式(4.4)より応力度を計算する．

$$\sigma = \frac{P}{\sum al} \leqq \sigma_a \quad (軸方向力が作用する場合) \tag{4.3}$$

$$\tau = \frac{P}{\sum al} \leqq \tau_a \quad (せん断力が作用する場合) \tag{4.4}$$

ここに，σ：溶接部に生ずる垂直応力度（N/mm²），τ：溶接部に生ずるせん断応力度（N/mm²），P：継手に作用する力（N），a：溶接ののど厚（mm），l：溶接の有効長（mm），σ_a：許容軸方向引張，または圧縮応力度（N/mm²），τ_a：許容せん断応力度（N/mm²）である．

ただし，すみ肉溶接および部分溶込みグルーブ溶接による応力度は，作用する力の種類にかかわらず式(4.4)によって算出するものとする．

部材の連結は，作用力Pに対して設計する．主要部材の連結は，原則として母材の全強75％以上の強度をもつように設計する．ただし，せん断力については，作用力を用いることとする．母材の全強は，許容応力度に断面積を乗じて算出する．なお，せん断力については全強と比較して作用力が一般に小さく，全強で設計すると不経済となるため，連結部の設計に当たっては作用力を用いることにしている．

b. 曲げモーメントが作用する場合

曲げモーメントが作用する場合，溶接継手部に生ずる応力度は，全断面溶込みグルーブ溶接に対しては式(4.5)より，すみ肉溶接に対しては式(4.6)より計算する．

$$\sigma = \frac{M}{I}y \leq \sigma_a \quad (全断面溶込みグルーブ溶接) \tag{4.5}$$

$$\tau = \frac{M}{I}y \leq \tau_a \quad (すみ肉溶接) \tag{4.6}$$

ここに，σ：溶接部に生ずる垂直応力度（N/mm²），τ：溶接部に生ずるせん断応力度（N/mm²），M：継手に作用する曲げモーメント（N·mm），I：のど厚を接合面に展開した断面のその中立軸まわりの断面二次モーメント（mm⁴），y：展開図形の中立軸から応力度を算出する位置までの距離（mm）である．

構造上どうしてもすみ肉溶接に曲げ応力が作用する場合がある．その場合は，図4.19のように，継手ルートを中心としてのど厚を接合面まで回転させた図形を求め，その中立軸まわりの断面二次モーメントにより応力度を計算する．

全断面溶込みグルーブ溶接の場合は，図4.20のように，展開断面の中立軸と

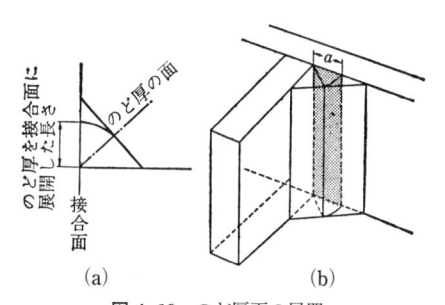

図 4.19 のど厚面の展開

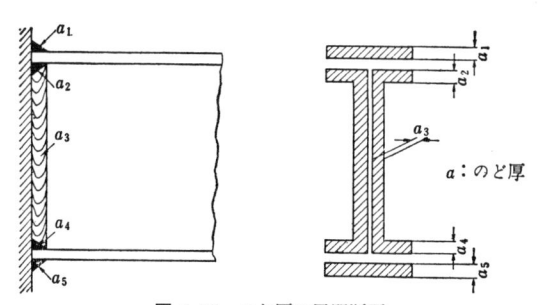

図 4.20 のど厚の展開断面

部材の中立軸は一致する．しかし，すみ肉溶接や部分溶込みグルーブ溶接では，これらは必ずしも一致しない．その場合は，展開断面の中立軸を用いる．

c. 軸方向力，曲げモーメントとせん断力が同時に作用する場合

この場合は，前記のa項およびb項による応力度照査 $\sigma \leq \sigma_a$, $\tau \leq \tau_a$ の他に，以下の組合せ応力度についても検算しなければならない．

垂直応力度 σ とせん断応力度 τ が共存する応力状態では，せん断ひずみエネルギー一定説によれば式(3.15)より，それに相当する垂直応力度 σ_v に置き換えることができる．これを合成応力度という．したがって，σ_v のみが存在する部材と同等の安全率が次式によって保証される．

$$\sigma_v = \sqrt{\sigma^2 + 3\tau^2} \leq \sigma_a \tag{4.7}$$

ここに，σ_a：許容引張応力度（N/mm^2）である．

σ と τ の組合せ応力状態を考える場合，従来の経験より，10％程度の許容応力度の割増しを行う．

$$\sqrt{\sigma^2 + 3\tau^2} \leq 1.1\sigma_a \tag{4.8}$$

この場合，σ のみの許容引張応力度を σ_a，τ のみの許容せん断応力度を τ_a とし，近似的に，$\tau_a = \sigma_a/\sqrt{3}$ とすると，上式(4.8)は次のようになる．

$$\sqrt{\left(\frac{\sigma}{\sigma_a}\right)^2 + \left(\frac{\tau}{\tau_a}\right)^2} \leq 1.1 \quad \text{または} \quad \left(\frac{\sigma}{\sigma_a}\right)^2 + \left(\frac{\tau}{\tau_a}\right)^2 \leq 1.21$$

したがって，不等式の右辺の値を丸めて

$$\left(\frac{\sigma}{\sigma_a}\right)^2 + \left(\frac{\tau}{\tau_a}\right)^2 \leq 1.2 \quad \text{（全断面溶込みグルーブ溶接）} \tag{4.9}$$

となる．ここに，σ：軸方向力または曲げモーメントによる垂直応力度あるいは両者の和（N/mm^2），τ：せん断力によるせん断応力度（N/mm^2）である．

全断面溶込みグルーブ溶接の場合は，式(4.9)によって応力照査が行われる．一方，すみ肉溶接の場合は，曲げモーメントなどによるせん断応力度 τ_b とせん断力によるせん断応力度 τ_s は単純に合成されるものとして，以下の式により応力照査が行われる．

$$\left(\frac{\tau_b}{\tau_a}\right)^2 + \left(\frac{\tau_s}{\tau_a}\right)^2 \leq 1.0 \quad \text{（すみ肉溶接）} \tag{4.10}$$

ここに，τ_b：軸方向力または曲げモーメントによるせん断応力度あるいは両者の和（N/mm^2）である．式(4.9)における σ と τ，式(4.10)における τ_b と τ_s は

相関曲線（interaction curve）をなす．

4.1.5　溶接部の疲労

溶接継手の疲労強度の低下は，アンダーカット，ブローホール，スラグ巻込み，割れなどの溶接部内部欠陥，および，溶接ビード始終端，止端部などの応力集中が原因とされている．前者は主に溶接施工と検査体制に起因するものであり，後者は応力集中を緩和することに十分な配慮が必要とされる．

溶接継手の疲労損傷の多くは，すみ肉溶接から発生している．溶接部の疲労亀裂は，その発生箇所によって図4.21のように2つに分類される．図4.21(a)はすみ肉溶接止端部から発生する止端亀裂を示す．また，図4.21(b)は溶接ルート部から発生するルート亀裂を示す．これらの疲労亀裂は，溶接部に作用する面内力，面外力と密接に関係する．

このため，疲労の影響を考慮しなければならない溶接継手部の設計においては，応力集中を避けるために，溶接ビードの適切な仕上げを行う必要がある．また，溶接継手の組立方法，溶接順序，継手形状，使用鋼材などに十分考慮して設計しなければならない．

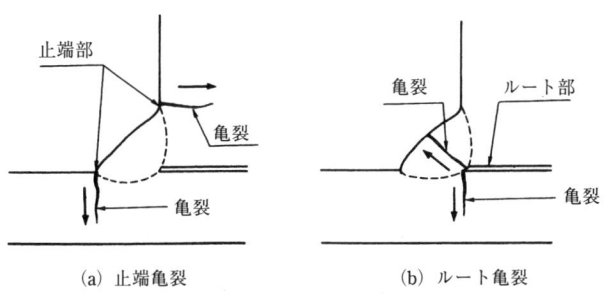

(a) 止端亀裂　　　　(b) ルート亀裂

図 4.21　すみ肉溶接部の疲労亀裂

具体的な疲労設計にあたっては，参考文献の『鋼橋の疲労』，『鋼道路橋の疲労設計指針』（日本道路協会）や図書などを参照されたい．また，道路橋に軌道または鉄道を併用する場合，列車荷重による部材応力度の変動に対する疲労の影響については，鉄道橋の設計標準が参考となる．

4.1.6　溶接部の検査と試験

溶接部の欠陥には，図4.22のように，ひび割れ，気泡，スラグ巻込み，オーバーラップ，アンダーカット，不整な波面，溶込み不足，のど厚過不足，脚長の

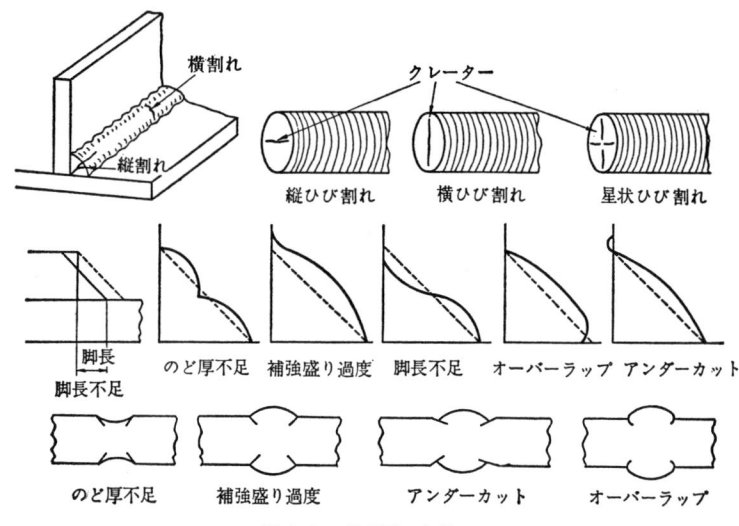

図 4.22 溶接部の欠陥

過不足などがある．これらの溶接欠陥は，ほぼ外観検査により知ることができる．いずれも強度不足や応力集中の原因となるため，溶接施工に当たっては十分注意する必要がある．

　溶接部の検査については，突合せ継手の内部欠陥に対する検査，溶接割れの検査，溶接ビードの外観，形状の検査，アークスタッドの検査がある．

　鋼製橋脚のはりおよび柱，主げたのフランジおよび腹板，鋼床版のデッキプレートなどの主要部材の溶接部では，X線検査（radiographic inspection）を行う．近年は，X線検査の他に，超音波，磁気，浸透液などによる検査が行われることも多い．

　最近，注目されている超音波探傷試験（ultrasonic testing）による溶接部の非破壊検査には，次のような特徴がある．

① 各種の溶接継手形状への適応性に優れている．
② 探傷装置の取扱いが容易である．
③ 探傷結果が即座に判断できて，能率的である．
④ 放射線透過試験（X線検査）のように，放射線障害防止のための特別な対策が不要である．

　また，適切に試験方法を選択すれば，有害な割れに類する欠陥の検査能力，極厚板への適応性にも優れており，橋梁の現場溶接部や他の鋼構造物での溶接継手

4.1.7 溶接継手の設計上の留意事項

溶接継手の設計上の留意事項を以下に示す．

① 溶接部の構造は，有害な応力集中，残留応力，二次応力を生じないように配慮しなければならない．断面が異なる主要部材の突合せ溶接では，図4.23のように，厚さおよび幅を徐々に変化させ，長さ方向の勾配は1/5以下とする．

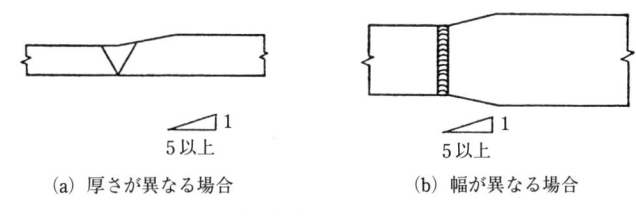

(a) 厚さが異なる場合　　(b) 幅が異なる場合

図4.23 断面の異なる主要部材の突合せ溶接

② 主要部材のすみ肉溶接の有効長は，サイズの10倍以上で，かつ80 mm以上としなければならない．

③ 応力を伝える重ね継手は，2列以上のすみ肉溶接を用いるものとし，部材の重なりの長さlは薄い方の板厚の5倍以上とする（図4.24）．

④ 軸方向力を受ける部材の重ね継手に側面すみ肉溶接のみを用いる場合，溶接線の間隔は薄い方の板厚の16倍以下とする．ただし，引張力のみ受ける場合は，上記の値を20倍とする．部材の重なり長さlは，溶接線間隔bより大きくする（図4.25）．

⑤ T継手の片側のみにすみ肉溶接あるいは部分溶込みグルーブ溶接をする場合，図4.26(a)のように外力Pが作用すると，溶接のルートに応力集中が生じ弱点となる．このような場合は，両側に溶接しなければならない．ただし，図4.26(b)に示すトラス弦材断面のすみ肉溶接のように，横方向の変形に対して抵抗できる構造の場合は，片側のみでよい．

⑥ 材片の交角が60°未満，または120°を超えるT継手には，全断面溶込みグルーブ溶接を用いることを原則とする．これは，すみ肉溶接では，ルートの溶込みやのど厚を確保するのが困難となるためである．

⑦ グルーブ溶接を用いた突合せ溶接と高力ボルト摩擦接合を併用，および応力に平行なすみ肉溶接と高力ボルト摩擦接合を併用する場合，それぞれの応力を

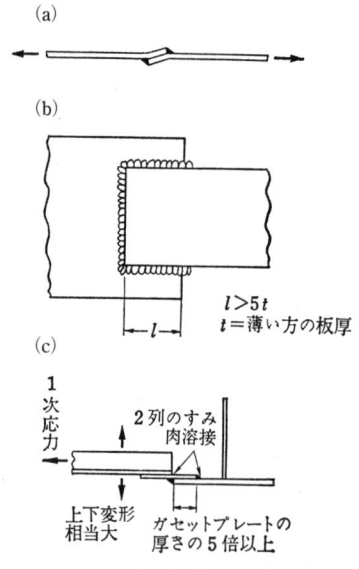

図 4.24 重ね継手のすみ肉溶接

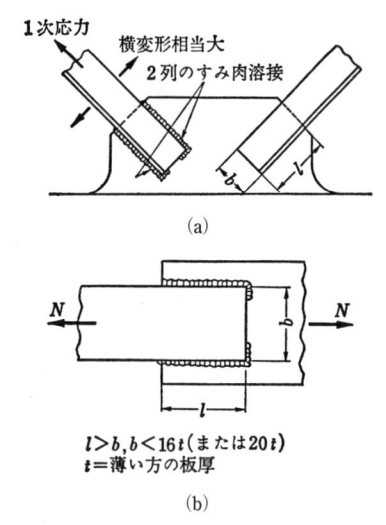

図 4.25 軸方向力を受ける部材の重ね継手

図 4.26 T継手

分担するものとしてよい．ただし，応力に直角なすみ肉溶接と高力ボルト摩擦接合とを併用してはならない．

⑧ 溶接と高力ボルト支圧接合とは併用してはならない．

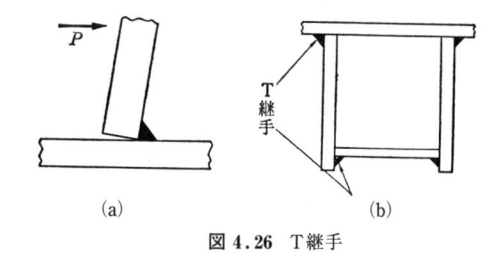

4.2 高力ボルト継手

4.2.1 高力ボルト継手の種類

高強度鋼からつくられるボルトを高力ボルトという．高力ボルトを用いた継手は，図4.27に示すように，ボルト，ナット，座金（ワッシャー）および添接板を用いて2部材を締め付けることにより行われる．

高力ボルト継手の接合は，応力伝達機構の違いから，図4.28のように，摩擦接合，支圧接合および引張接合の3種類に分けられる．

a. 摩擦接合

摩擦接合（friction type）は，重ね合せた鋼板をボルトで強力に締め付け，鋼

4.2 高力ボルト継手

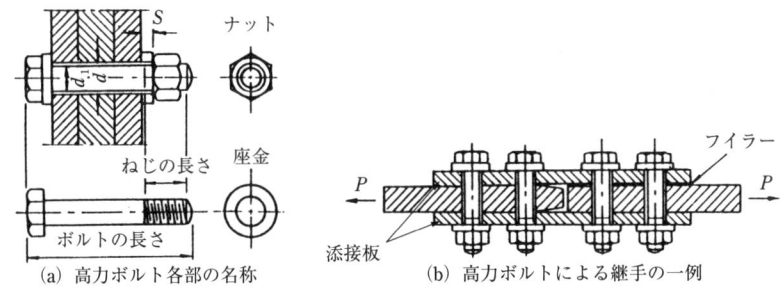

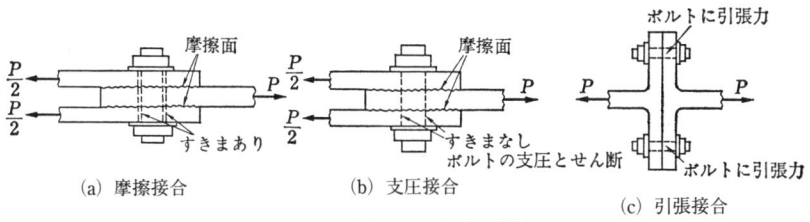

図 4.27 高力ボルト継手
(a) 高力ボルト各部の名称
(b) 高力ボルトによる継手の一例

図 4.28 高力ボルト継手の種類
(a) 摩擦接合
(b) 支圧接合
(c) 引張接合

板相互の接触面に生ずる摩擦によって力を伝達する接合方法である（図4.28(a)）．伝達する力が直接ボルトに作用せず，ボルト軸部とボルト孔との間に隙間が許されるのが特徴である．この摩擦接合は，施工に熟練を要しないこと，騒音が比較的少ないことから，現在，鋼橋の現場継手の大部分には，摩擦接合用高力ボルトが用いられている．

道路橋の摩擦接合用高力ボルトとして，図4.29に示すトルシア形高力ボルト (torshear type high strength bolt) が日本道路協会で規格化されている．ボルト締付け時に，ナットを回転させるための回転力（トルク）の反力をピンテール

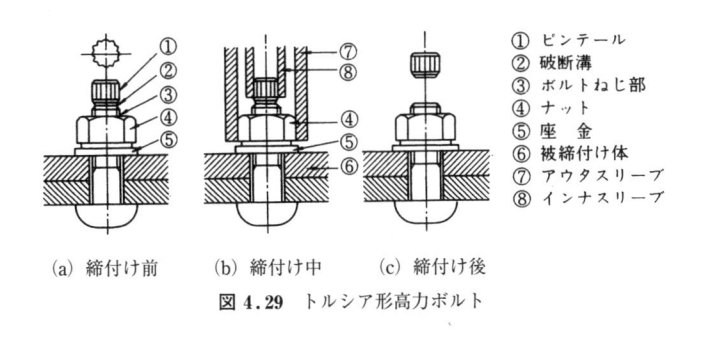

図 4.29 トルシア形高力ボルト
(a) 締付け前
(b) 締付け中
(c) 締付け後

① ピンテール
② 破断溝
③ ボルトねじ部
④ ナット
⑤ 座金
⑥ 被締付け体
⑦ アウタスリーブ
⑧ インナスリーブ

（ボルト軸部先端のつまみ部）にとらせ，所定のトルクが作用するとピンテールが破断し，高力ボルトに目標とする軸力が導入される．現在，このトルシア形高力ボルト（S 10 T）が使用されることが多くなっている．

b. 支圧接合

摩擦接合で，摩擦が切れてすべりが生ずると，ボルト軸部とボルト孔が接し支圧状態となる（図 4.28 (b)）．この両者の間の支圧力はボルト軸部のせん断力によって伝達される．これを支圧接合（bearing type）という．その際，継手部のすべりに相当する変形が構造部材に生ずることになり，できあがり骨組形状が問題となることがある．このような場合には，すべりをなくすために，ボルト軸部を太くしてボルト孔との隙間をなくすように打込み式高力ボルトが用いられる．

c. 引張接合

引張接合（tension type）は，高力ボルトの軸方向に引張力が作用して，接合部材片間の応力変化により，力を伝達する接合方法である．橋では，ラーメン橋脚，塔柱，支承部などを下部構造に固定するためのアンカーボルトに引張接合が用いられる．しかし，橋梁構造物ではまだ一般的な接合方法とはなっていない．

4.2.2 摩擦接合用高力ボルトの締付けと許容力

a. 高力ボルトの締付け

高力ボルトの摩擦接合では，接触する材片間の摩擦力を必要とするため，摩擦面は工場においてショットブラスト（鉄粉を吹きつける，shot blasting）あるいはサンドブラスト（砂を吹きつける，sand blasting）を行い，架橋現場ではワイヤーブラシなどで清掃してから，インパクトレンチまたはトルクレンチを用いてボルト締めを行う．

高力ボルト軸部に導入される軸力は，一般的にトルク法とナット回転法により確認される．

トルク法は，ボルトの締付けトルクを制御して所定のボルト軸力を導入する方法であり，現在，一般的に用いられているものである．トルク法では，ナットに加えられるトルク T (N·mm) とボルトに導入される軸力 N (N) との間には，次式で表される線形関係が成り立つことを利用して，軸力管理を行う．

$$T = kNd \tag{4.11}$$

ここに，k：トルク係数，d：ボルトの呼び径（mm）である．このトルク係数 k を理論的に求めることは困難である．そこで，JIS 規格によるトルク係数値試

験により実測し，その適合性を確認しなければならない．この方法は，ボルト，ナット，座金間摩擦の変化の影響などを受け，導入軸力Nとトルク係数kの変動が大きいため，トルク係数の管理に注意を要する．

一方，ナット回転法は，ナットの回転角でボルト軸力の管理を行う方法である．この方法は降伏点を超える軸力を導入するため，適用範囲は遅れ破壊に対する安全性の高いF8Tのみに限定される．ナット回転法では，ナット回転量でボルトの軸力を管理することから，トルク法のようにトルク係数値の影響を直接受けないこと，管理が容易であるなどの利点がある．

b．高力ボルトの許容力

高力ボルト継手には，図4.30に示すように，部材片を重ねて接合する重ね継手（lap joint），および添接板を用いて部材片を突き合わせて接合する突合せ継手（butt joint）がある．突合せ継手には，添接板を片側に当てたものと，両側に当てたものとがある．また，摩擦面の数から，一面摩擦と二面摩擦に区分される．

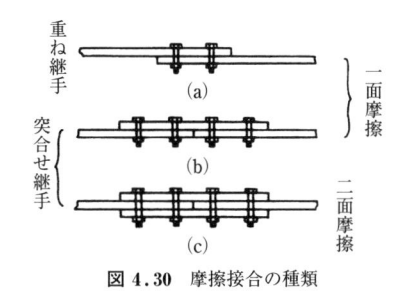

図4.30 摩擦接合の種類

後者の二面摩擦の高力ボルトは，摩擦面が二面の応力状態となるため，高力ボルトの許容力は単純に2倍の値となる．

摩擦接合用高力ボルト1本の一摩擦面当たりの許容力ρ_a(N)は，設計ボルト軸力N(N)にすべり係数μを乗じた値を安全率sで割ったものである．

$$\rho_a = \frac{\mu N}{s} \tag{4.12}$$

ここに，すべり係数μは，黒皮を除去した接合面では平均0.5以上の値を得ることができるが，ボルトのクリープ，リラクゼーションによる導入軸力の減少を考慮して0.4としている．また，安全率sは，鋼材の許容引張応力度の降伏点に対する安全率と同じ1.7と定めている．

設計ボルト軸力Nは，ボルトの耐力σ_y（N/mm^2）とねじ部の有効断面積A_e（mm^2）より

$$N = \alpha \sigma_y A_e \tag{4.13}$$

と与えられる．ここに，αは降伏点に対する比率を表し，表4.1に示すように，高力ボルトF8Tに対して0.85を，F10TやS10Tに対しては0.75の値を用いる．

表 4.1 摩擦接合用高力ボルトの許容力（1ボルト一摩擦面当たり）

高力ボルトの等級	ねじの呼び	s	μ	α	σ_y (N/mm^2)	A_e (mm^2)	N (kN)	ρ_a (kN(tf))
F 8 T	M 20 M 22 M 24	1.7	0.4	0.85	640	245 303 353	133 165 192	31(3.1) 39(3.9) 45(4.5)
F 10 T S 10 T	M 20 M 22 M 24	1.7	0.4	0.75	900	245 303 353	165 205 238	39(3.9) 48(4.8) 56(5.6)

F 10 T，S 10 T では，変形性能やボルトの遅れ破壊に対する安全性を考慮して，F 8 T より低い値が採用されている．

以上より，求められた摩擦接合用高力ボルト1本の一摩擦面当たりの許容力 ρ_a を表4.1 の右欄に示す．ただし，設計に用いる許容力は（　）内の丸めた値を用いる．高力ボルト継手は，二面摩擦接合で，F 10 T の M 22 を一般的に用いることが多い．この場合のボルト許容力 ρ_a は表4.1 より，2×48 kN＝96 kN（9 600 kgf）となる．

4.2.3 高力ボルト継手部の強度計算

a．ボルト本数と全強

高力ボルトの許容力 ρ_a (N) が求められると，伝えようとする力を P (N) とすれば，必要なボルト本数 n は次式より与えられる．

$$n \geq \frac{P}{\rho_a} \tag{4.14}$$

ただし，ボルト本数 n は整数とし，添接部の板厚，板幅などに応じたボルト配列を考えて決められる．

道路橋の主要部材の継手や添接の計算には，その部材の計算応力値に基づく伝達力 P 以上とし，かつ原則として母材の全強の75％以上とした，どちらか大きい方の値を用いて設計するものとする．ただし，せん断力に対しては，伝達力 P をそのまま用いてよい．一方，鉄道橋の主要部材は，すべて全強で設計することを原則としている．

ここで，全強 P（full strength）とは，その部材が設計上耐えられる最大の断面力をいう．その計算方法については以下のように行われる．

軸方向引張部材：許容軸方向引張応力度×純断面積　$P = \sigma_{ta} \times A_n$　　(4.15 a)
軸方向圧縮部材：許容軸方向圧縮応力度×総断面積　$P = \sigma_{ca} \times A_g$　　(4.15 b)
曲げ部材の引張縁：許容曲げ引張応力度×純断面積　$P = \sigma_{ta} \times A_n$　　(4.15 c)
曲げ部材の圧縮縁：許容曲げ圧縮応力度×総断面積　$P = \sigma_{ba} \times A_g$　　(4.15 d)

ここに，各許容応力度 σ_{ta}, σ_{ca}, σ_{ba} の値は，部材の材質によって定まり，表3.6 より求められる．

圧縮を受ける部材（圧縮部材）では，ボルト孔と関係なく母材の総幅に板厚を乗じた総断面積 A_g（gross sectional area）を用いる．一方，引っ張りを受ける部材（引張部材）では，母材幅からボルト孔の直径（ボルトの呼び径 + 3 mm）を差し引いた純幅に板厚を乗じた純断面積 A_n（net sectional area）を用いる．

ボルトが図 4.31 に示すように並列配置される場合，純断面積 A_n は次のように求められる．

$$A_n = A_g - ntd = bt - ntd = (b - nd)t \qquad (4.16)$$

ここに，b：板の総幅，t：板厚，d：ボルト孔の直径，n：1列のボルト孔の数である．さらに，ボルトが図 4.32 に示すように千鳥配置される場合，純幅 b_n は考えている断面の最初のボルト孔直径を控除し，順次，式 (4.17) の w 値を各ボルト孔ごとに差し引くものとする．

$$w = d - \frac{p^2}{4g} \qquad (4.17)$$

ここに，p：ボルトのピッチ（mm），g：応力直角方向のボルト線間距離（mm）である．たとえば，図 4.32 に対する純幅 b_n は次のように計算される．

$$b_n = b - d - \left(d - \frac{p_1^2}{4g_1}\right) - \left(d - \frac{p_2^2}{4g_2}\right) - \left(d - \frac{p_3^2}{4g_3}\right) = b - 4d + \left(\frac{p_1^2}{4g_1} + \frac{p_2^2}{4g_2} + \frac{p_3^2}{4g_3}\right) \qquad (4.18)$$

$d =$（ボルトの呼び径）$+$（3 mm）
$A_n = (b - 3d)t$

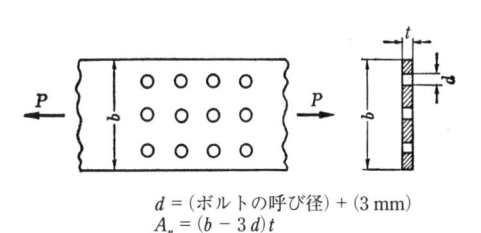

図 4.31　ボルトの並列配置

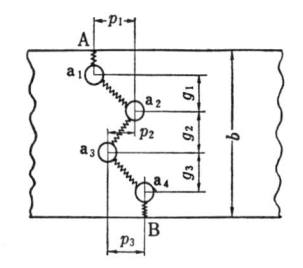

図 4.32　ボルトの千鳥配置

b. 垂直応力が作用する板を連結する場合

ボルトに作用する垂直応力の分布が均等でない場合は，図4.33のように母材の応力分布に着目して，各列のボルトが式(4.19)を満足するように設計する．これは，プレートガーダー橋の腹板などのボルト継手に適用される．

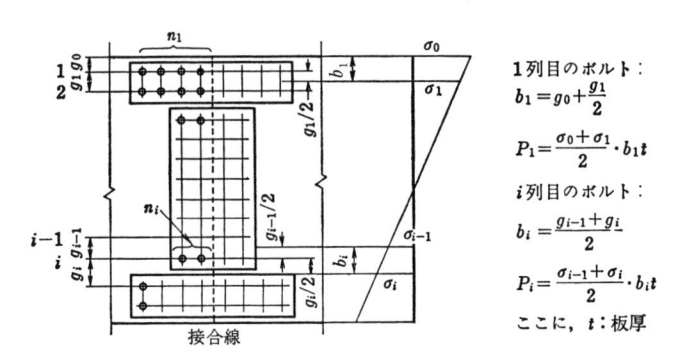

図 4.33 ボルトに作用する力（垂直応力の分布が均等でない場合）

1列目のボルト：
$b_1 = g_0 + \dfrac{g_1}{2}$
$P_1 = \dfrac{\sigma_0 + \sigma_1}{2} \cdot b_1 t$

i列目のボルト：
$b_i = \dfrac{g_{i-1} + g_i}{2}$
$P_i = \dfrac{\sigma_{i-1} + \sigma_i}{2} \cdot b_i t$

ここに，t：板厚

$$\rho_{pi} = \frac{P_i}{n_i} \leqq \rho_a \tag{4.19}$$

ここに，ρ_{pi}：i列目のボルト1本に作用する力（N），P_i：i列目の接合線の片側にあるボルト群に作用する力（N），n_i：i列目の接合線の片側にあるボルト群のボルト本数，ρ_a：ボルト1本当たりの許容力（N）である．

しかし，図4.34に示すように，ボルトに作用する垂直応力の分布が均等な場合は，次式(4.20)を満足するように設計すればよい．たとえば，けた橋の上下フランジ，トラス橋の上下弦材，斜材などのボルト継手に適用される．

$$\rho_p = \frac{P}{n} \leqq \rho_a \tag{4.20}$$

ここに，ρ_p：ボルト1本に作用する力（N），P：接合線の片側にある全ボルトに作用する力（N），n：接合線の片側にあるボルトの全本数，ρ_a：ボルト1本当たりの許容力（N）である．

$P = \sigma b t$
ここに，t：板厚

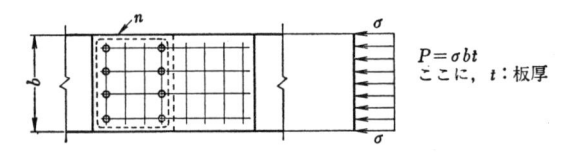

図 4.34 ボルトに作用する力（垂直応力の分布が均等な場合）

c. せん断力が作用する板を連結する場合

この場合は，式(4.21)を満足するように設計しなければならない．

$$\rho_s = \frac{Q}{n} \leqq \rho_a \tag{4.21}$$

ここに，ρ_s：ボルト1本に作用する力（N），Q：せん断力（N），n：接合線の片側にあるボルトの全本数，ρ_a：ボルト1本当たりの許容力（N）である．

d. 曲げモーメント，軸方向力およびせん断力が同時に作用する板を連結する場合

垂直応力とせん断応力が同時に作用する場合は，式(4.22)を満足するように設計しなければならない．

$$\rho = \sqrt{\rho_p^2 + \rho_s^2} \leqq \rho_a \tag{4.22}$$

ここに，ρ：ボルト1本に作用する力（N），ρ_p：曲げモーメントおよび軸方向力による垂直応力によってボルト1本に作用する力（N），ρ_s：せん断力によってボルト1本に作用する力（N），ρ_a：ボルト1本当たりの許容力（N）である．

e. 曲げによるせん断力を受ける板を水平方向に連結する場合

プレートガーダーの腹板を水平方向に連結する場合のように，曲げによるせん断力を受ける水平継手では，式(4.23)を満足するように設計しなければならない．

$$\rho_h = \frac{QS}{I} \cdot \frac{p}{n} \leqq \rho_a \tag{4.23}$$

ここに，ρ_h：水平方向に連結するボルト1本に作用する力（N），Q：計算する断面に作用するせん断力（N），S：部材総断面の中立軸まわりのせん断力を計算する接合線外側の断面一次モーメント（mm^3），I：部材総断面の中立軸まわりの断面二次モーメント（mm^4），p：ボルトのピッチ（mm），n：接合線直角方向のボルト数，ρ_a：ボルト1本当たりの許容力（N）である．

なお，ねじりモーメントを受ける場合は，別途その影響を考慮しなければならない．

f. 連結板の設計

高力ボルト継手における連結板（添接板）の設計は以下のように行う．

① 引張力が作用する板の連結板は，式(4.16)，(4.18)の純断面に生ずる応力度が，許容引張応力度以下になるようにする．

② 圧縮力が作用する板の連結板は，総断面に生ずる応力度が，表3.6に規定する許容圧縮応力度の上限値以下になるように設計する．この許容圧縮応力度の上限値を用いる理由は，連結板はボルトによって固定されており，局部座屈は生じないと考えられるためである．

③ 曲げモーメントが作用する板の連結板は，次式を満足するように設計する．

$$\sigma = \frac{M}{I} y \leq \sigma_a \tag{4.24}$$

ここに，σ：連結板の縁端に生ずる応力度（N/mm^2），M：連結板に作用する曲げモーメント（N·mm），I：中立軸に関する連結板の総断面の断面二次モーメント（mm^4），y：中立軸から連結板の縁端までの距離（mm），σ_a：許容圧縮応力度の上限値（N/mm^2）である．

4.2.4 高力ボルト継手の設計上の留意事項

高力ボルト摩擦接合継手部の設計上の留意事項を以下に示す．

① 部材の連結部は，部材軸に対して偏心のないように注意しなければならない．たとえば，横構部材においては図4.35のようにボルト線を中央にして，山形鋼の重心に近づけるのがよい．

② 高力ボルト継手は，1群として2本以上のボルトを配置しなければならない．

③ 部材の純断面積を算定する場合のボルト孔の直径は，ボルトの呼び径にクリアランスとして3mmを加えた値とする．

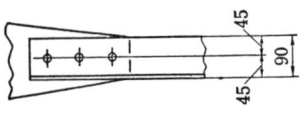

図4.35 山形鋼の重心に近づけたボルト線

④ 高力ボルトの最小中心間隔，最大中心間隔および縁端距離は表4.2の規定にしたがうものとする．最小中心間隔は，母材の支圧破壊や応力集中を避け，またボルトの締付け

表4.2 高力ボルトの間隔と縁端距離 (mm)

ボルトの呼び	最小中心間隔	最大中心間隔		最小縁端距離		最大縁端距離
		p	g	せん断縁 手動ガス切断縁	圧延縁, 仕上げ縁 自動ガス切断縁	
M 24	85	170	$12t$ 千鳥の場合は： $15t-3/8g$ ただし, $12t$以下	$24t$ ただし， 300 以下	42	37	$8t$以下， ただし， 150 以下
M 22	75	150			37	32	
M 20	65	130			32	28	

作業性を考えて，最大中心間隔は，ボルト間の材片の局部座屈，材片の密着性を考慮して定められたものである．最小縁端距離は材端部が破断しないように，最大縁端距離は材片間の密着を図り，すき間から雨水などの浸入を防ぐ配慮から規定したものである．

⑤ 板厚の異なる鋼板を突合せ継手で連結する場合，連結板と母材とのすき間をなくすために挿入する鋼板をフィラー（filler）という．高力ボルト継手では，フィラーを2枚以上重ねて使用してはいけない．

⑥ グルーブ溶接を用いた突合せ溶接と高力ボルト摩擦接合を併用，および応力に平行なすみ肉溶接と高力ボルト摩擦接合を併用する場合，それぞれの応力を分担するものとしてよい．ただし，応力に直角なすみ肉溶接と高力ボルト摩擦接合とを併用してはならない．

⑦ 溶接と高力ボルト支圧接合とは併用してはならない．

4.3 リベット継手

各種材片をとじ合わせて部材を構成したり，添接板を用いて部材を連結する方法のうち，リベットを用いる接合方法を総称してリベット接合という．リベット接合は，鋼材を重ね合わせて孔をあけ，頭部と軸部を有するリベットを赤熱し，リベット孔に差し込んだ後，他端をリベットハンマーで打撃して頭をつくり締め付ける方法である．

古い鋼橋では，リベット継手が盛んに用いられた．しかし，建設現場において，リベット締めを行う場合には，熟練した技術者や種々の設備が必要であること，さらに，騒音が問題となることなどの理由により，近年では橋梁に用いられることはなくなった．現場での部材接合には，リベットよりも簡便性，経済性および信頼性などに優れた高力ボルト継手がもっぱら使用されている．

4.4 ピン連結

ピンを軸として回転が自由となる部材の接合方法をピン接合という．また，これら部材の回転自由という意味で，ピン結合，ピン継手，ピン連結などと呼ばれる．

ピン連結は，古いトラス橋の格点における部材の結合方法として用いられたが，現在ではあまり使用されることがない．トラス橋の引張部材および吊橋の主索などに，部材の先端をピン連結するために孔を有する細い鋼板あるいは鋼棒からな

るアイバー（eyebar）が用いられる．とくに，完全なヒンジ作用が要求される場合には，たとえばゲルバーげた橋の回転自由となるヒンジ支承，斜張橋の補剛げた端部に発生する負反力を抑えるペンデル支承，吊橋や斜張橋の主塔から補剛げたを吊るタワーリンク支承などが用いられる．

ピンの許容応力度を表 4.3 に示す．ピンは鋼板や形鋼のようにボルト孔をあけることもなく，切欠きをつくることもないので，応力集中は考えなくてもよい．また，すべりをともなう場合でも，せん断に対する許容応力度の低下はない．

表 4.3 ピンの許容応力度（N/mm^2（kgf/cm^2））

応力の種類	鋼種		
	SS 400	S 340 C	S 440 C
せん断応力度	100 (1 000)	140 (1 400)	150 (1 500)
曲げ応力度	190 (1 900)	260 (2 600)	290 (2 900)
支　圧　（回転を伴わない場合）	210 (2 100)	280 (2 800)	310 (3 100)
応力度　（回転を伴う場合）	105 (1 050)	140 (1 400)	155 (1 550)

ピンの許容支圧応力度は，母材の許容支圧応力度と同値としている．ただし，回転をともなう場合は，接触面ですべりを生じ，支圧耐力がかなり低下することが知られている．したがって，回転をともなう場合の許容支圧応力度は，すべりを生じない場合の 50% としている．

演習問題

4.1 次の用語について説明せよ．
(1)サブマージアーク溶接，(2)グルーブ溶接とすみ肉溶接，(3)のど厚とサイズ，(4)溶接の有効長，(5)溶接部の欠陥，(6)開先形状，(7)溶接姿勢，(8)疲労亀裂，(9)トルシア形高力ボルト，(10)トルク法とナット回転法，(11)F 8 T，F 10 T，および S 10 T，(12)一面摩擦と二面摩擦，(13)全強，(14)総断面積と純断面積，(15)連結板，(16)フィラー，(17)高力ボルトの最小中心間隔と最大中心間隔，(18)縁端距離，(19)重ね継手と突合せ継手，(20)ピン連結．
4.2 被覆アーク溶接の種類と，その特徴について述べよ．
4.3 超音波探傷試験による溶接部の非破壊検査について述べよ．
4.4 高力ボルト継手の種類と，その特徴について述べよ．
4.5 摩擦接合用高力ボルト 1 本の一面摩擦当たりの許容力を算定する方法について説明せよ．
4.6 リベット継手に代わり，高力ボルト継手が使用される理由について説明せよ．
4.7 図 4.36 に示すグルーブ溶接継手部の応力を照査せよ．ただし，鋼材は SM 400，工場溶接とする．
4.8 図 4.37 に示す溶接継手部の応力を照査せよ．ただし，鋼材は SM 490，現場溶接とする．
4.9 図 4.38 に示すように，横げたが主げたの腹板にすみ肉溶接で接合されている．溶接継手

演 習 問 題

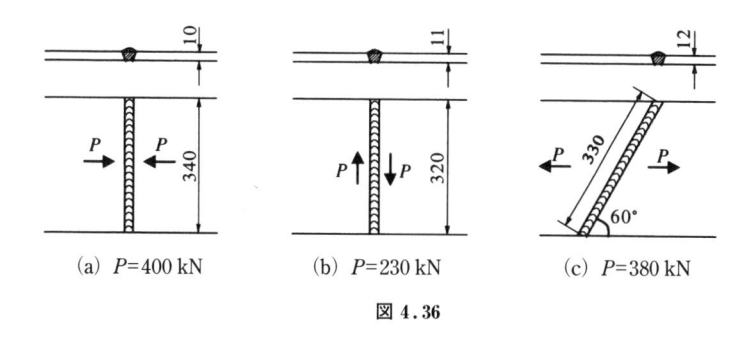

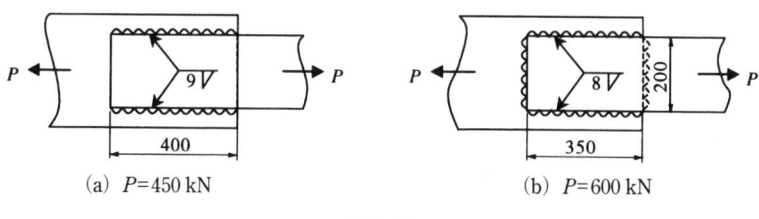

(a) $P=400$ kN (b) $P=230$ kN (c) $P=380$ kN

図 4.36

(a) $P=450$ kN (b) $P=600$ kN

図 4.37

部の横げたに曲げモーメント $M=100$ kN·m が作用するとき，溶接継手部の応力を照査せよ．ただし，鋼材は SM 400，工場溶接とする．

4.10 図 4.39 に示すプレートガーダーに曲げモーメント $M=950$ kN·m，せん断力 $Q=400$ kN が作用している．腹板をグルーブ溶接するとき，溶接継手部の応力を照査せよ．ただし，鋼材は SM 400 とする．

4.11 圧縮フランジ断面（360 × 23）の高力ボルト継手を行う場合の継手部を設計せよ．ただし，使用鋼材は SM 400，高力ボルトは F 10 T（M 22）とし，圧縮フランジは鉄筋コンクリート床版で固定し，縁応力度は 130 N/mm² とする．

4.12 引張フランジ断面（360 × 23）の高力ボルト継手を行う場合の継手部を前問 4.11 と同じ条件のもとで設計せよ．

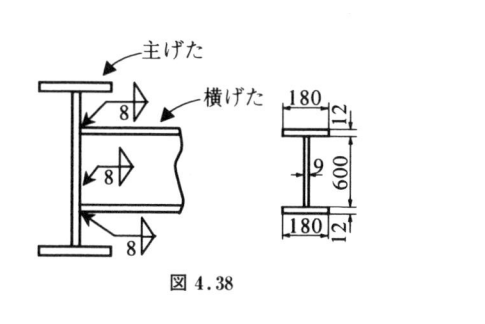

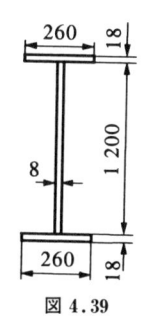

図 4.38   図 4.39

5 床版と床組

活荷重を直接受けるのが床版（slab）であり，最終的にすべての荷重を支承へ伝えるのが主げたなどの主構造である．床組（floor system）は両者の中間にあって，床版を支えると同時に，主構造に荷重を分配伝達する機能をもっている．ここでは，道路橋で使用される機会が最も多い，鉄筋コンクリート床版（RC 床版）と鋼床版，ならびに床組の構造と設計法について述べる．

5.1 床版と床組の構造

通常，I 形断面あるいは箱形断面の主げたを用いた橋をプレートガーダー（plate girder）橋，あるいはけた橋という．図 5.1 のようなプレートガーダー橋の床組は，RC 床版を支持する縦げた（stringer）と，縦げたを支持する床げた（floor beam，横げたともいう）により構成される．また，縦げたを用いず，床版を直接主げたの上に載せ，床げたは単に各主げたを連結する構造形式もある．これを多主げた形式といい，格子げた（grillage girder）ともいう．

多主げた形式の床組構造を有する橋を多主げた橋，あるいは格子げた橋といい，

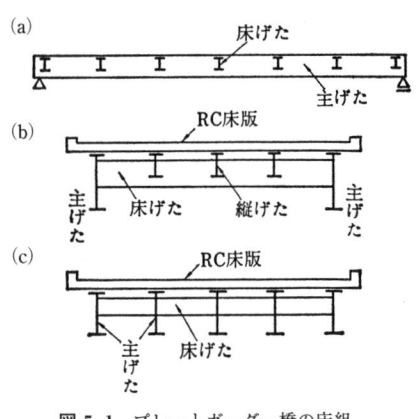

図 5.1 プレートガーダー橋の床組

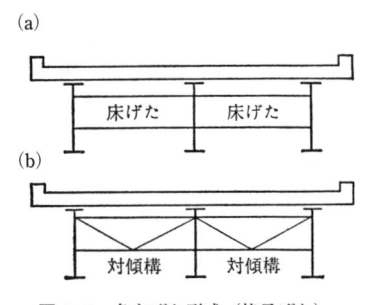

図 5.2 多主げた形式（格子げた）

床げたは図5.2のように，けた構造を用いたものと対傾構を用いたものがある．床版に荷重が作用した場合，荷重作用点近傍の主げたは，床げたを介して他の主げたに荷重が分配されるため，その負担は軽減される．このことから，床げたは荷重分配横げた（cross beam）とも呼ばれる．この荷重分配は，主げたと横げたの支間，主げたと横げたの剛性，格子げたの骨組形状などの影響を受ける．

5.1.1 床版の種類

床版は，設計断面力の中で活荷重による断面力の占める割合が大きく，交通量の多い橋梁では，最も過酷な状況におかれている部分である．道路橋で用いられる床版は，使用する材料とその構造から，表5.1のように大きく3種類に区分される．

表 5.1 主な床版の種類

材料による区分	床 版 の 名 称
コンクリート系床版	鉄筋コンクリート床版（RC床版），グレーチング床版（I形鋼格子床版），プレキャストコンクリート床版，プレストレストコンクリート床版（PC床版），バックルプレートを用いた床版
鋼 製 床 版	鋼床版，中空断面鋼床版，通風型鋼格子床版
鋼・コンクリート合成床版	プレキャスト合成床版（コンポスラグ），サンドイッチ複合床版

a．コンクリート系床版

鋼道路橋の大部分は普通コンクリートによる現場打ち鉄筋コンクリート床版（reinforced concrete，略してRC床版）が用いられている．その理由としては，RC床版が他のものに比べて低廉であること，施工が比較的容易であること，施工管理が十分に行われるならば強度的に信頼性が高いこと，床版を支持する鋼げたとの結合が確実であり他の部材の耐力増加に寄与することなどの長所が挙げられる．

I形鋼，平鋼，鉄筋などを格子状に組み，コンクリートを充填した床版をグレーチング床版（grating floor）という．とくに，小型I形鋼を主筋とし，これに直交して鉄筋を配力筋として配置し，コンクリートを充填した床版をI形鋼格子床版と呼ぶ．I形鋼，鉄筋，型枠となる鋼板からなるパネルを工場で作製し，現場へ搬入，架設後パネル内にコンクリートを打設する．この床版の特徴は，型枠や支保工が不要であること，半プレハブであることから現場作業が省力化されるこ

と，鉄筋コンクリート床版に比較して床版厚を薄くすることができ，床版の重量を軽減できることなどがある．

プレキャストコンクリート床版（precast concrete）は，工場であらかじめコンクリート床版を製作し，現場において敷設後，けたと床版との間や床版間のすき間をモルタルなどを注入して一体化する構造である．プレキャストコンクリート床版は，工場で厳格な管理のもと製作されるので，品質が安定しており，プレテンション方式でプレストレスを与えることによって，床版のひび割れを極力防止することもできる．また，現場では型枠や支保工が不要となり，施工期間の短縮も図れる．しかし，工事ごとに型枠を新規に作製すること，現場までの搬入作業，ストックヤードの確保などから，そのコストは割高となることがあるため，計画・設計時に十分な配慮が必要とされる．

合成げた橋に数多くの実績があるRC床版は，1960年代後半より，ひび割れ損傷による耐力低下が見られるようになってきた．このような状況の中で，耐久性のあるプレストレストコンクリート床版（prestressed concrete，略してPC床版）が最近使用されている．現場での省力化を図るために，プレキャストコンクリート床版を並べ，継手部を連続化した後，橋軸方向にプレストレスを与える方法，あるいは，橋軸直角方向にプレストレスしたプレキャストコンクリート版をループ継手で橋軸方向に連結し，連続性を確保する方法がある．ただし，継手部には水を侵入させないように，床版と舗装との間に防水工を設置することが必要である．さらに，連続げた橋では，主げた作用により中間支点上で床版に引張応力が生じるので，この対応策が重要となる．

バックルプレート（buckle plate）は，縦げたと横げたで相対する二辺を支持し，中央部が凹状にへこんだ一辺が1 m程度の長方形の鋼板である．鉄道橋の道床を有する床版（閉床構造）には，このバックルプレートを使用した無筋コンクリート床版が用いられた．しかし，現在では，新設橋梁に用いられることはなくなった．

b．鋼製床版

鋼製のデッキプレートを縦リブ（longitudinal rib）と横リブ（transverse rib）で補剛した床版構造を鋼床版（steel plate deck）という．鋼床版構造の特徴を挙げると次のとおりである．

① RC床版と比較して自重が軽く，長支間の橋梁への適応に有利である．
② 鋼床版は単に床版・床組としてだけでなく，主げたや横げたの上フランジ

としての機能（協同作用）をもたせることができる．

③ 構造上RC床版の厚さ相当分だけ，主げたのけた高を大きく取ることができるので，けた高制限が厳しい場合に有利である．

④ 長支間の床版に適応が可能である．

⑤ プレハブ工法の一種であり，急速施工が可能である．

一方，鋼床版の設計上留意すべき点としては以下の事項がある．

① 床版だけに着目すれば，RC床版よりも高価となる．

② 舗装の材料，施工法の選択に慎重を要する．

③ 疲労の影響を考慮する必要がある．

コンクリート製の床版に比べて軽量であることから，長大橋に用いられることが多い．また，供用中の既設橋梁で損傷を受けたRC床版を短期間で更新しなければならない場合，その橋梁全体の耐荷力の増加を図る必要がある場合にもしばしば用いられる．

その他，覆工板などのハニカム構造を用いた中空断面鋼床版，吊橋の耐風安定性を向上させるために開床構造とした通風型鋼格子床版，簡易的な橋梁の床に用いる開床式のオープングレーチング床版がある．

c．鋼・コンクリート合成床版

合成床版（composite slab）は，型枠を兼用した薄い鋼板とコンクリートを形鋼やずれ止めによって一体化させた構造である．この床版は現場での床版工事の省力化，施工期間の短縮を目指したものである．代表的な床版構造として，鋼板にスタッド（stud），T形鋼，あるいはトラス形の部材を取り付けたプレキャスト合成床版がある．略して，コンポスラブと呼ばれる．

工場にて底鋼板にフランジ付きリブを溶接し，フランジ間にデッキプレートをはめ込み，溶接して鋼殻パネルを製作する．このプレハブ化した鋼殻パネルを現地に搬入し，主げたなどの主構に連結した後，高流動コンクリートを充填することにより床版を完成させる．床版上下面に鋼板を有することから，これをサンドイッチ複合床版と呼んでいる．この床版の特徴は次のとおりである．

① 床版の上下面に9mm程度の鋼板があることから，床版支間部・支点部の正負曲げモーメントに対して有効に機能する．したがって，やや長支間の床版に適応できる．

② コンクリート打設時に，鋼殻パネルが横倒れ座屈の防止部材として役立つことから，縦げた，横げた，上横構を省略できる．

③ 高流動コンクリートを使用することから，作業の簡略化と工期短縮の可能性がある．

5.1.2 床組の連結

床組はトラス橋，アーチ橋，下路プレートガーダー橋およびけた間隔の広い2主箱げた橋などで用いられる．上路Ⅰけた橋は，主げたが直接床版を支持することから，縦げたをもたない場合が多い．しかし，供用開始後，大型車両の増加に対応して，床版を補強するために縦げたを増設することもしばしばある．

縦げたと床げたとの連結方法としては，両者の上フランジ面を一致させる方法と，縦げたを床げたの上に載せる方法がある．これらの設計の一例を図5.3に示す．ただし，図5.3(d)に示す連結部では，縦げたの横方向の安定と剛性を保持できる構造とする．

縦げたは，溶接または高力ボルトで連結されるため，原則として連続げたとして設計するのが望ましい．このことは，主げたと床げたとの連結（図5.4）につ

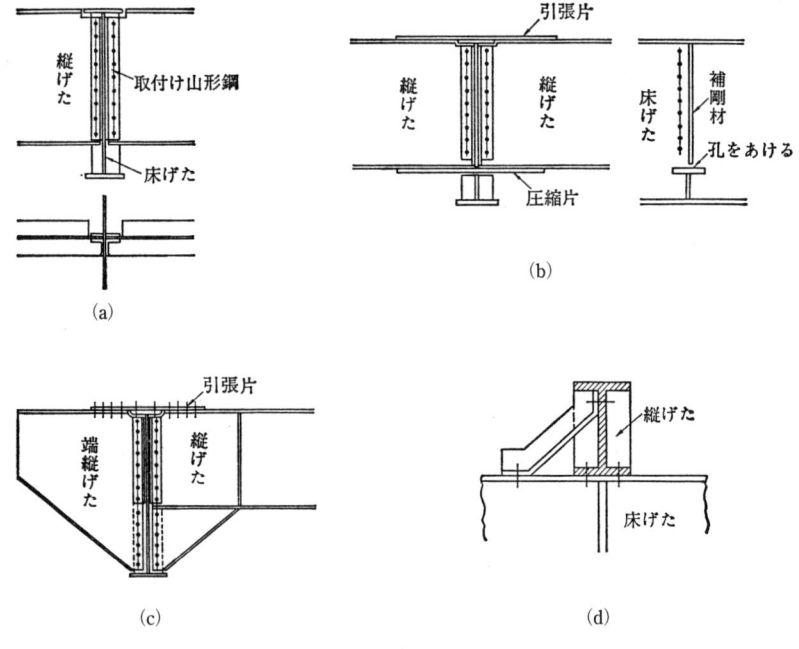

図 5.3 縦げたと床げたとの連結

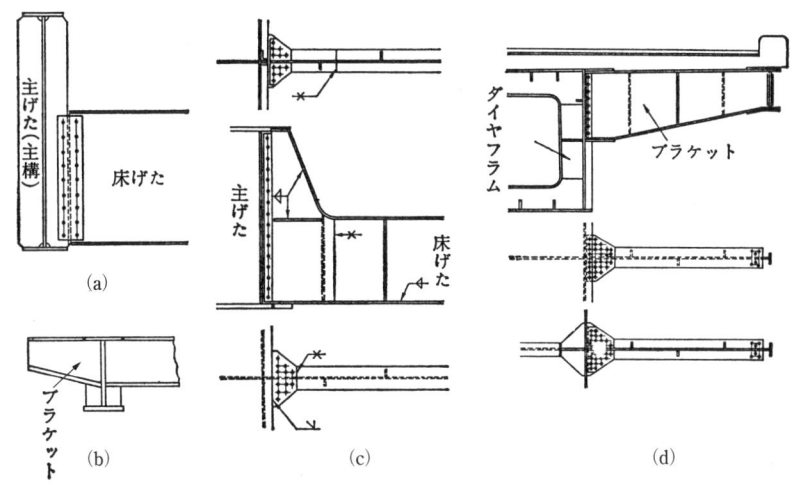

図 5.4 主げた（主構）と床げたとの連結

いても同様であり，床げたの断面を単純げたとして設計してもよいが，床げた端の連結部に端モーメントが生じ，これが相手の腹板にはたらくことを考慮する必要がある．

主構造の外側に歩道を設ける場合や箱げた橋で張出しを大きくする場合（図 5.4(b),(d)），主構造にブラケット（bracket）を取り付けて縦げたを支持する．当然，ブラケット取付け部には，曲げモーメントとせん断力が作用することから，これらの応力を円滑に伝達できるようダイヤフラムやリブを設けるなど，その構造に留意する必要がある．一般に，薄い板面に集中荷重が直接垂直に作用するような構造は弱点となるため，避けなければならない．

縦げたには，溶接でIの文字形に組み立てられたIげた，または圧延H形鋼が使用される．一般に，縦げたの支間（床げたの間隔）は，最大 10 m 程度に抑えられ，6 m を超える場合には中間対傾構を設ける必要がある．縦げたは 3 m 程度の間隔で配置し，床版の不等沈下を防止するために，各けたの剛性を大きく変化しないように設計する必要がある．

5.2 鉄筋コンクリート床版

5.2.1 床版の解析理論

鉄筋コンクリート床版（RC床版）は，通常，直交する2方向に鉄筋を配置する．橋軸直角方向の鉄筋を主鉄筋（main reinforcement）といい，橋軸方向の鉄

筋を配力鉄筋（distributing reinforcement）という．RC床版は，主鉄筋と配力鉄筋の配置方向と鉄筋量がそれぞれ異なることから，厳密には直交異方性板（orthotropic plate）として解析すべきであるが，近似的に等方性板（isotropic plate）として断面力計算を行う．また，床版は橋軸直角方向に主げたや縦げたにより連続支持され，橋軸方向に無限に長い1方向板として，あるいは単位幅（1 m）当たりの連続げた（continuous beam）として取り扱うことが多い．

5.2.2 床版の支間

単純版および連続版のT荷重および死荷重に対する床版の支間は，図5.5に示すように，主鉄筋の方向に測った支持げたの中心間隔をとる．ただし，単純版において，主鉄筋の方向に測った純支間に中央支間の床版厚を加えた長さが，上記の支間より小さい場合は，これを支間とする．

片持版のT荷重および死荷重に対する支間は，支点となるけたのフランジ突出幅 b_0 の1/2点からそれぞれ図5.6に示すように測った値とする．斜橋の場合の支間は，図5.7のように主鉄筋方向に測る．

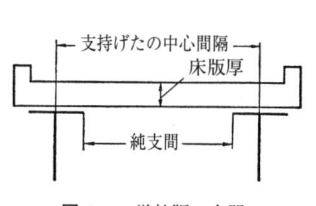

図 5.5　単純版の支間

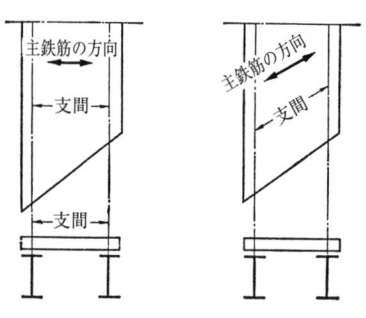

図 5.7　斜橋の床版の支間

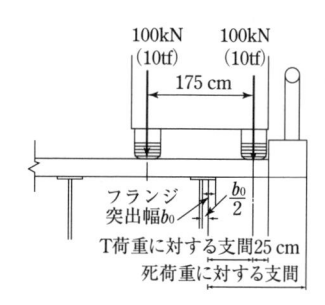

(a) 主鉄筋が車両進行方向に直角な場合

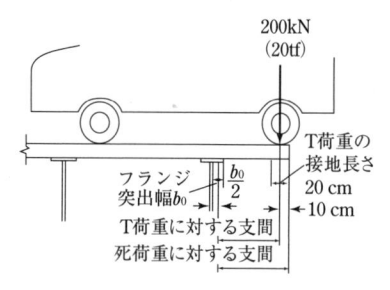

(b) 主鉄筋が車両進行方向に平行な場合

図 5.6　片持版の支間

5.2.3 床版の設計曲げモーメント
a. T荷重による床版の単位幅当たりの設計曲げモーメント

B活荷重で設計する橋では，T活荷重（衝撃を含む）による床版の単位幅（1 m）当たり設計曲げモーメントは，表5.2で計算することができる．

床版の耐久性を考えると，床版の支間は短い方が望ましい．しかし，大型車両台数が多いと予想される橋梁で，床版支間を長くせざるを得ない場合がある．そこで，床版の支間が車両進行方向に直角の場合の単純版，および連続版の主鉄筋方向の設計曲げモーメントは，表5.2で算出した値に，表5.3の割増し係数を乗じて求める．

A活荷重で設計する橋では，大型車の交通が少ないことから，表5.2の設計曲げモーメントを20％低減でき，表5.3の割増し係数を考慮しなくてよい．

b. 等分布死荷重による床版の単位幅当たりの設計曲げモーメント

等分布死荷重による床版の単位幅（1 m）当たり設計曲げモーメントは，表5.4に示す算定式より計算することができる．

床版を支持するけたの剛性が著しく異なる場合は，不等沈下によって床版に付

表5.2 T活荷重（衝撃を含む）による床版の単位幅（1 m）当たり設計曲げモーメント（kN·m/m（kgf·m/m））

版の区分	曲げモーメントの種類		床版の支間の方向 / 曲げモーメントの方向 / 適用範囲(m)	車両進行方向に直角の場合		車両進行方向に平行の場合	
				主鉄筋方向の曲げモーメント	配力鉄筋方向の曲げモーメント	主鉄筋方向の曲げモーメント	配力鉄筋方向の曲げモーメント
単純版	支間曲げモーメント		$0 < L \leq 4$	$+(0.12L+0.07)P$	$+(0.10L+0.04)P$	$+(0.22L+0.08)P$	$+(0.06L+0.06)P$
連続版	支間曲げモーメント	中間支間	$0 < L \leq 4$	+（単純版の80％）	+（単純版の80％）	+（単純版の80％）	+（単純版と同じ）
		端支間				+（単純版の90％）	+（単純版と同じ）
	支点曲げモーメント	中間支点		−（単純版の80％）	—	−（単純版の80％）	—
片持版	支点		$0 < L \leq 1.5$	$-\dfrac{PL}{(1.30L+0.25)}$	—	$-(0.70L+0.22)P$	—
	先端付近			—	$+(0.15L+0.13)P$	—	$+(0.16L+0.07)P$

L：図5.5，図5.6に示すT荷重に対する床版の支間(m)
P：T荷重の片側荷重→（100 kN（10 tf））

表 5.3 曲げモーメントの割増し係数

支間 L(m)	$L \leqq 2.5$	$2.5 < L \leqq 4.0$
割増し係数	1.0	$1.0+(L-2.5)/12$

L：図5.5，図5.6に示すT荷重に対する床版の支間 (m)

表 5.4 等分布死荷重による床版の単位幅（1 m）当たりの設計曲げモーメント (kN·m/m (kgf·m/m))

版の区分	曲げモーメントの種類		主鉄筋方向の曲げモーメント	配力鉄筋方向の曲げモーメント
単 純 版	支間曲げモーメント		$+wL^2/8$	
片 持 版	支点曲げモーメント		$-wL^2/2$	
連 続 版	支間曲げモーメント	端 支 間	$+wL^2/10$	無視してよい
		中 間 支 間	$+wL^2/14$	
	支点曲げモーメント	2径間の場合	$-wL^2/8$	
		3径間以上の場合	$-wL^2/10$	

L：死荷重に対する床版の支間 (m)，w：等分布死荷重 (kN/m^2 (kgf/m^2))

加曲げモーメントが作用するため，この影響を考慮する必要がある．大きな箱形断面を有する主げたの間に縦げたを配置して床版を支持する場合，あるいは箱断面主げたの外側にブラケットを設けて縦げたを配置して床版を支持するような場合は，不等沈下の影響を考慮しなければならない．

5.2.4 床版の最小全厚

鉄筋コンクリート床版（RC床版）の設計では，コンクリートは引張応力に対して抵抗し得ないものと考えているが，実際にはコンクリートはある程度まで曲げ引張応力に対して抵抗することができる．したがって，作用する荷重によって床版のコンクリートに生ずる曲げ引張応力をある限度内に抑えて，有害なひび割れの発生をできるだけ少なくするのが望ましい．

そこで，道路橋示方書では，鉄筋の許容応力度をある程度低く抑えるとともに，床版の最小厚に制限を設けている．車道部分の床版の最小全厚は表5.5を標準とし，いかなる場合も 16 cm を下回ってはならない．ただし，片持版の最小全厚 h (cm) は，図5.8に示す床版厚とする．また，歩道部の床版の最小全厚は 14 cm とする．

さらに，大型車の交通量が多い場合，床版を支持するけたの剛性が著しく異な

表5.5 車道部分の床版の最小全厚

版の区分	床版の支間の方向		
	車両進行方向に直角		車両進行方向に平行
単純版	$4L+11$		$6.5L+13$
連続版	$3L+11$		$5L+13$
片持版	$0 < L \leq 0.25$	$28L+16$	$24L+13$
	$L > 0.25$	$8L+21$	

L：図5.8に示すT荷重に対する床版の支間(m)

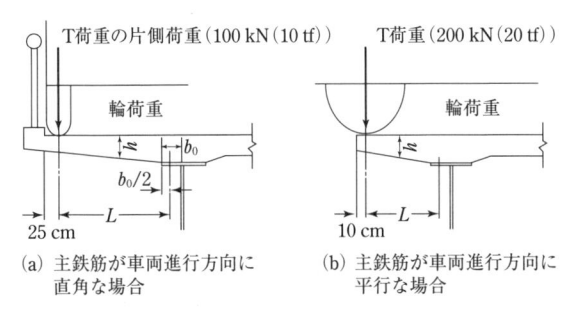

(a) 主鉄筋が車両進行方向に直角な場合

(b) 主鉄筋が車両進行方向に平行な場合

L：T荷重に対する片持版の支間 (m)
h：表5.5から得られる片持版の最小全厚 (cm)

図5.8 片持版の最小全厚

る場合などでは，表5.5に規定する床版の最小全厚よりも厚さを増加させて設計することが望ましい．つまり，次式により求められる床版厚dを設計に用いる．

$$d = k_1 \cdot k_2 \cdot d_0 \tag{5.1}$$

ここに，d：床版厚（cm），d_0：表5.5に規定する床版の最小全厚（cm），k_1：大型車の交通量による補正係数，k_2：付加曲げモーメントの補正係数である．

5.2.5 鉄筋とコンクリートの許容応力度

床版に用いる鉄筋の種類と許容応力度を表5.6に示す．鉄筋には，異形鉄筋SD 295 AおよびSD 295 Bが使用される．それらの許容引張応力度は$\sigma_{ta}=140$ N/mm^2（1 400 kgf/cm^2）で，許容圧縮応力度は$\sigma_{ca}=180$ N/mm^2（1 800 kgf/cm^2）としている．鉄筋の引張許容応力度が低く抑えられているのは，床版厚の増加にともない鉄筋量が相対的に少なくなるのを防ぐために，安全側を考えてこの規定が設けられている．

表 5.6 床版に用いる鉄筋の許容応力度 （N/mm² (kgf/cm²)）

鉄筋の種類	許容引張応力度	許容圧縮応力度
SD 295 A SD 295 B	140（1 400）	180（1 800）

　鋼げたとの合成を考えない床版のコンクリートの設計基準強度 σ_{ck} は，24 N/mm²（240 kgf/cm²）以上とする．また，コンクリートの許容曲げ圧縮応力度は，設計基準強度 σ_{ck} の1/3とする．ただし，10 N/mm²（100 kgf/cm²）を超えない値とする．

　鉄筋コンクリート床版を設計する場合には，鉄筋とコンクリートとのヤング係数比 $n=E_s/E_c$ は15とする．なお，合成げたとして主げた作用を計算する場合には，$n=7$ を標準とする．すなわち，合成げたの設計においては，コンクリート部分が有する剛性を鋼材に換算して，合成効果を評価することにしている．

5.2.6　鉄筋コンクリート床版の設計細目上の留意事項

　鉄筋コンクリート床版の設計細目上，留意すべき事項を挙げれば次のとおりである．

a．鉄筋の種類と配筋

　① 鉄筋には異形鉄筋を用いるものとし，その直径は13, 16, 19 mmを標準とする．

　② 鉄筋のかぶり（鉄筋表面からコンクリート表面までの最短距離）は 3 cm 以上とする．

　③ 鉄筋の中心間隔は10～30 cmとし，引張側主鉄筋の中心間隔は床版の全厚以下とする．

　④ 図5.9に示すように，断面内の圧縮側には，引張鉄筋量の少なくとも1/2の鉄筋を配置することを原則とする．

　⑤ 連続版で主鉄筋を曲げる場合は，図5.10に示すように，支点から $L/6$ の位

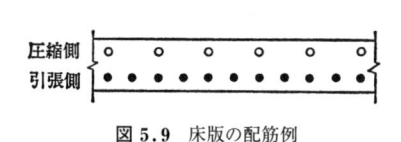

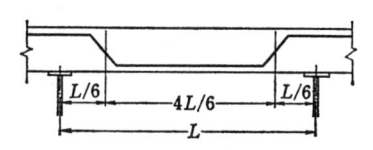

図 5.9　床版の配筋例

図 5.10　連続版の主鉄筋を曲げる位置

置で曲げるものとする．ただし，床版支間中央部の引張鉄筋量の80％以上，および支点上の引張鉄筋量の50％以上は，それぞれ曲げずに連続させて配置しなければならない．ここに，L は支持げたの中心間隔とする．

⑥ 床版の配力鉄筋は，床版の支間方向にその量を変化させて配置してよい．この場合，表5.2による設計曲げモーメントについて算出した配力鉄筋量に表5.7の係数を乗じた鉄筋量を配置すればよい．

表5.7 床版の配力鉄筋量の低減係数

床版の支間が車両進行方向に直角な場合		床版の支間が車両進行方向に平行な場合	
連続版および単純版	歩道のない片持版	連続版および単純版	片　持　版
$L/8$　$3L/8$ 　0　$\|L/4\|L/2$ 0 0.5　　0.5 　　　　0.80　1.00 1.00	$l/4$　$3l/4$　l 　　$\|l/2\|$ $l=L+0.25$m 0　　0.40 0.5　　0.70 　　　　　0.90 1.00	$L/8$　$3L/8$ 　0　$\|L/4\|L/2$ 0　　0.35 0.5　　0.60 　　　　0.85 1.00	$l/4$　$3l/4$ 　　$\|l/2\|$ $l=L+0.10$m 0　　0.20 0.5　　0.40 　　　　0.70 1.00

L：T荷重に対する床版の支間（m）

b．床版のハンチ

① 主げた付近のコンクリートのひび割れを防ぐために，また，ずれ止め付近の局部応力を拡散させることを目的として，床版には，支持げた上でハンチ（haunch）を設けるのがよい．

② 床版のハンチの傾斜は1：3よりゆるやかにするのがよい．ただし，コンクリート床版の有効幅を求める場合には，ハンチの傾斜を1：1に簡略化して計算する．

③ ハンチの高さが8cm以上の場合には，ハンチ下面に沿って，けた直角方向に用心鉄筋（additional bar）を配置するのが望ましい．用心鉄筋は直径13mm以上とし，その間隔はハンチの位置においてけたに直角方向に配置された床版の下側鉄筋間隔の2倍以下とする．

c．けた端部の床版

① 通常，けた端部には伸縮装置が設けられ，その付近の不陸によって自動車荷重による大きな衝撃がけた端部の床版に作用し，破損する可能性がある．そこで，けた端部の車道部分の床版は，十分な剛度を有する端床げた（端横げた，端

対傾構),端ブラケットなどで支持するのがよい.

②けた端部の中間支間の床版を端床げたなどで支持しない場合は,けた端部から床版支間の1/2の間の床版については,けた端部以外の中間支間の床版の必要鉄筋量の2倍の鉄筋を配置すればよい.

③けた端部の片持部の床版を端ブラケットなどで支持しない場合は,けた端部から死荷重に対する床版支間長の間の床版については,けた端部以外の片持部の床版の必要鉄筋量の2倍の鉄筋を配置すればよい.

④けた端部の車道部分の床版は,床版厚さをハンチ高だけ増すことを標準とする.

5.3 鋼 床 版

5.3.1 鋼床版の構造

鋼床版は,橋床をとくに軽くする必要のある場合,主げた支間がかなり大きい場合に用いられる.しかも,主げたが連続げた形式の場合には,支点上の床版の引張応力に対して有効にはたらく特徴がある.鋼床版は図5.11に示すように,デッキプレートを直交する縦リブと横リブで補剛した構造である.鋼製の床版であることから,防食,舗装には十分な注意を要する.

鋼床版の縦リブは通常30〜40 cmの間隔で配置され,図5.12(a)に示すような開断面(open section)と図5.12(b),(c)のような台形および半円の閉断面(closed section)とがある.とくに,図5.12(b)

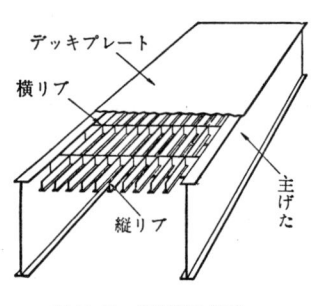

図5.11 鋼床版の構造

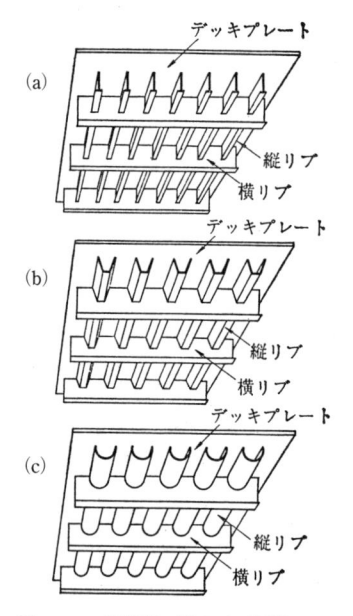

図5.12 鋼床版の縦リブの種類

の逆台形の縦リブをトラフリブ (trough rib) あるいはUリブ (U-shaped rib) と呼び，日本鋼構造協会では鋼床版用U形鋼として規格化している．一方，横リブはI形の開断面が使用される．

閉断面の縦リブは，ねじり抵抗が大であるため荷重の横分配がよいこと，またデッキプレートと片側すみ肉溶接するため，デッキプレートの溶接による変形が小さいなどの利点がある．したがって，閉断面縦リブを使用した場合の縦リブ支間（あるいは横リブ間隔）は，おおよそ2～4 mと長くすることができる．開断面縦リブの場合は通常2 m程度である．縦リブの最小板厚は8 mmであるが，腐食環境が良好な場所あるいは日常の点検維持管理体制に十分な配慮がなされる場合に限り，閉断面縦リブの最小板厚を6 mmとすることが認められている．

5.3.2 鋼床版の解析理論

鋼床版に発生する曲げモーメントMやせん断力Qは，剛な主げたで支持された平板構造あるいは格子構造として計算される．その計算方法として

① 直交異方性板理論に基づくペリカン-エスリンガー (Pelikan-Esslinger) の方法．
② 格子げた理論に基づくLeonhardt, Homberug, Guyon-Massonnetの方法．
③ 任意の骨組構造としての格子げた解析（変位法）．
④ 有限帯板法 (finite strip method)．
⑤ 折板理論 (folded plate theory) による方法．

などが用いられる．前者①，②の方法には，設計に便利な図表がすでに用意されている．また，後者の③～⑤の方法は，コンピュータを用いて計算される．その詳細は文献および図書を参照されたい．

5.3.3 デッキプレートの最小板厚

鋼床版を床版として用いると，板の曲げによる抵抗以外に，板がたわむことにより生じる板面内の応力（膜力，membrane force）が耐力として大きなはたらきをなす．しかし，この膜力を期待して鋼床版を設計することは，板に大きな変形を与えることになり，鋼床版とけたとの協同作用，舗装に対する影響，荷重通過による振動，あるいは疲労などの問題を生ずる．

デッキプレート自身の剛性が不足すると，アスファルト舗装が縦リブ上で橋軸方向に割れ，舗装に悪い影響を与える．現在の舗装技術では，デッキプレートの

輪荷重によるたわみを縦リブ間隔の1/300以下に制限するのがよいと考えられている．この考え方によって，デッキプレートの最小板厚 t (mm) は次のように規定されている．

車道部分に対して：

$$t = 0.037 \times b \, (\text{B活荷重}), \quad t = 0.035 \times b \, (\text{A活荷重}), \quad \text{ただし}, \; t \geq 12 \, \text{mm} \tag{5.2}$$

主げたの一部として作用する歩道部分に対して：

$$t = 0.025 \times b, \quad \text{ただし}, \; t \geq 10 \, \text{mm} \tag{5.3}$$

ここに，b：縦リブ間隔（mm）である．

なお，鋼床版の上には，水の浸透を防ぐために防水層（waterproof coat）を施し，さらに6〜8cm厚のアスファルト舗装が施される．

5.3.4 鋼床版の許容応力度
a．鋼床版が主げたの一部として作用する場合の設計

主げたの一部としての作用は，鋼床版を主げたのフランジと見なして設計することを意味する．鋼床版は主げたおよび床組構造で支持されていることから，次の2つの作用に対して安全であるように設計しなければならない．

① 主げたの一部としての作用（主げた作用）．
② 床版および床組としての作用（床版および床組作用）．

それぞれの作用に対して，鋼床版が最も不利となる載荷状態について応力度を算出し，照査を行う．しかし，L荷重とT荷重は荷重の性質が異なり，最も不利な載荷状態を鋼床版の各部材ごとに探し出すことはかなり困難な作業をともなう．そこで，①と②の作用のそれぞれ最も不利な場合の合計した応力度に対して，表5.8に示す許容応力度（40％の割増しを考慮）を用いて照査する．

この割増し規定は，溶接部や高力ボルトによる部材連結部の応力照査にも適用

表 5.8 主げた作用と床版および床組作用を同時に考慮した場合の許容応力度 (N/mm² (kgf/cm²))

鋼材の板厚(mm)	鋼種 SM 400 SMA 400 W	SM 490	SM 490 Y SM 520 SMA 490 W	SM 570 SMA 570 W
40 以下	195（2 000）	260（2 700）	295（3 000）	355（3 700）
40 を超え 75 以下 75 を超え 100 以下	175（1 800）	245（2 450）	275（2 800） 265（2 750）	345（3 500） 335（3 450）

される．この許容応力度および許容力の割増しは，上記の ① と ② の照査に用いる不利な荷重状態が必ずしも一致しないことなどを考慮するものである．

b. 床版および床組としての鋼床版の設計

床版および床組作用の照査に用いる活荷重は2.2節で説明した荷重を用いる．このとき，鋼床版を構成する縦リブと横リブの支間が比較的小さいことから，縦リブの衝撃係数は上限値をとって0.4とする．横リブの衝撃係数は，最近，かなり支間の大きいものが採用されるため，横リブの支間をL (m) として，表2.6の鋼橋に対する算定式から求められる．

B活荷重で設計する橋の横リブの設計断面力は，上で求めた断面力に次式の割増し係数を乗じる．

$$k = k_0 \quad (L \leq 4) \tag{5.4a}$$
$$k = k_0 - (k_0 - 1) \times (L - 4)/6 \quad (4 < L \leq 10) \tag{5.4b}$$
$$k = 1.0 \quad (L > 10) \tag{5.4c}$$

ただし，

$$k_0 = 1.0 \quad (B \leq 2) \tag{5.5a}$$
$$k_0 = 1.0 + 0.2 \times (B - 2) \quad (2 < B \leq 3) \tag{5.5b}$$
$$k_0 = 1.2 \quad (B > 3) \tag{5.5c}$$

ここに，L：横リブの支間 (m)，B：横リブ間隔（縦リブの支間，m）である．この規定では，横リブ間隔を広くするほど断面力は大きくなる．これは横リブを密に配置し，鋼床版の耐久性（durability）を向上させることを意図して設けられたものである．

A活荷重で設計する橋では，上記の割増し係数を考慮する必要はなく，また，T荷重による断面力（衝撃を含む）を20％低減してよい．

T荷重（衝撃を含まない）1組による縦リブの応力度は，表5.9の許容応力度を超えてはならない．これは，鋼床版では活荷重応力の占める割合が大きく，また繰返し回数も多いことから，鋼床版の疲労破壊を防ぐために設けられた規定である．

5.3.5 鋼床版の設計細目上の留意事項

鋼床版の設計細目上，留意すべき事項を以下に示す．

① 鋼床版の現場溶接による許容応力度は，工場溶接の許容応力度の80％を原則とする．ただし，溶接検査により所定の品質が得られる場合は，工場溶接と同

表5.9 T荷重1組載荷に対する縦リブの許容曲げ引張・圧縮応力度 （N/mm² (kgf/cm²)）

種類		鋼種	SS 400 SM 400 SMA 400 W	SM 490	SM 490 Y SM 520 SMA 490 W	SM 570 SMA 570 W
	母 材		140（1 400）	160（1 600）	160（1 600）	160（1 600）
工場溶接	仕上げした全断面溶込みグルーブ溶接		140（1 400）	160（1 600）	160（1 600）	160（1 600）
	仕上げしない全断面溶込みグルーブ溶接		100（1 000）	100（1 000）	100（1 000）	100（1 000）
	リブ十字すみ肉溶接部[1]		90（900）	90（900）	90（900）	90（900）
	連続すみ肉溶接部[2]		110（1 100）	110（1 100）	110（1 100）	110（1 100）
現 場 溶 接			原則として上記の値の80％とする．			

注1) 応力方向に連続した母材上にある，応力方向に直角なすみ肉溶接
　2) 応力方向に連続したすみ肉溶接

等と見なしてよい．

②鋼床版は溶接によるひずみが少ない構造としなければならない．とくに，図5.13に示す鋼床版の溶接部では，縦リブおよび横リブの十字すみ肉溶接と縦リブの連続すみ肉溶接を十分に注意して行う必要がある．

③縦リブと横リブとの連結部は，縦リブからのせん断力を確実に横リブに伝達できる構造としなければならない．特別な場合を除き，縦リブは横リブの腹板を通して連続させるのが望ましい．

④車道部に主げたあるいは縦げたが配置される場合には，腹板直上の舗装ひび割れを抑制することを，設計時に配慮しなければならない．

5.4 床版の有効幅

5.4.1 有効幅の考え方

RC床版および鋼床版は主げたや縦げたと一体となった構造として，曲げモーメントに対して抵抗する．しかし，床版の幅が広いとき，曲げモーメントにより床版内に発生する垂直応力度 σ_x は，図5.14に示すように一様には分布しない．つまり，垂直応力度 σ_x の分布は，主げた直上で最大応力度 σ_{max} となり，床版の中央部に向かうほど σ_x は減少する．このような現象をせん断遅れ（shear lag）という．

このせん断遅れを直接，設計に取り入れることは計算が煩雑となることから，

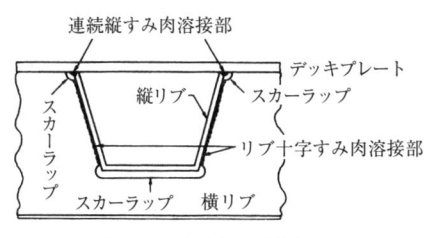

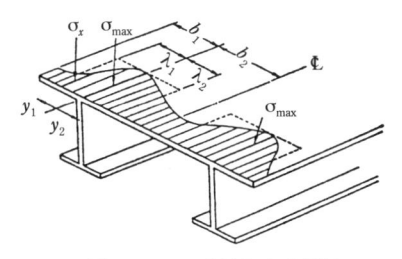

図 5.13 鋼床版の溶接部   **図 5.14** せん断遅れと有効幅

有効幅 (effective width) の概念が取り入れられる．主げた上の上フランジと協同する床版の有効幅は次のように定義される．すなわち，図5.14の記号を用いると

$$\lambda_1 = \frac{\int_0^{b_1} \sigma_x dy_1}{\sigma_{max}}, \quad \lambda_2 = \frac{\int_0^{b_2} \sigma_x dy_2}{\sigma_{max}} \quad (5.6\text{a·b})$$

ここに，λ_1とλ_2：有効幅，b_1：片持部の突出幅，b_2：主げた間隔の半分の長さ，y_1とy_2：座標である．

5.4.2 有効幅の算定式

道路橋の場合，単純げた橋の上フランジと協同する床版の幅は，橋軸方向に一定と仮定する．このときの有効幅λは次のように算出される．

$\lambda = b$ $\quad\quad\quad (b/l \leq 0.05)$ $\quad\quad\quad (5.7\text{a})$
$\lambda = \{1.1 - 2(b/l)\} b$ $\quad (0.05 < b/l < 0.30)$ $\quad (5.7\text{b})$
$\lambda = 0.15 l$ $\quad\quad\quad (0.30 \leq b/l)$ $\quad\quad\quad (5.7\text{c})$

ここに，λ：フランジの片側有効幅 (cm)，b：図5.15の主げた間隔の半分，または片持部の突出幅，l：表5.10の等価支間長 (cm) である．

連続げた橋の場合，支間中央部と支点部では明らかに曲げモーメントの分布が異なる．したがって，曲げモーメントが0となる点との間の距離あるいは支点との間の距離を等価支間長として，支間中央部は式(5.7)に準じ，支点上では次式により有効幅λを算出する．

$\lambda = b$ $\quad\quad\quad\quad\quad\quad (b/l \leq 0.02)$ $\quad\quad\quad (5.8\text{a})$
$\lambda = \{1.06 - 3.2(b/l) + 4.5(b/l)^2\} b$ $\quad (0.02 < b/l < 0.30)$ $\quad (5.8\text{b})$
$\lambda = 0.15 l$ $\quad\quad\quad\quad\quad\quad (0.30 \leq b/l)$ $\quad\quad\quad (5.8\text{c})$

なお，ゲルバーげた橋の場合は，前述の単純げたおよび連続げたの考え方に準

図 5.15 フランジの有効幅

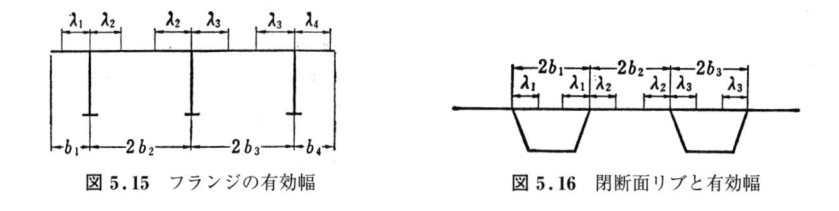

図 5.16 閉断面リブと有効幅

表 5.10 等価支間長と算定式の適用

区間 (箇所)		片側有効幅		摘要
		記号	適用式	等価支間長 l	
単純げた	①	λL	(5.7)	L	
連続げた	①	λL_1	(5.7)	$0.8L_1$	
	⑤	λL_2		$0.6L_2$	
	③	λS_1	(5.8)	$0.2(L_1+L_2)$	
	⑦	λS_2		$0.2(L_2+L_3)$	
	②④ ⑥⑧	両端の有効幅を用いて，直線変化させる．			
ゲルバーげた	①	λL_1	(5.7)	L_1	
	④	λL_3		$0.8L_3$	
	②	λS_2	(5.8)	$2L_2$	
	③	両端の有効幅を用いて，直線変化させる．			

じて，表5.10のように有効幅を定めている．

さらに，鋼床版のデッキプレートは，縦リブまたは横リブのフランジとしてその一部が有効に作用する．床版および床組作用に対するデッキプレートの有効幅は，式(5.8)により算出し，その適用方法は表5.11による．ただし，閉断面リブの間隔と有効幅 λ は図5.16に示すとおりとする．

5.5 床組

床組は，縦げたと床げたからなり，床版を支持して荷重を主構造に伝達する役目を果たす．設計で用いる縦げたの支間は，縦げたの方向に測った床げたの中心

表 5.11 床版または床組作用に対するデッキプレートの有効幅

部材	区間(箇所)	片側有効幅		摘要
		記号	等価支間長 l	
縦リブ		λ_L	$0.6L$	
横リブ	単純支持 ①	λ_L	L	
	連続支持 ①	λ_{L_1}	$0.8L_1$	
	⑤	λ_{L_2}	$0.6L_2$	
	③	λ_{S_1}	$0.2(L_1+L_2)$	
	⑦	λ_{S_2}	$0.2(L_2+L_3)$	
	②④⑥⑧	両端の有効幅を用いて,直線変化させる.		
	張出し部 ①	λ_{L_3}	$2L_3$	
	③	λ_{L_2}	L_2	
	②	両端の有効幅を用いて,直線変化させる.		

間隔である.また,床げたの支間は,床げた方向に測った主げた取付け腹板の中心間隔を用いる.

床組の設計には,第2章で説明したT荷重を用いる.縦げた支間が長い場合には,T荷重またはL荷重のうち大きな断面力が生じる荷重で設計する.なお,衝撃の影響は,第2章の規定に準じて考慮する.

5.5.1 縦げたへの自動車輪荷重の分配

図5.17(a) のように,主げた2本,縦げた3本で直接RC床版を支持する場合,RC床版は連続版となる.床版の上に自動車輪荷重 P_1 および P_2 が載荷されたとき,これらの荷重が,各縦げたにどのように分配されるかを正確に計算するには,4径間連続げたとした3次不静定構造の計算が必要となり,その計算は煩雑となる.

そこで,この計算を簡略化するために,図5.17(b) のように連続版を単純版の集まりと仮定する.したがって,各縦げた a, b, c の影響線 (influence line) はそれぞれ図5.17(c), (d), (e) のように求められる.ゆえに,図5.17(a) の

荷重載荷の場合には，各縦げたの分配荷重は次式より簡単に計算できる．

縦げた a ： $y_{a1} \times P_1$ (5.9a)

縦げた b ： $y_{b1} \times P_1 + y_{b2} \times P_2$ (5.9b)

縦げた c ： $y_{c2} \times P_2$ (5.9c)

ここに，y_{ij}：影響線の縦距値である．このように，簡略化した影響線により荷重の分配を計算する方法を慣用法，あるいは1-0法という．

縦げたの分配荷重の求め方について以下に説明する．自動車の後輪間隔は，図2.2に示すように1.75 mであり，隣り合う自動車の車輪間隔は1.0 mである．いま，図5.18(a) のような2車線の道路橋の場合，縦げた間隔λ(m) が2.75 mよりも小さいときには，1個の後輪Pを内側縦げたの真上に載荷する．慣用法により，図5.18(b) のような内側縦げたの反力影響線を用いれば，分配荷重Rは次のように求められる．

$$R = 1.0 \times P + \left(\frac{\lambda - 1.0}{\lambda}\right)P + \left(\frac{\lambda - 1.75}{\lambda}\right)P = \left(3 - \frac{2.75}{\lambda}\right)P \quad (5.10)$$

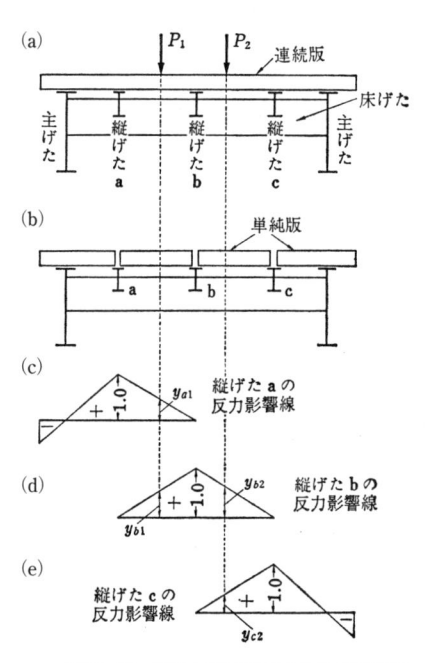

図 5.17 縦げた設計荷重のための影響線

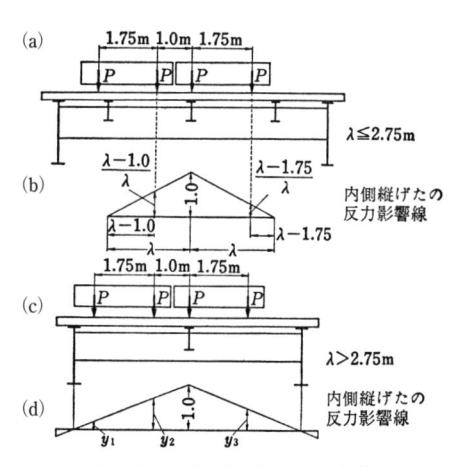

図 5.18 2車線の縦げたの反力影響線

縦げた間隔λが図5.18(c)のように2.75 mよりも大きい場合には，図5.18(d)の反力影響線を用いると，内側縦げたへの分配荷重Rは

$$R = (1.0 + y_1 + y_2 + y_3)P \tag{5.11}$$

となる．

このようにして求められた分配荷重Rを用いて，縦げたの最大曲げモーメントは図5.19(a)のように支間中央にRを載荷させて計算する．一方，縦げたの最大せん断力は図5.19(b)のように支点付近にRを載荷させて計算する．

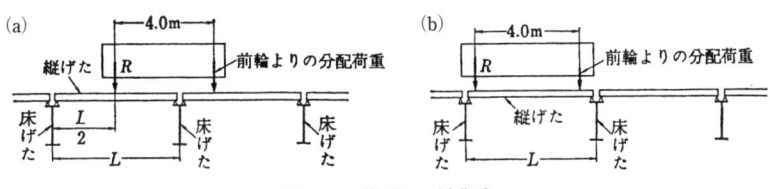

図 5.19 縦げたの活荷重

自動車の後輪と前輪との距離は約4.0 mであり，縦げた支間Lは5 m程度であることから，最大曲げモーメントを計算する場合は（図5.19(a)），前輪の影響を無視してよい．ただし，最大せん断力を計算する場合は（図5.19(b)），前輪の分配荷重を考慮した方がよい．前輪と後輪との荷重比は1：4程度であるから，前輪の分配荷重は$R/4$である．

5.5.2 連続縦げたの曲げモーメントとせん断力

前述の縦げたに作用する最大曲げモーメントMおよび最大せん断力Qは，床版の荷重分配作用を考慮して，単純げたとして算出したものである．

縦げたの支間および剛性がほぼ同一で連続支持される場合，活荷重による縦げたの最大曲げモーメントは，表5.12より求めてよい．また，連続縦げたのせん断力は単純げたと仮定して近似的に算出してよい．

表 5.12 連続縦げたの曲げモーメント(N·m(kgf·m))

支間の区分	曲げモーメント
端支間	$0.9M_0$
中間支間	$0.8M_0$
中間支点	$-0.7M_0$

M_0：単純げたとしての支間中央の曲げモーメント

5.5.3 床げたへの自動車輪荷重の分配

縦げたがなく，鉄筋コンクリート連続床版がほぼ同一の床げたで直接支持されている場合（図5.20(a)のような場合），床げたの曲げモーメントおよびせん断力の計算に用いる荷重は，床げた間隔を支間とする単純げた（図5.20(c) 参照）と仮定して算出した床げた上の反力として近似的に計算してよい．すなわち，図5.20(d)，(e)，(f) に示す反力影響線を用いた慣用法により，床げたの断面力を計算することができる．

図 5.20 床げたの反力影響線

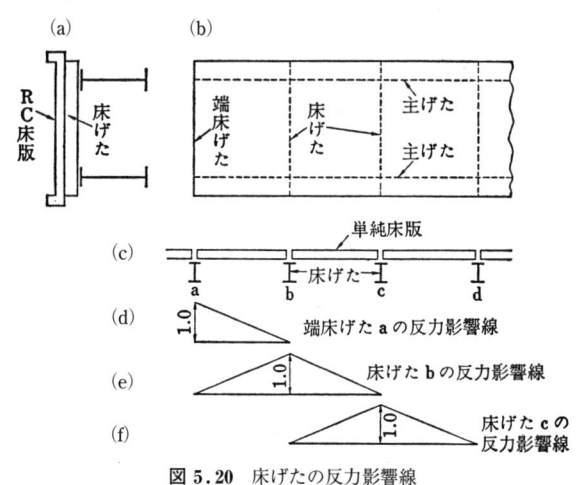

図5.1(c) のような多主げた形式で床版を支持する場合，各主げたへの荷重分配を正しく算定するには，格子げた理論により求めなければならない．

演 習 問 題

5.1 次の用語について説明せよ．
(1)荷重分配横げた，(2)格子げた，(3)RC床版とPC床版，(4)鋼床版，(5)ブラケット，(6)主鉄筋と配力鉄筋，(7)等方性板と異方性板，(8)床版のハンチ，(9)用心鉄筋，(10)開断面と閉断面，(11)トラフリブ，(12)防水層，(13)耐久性，(14)有効幅，(15)影響線，(16)慣用法，(17)グレーチング床版とプレキャスト床版，(18)バックルプレート，(19)せん断遅れ，(20)膜力．

5.2 床版の種類と，その特徴について述べよ．

5.3 鉄筋コンクリート床版の設計細目上の留意事項を述べよ．

5.4 鋼床版の設計細目上の留意事項を述べよ．

5.5 鋼床版の解析理論の特徴を述べよ．

5.6 図5.21に示す支間30mの単純合成げた橋がある．コンクリート床版の有効幅 λ_1 と λ_2 を求めよ．

図 5.21

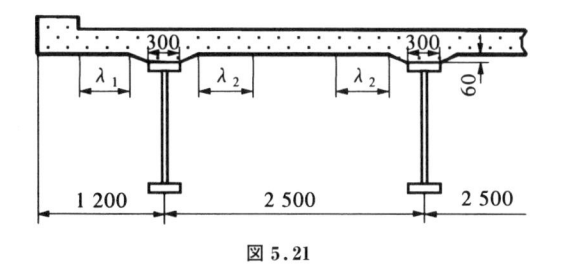

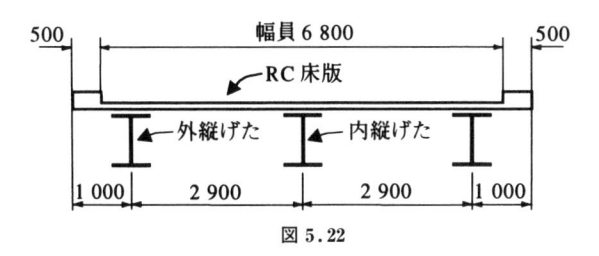

図 5.22

5.7 図 5.22 に示す床組（縦げた間隔 2 900 mm，床げた間隔 8 000 mm）がある．B 活荷重（T 荷重）による外縦げたおよび内縦げたに作用する最大曲げモーメント M_{max} を求めよ．ただし，設計荷重の算定には慣用法を用い，縦げたは中間床げたで単純支持されているものとする．

6 プレートガーダー

鋼材を溶接接合して曲げやせん断に強いI形断面に組み立てたけたをプレートガーダー（plate girder）という．一般には，I形断面のけたをいうが，π形断面および箱形断面も広義に入れる．プレートガーダー橋は，構造が簡単で，設計，製作，および架設も容易であり，中小支間の橋梁では最も架設件数が多い．ここでは，プレートガーダーの応力，断面決定，補剛材，および細部設計について説明する．

6.1 プレートガーダー橋の構造形式

道路橋でプレートガーダー形式のものは，ほとんど溶接構造が採用されている．床版にはRC床版と鋼床版が主に使用される．プレートガーダー橋には，図6.1に示すように，各種の構造形式がある．

図6.1(a)は，I形断面の2主げた形式であり，プレートガーダー橋の基本的な構造形式である．主げた間隔は，RC床版の支間と同じであることから，あまり主げた間隔を大きくすると，RC床版の床版厚が厚くなり，結果として床版自重が大きくなり不経済な設計となる．逆に，主げた間隔を小さくすると，主げたの本数が多くなり，結果として使用鋼重が大きくなり，やはり不経済な設計になる．一般に，RC床版を用いる場合，主げた間隔は最大3m程度がよい．

最近，道路橋の建設コストの縮減を目指して，新しい構造形式のプレートガーダー橋が開発されている．その代表的なものとして，けた橋の省力化構造や少数主げた橋などがある[8]．この種の橋梁の特徴として，

① PC床版を採用することにより床版の支間長を拡大し，主げた本数を2本ないし3本とする少数主げたの採用．

② 現場作業の省力化をめざしたプレキャスト床版の採用，および床版コンクリートを現場打ちするための移動型枠の採用．

③ 変断面による部材数を低減し，かつ溶接延長を低減した極厚鋼板の採用．

④ 変断面位置と現場継手位置との一体化．

⑤ 腹板厚を厚くすることにより，水平補剛材および垂直補剛材の省略．
⑥ 床げた（横げた，対傾構）や横構の省略．
⑦ テーパー付き鋼板（LP鋼板）や形鋼の有効利用．

などが挙げられる．シンプルな構造形態をもち，加工工数の少ない橋梁システムの構築である．この取組みを最初に実施した橋梁として，日本道路公団北海道支社のホロナイ川橋や千鳥の沢橋がある．

図6.1(b)は，I形断面の3主げた形式であり，主げたと床げたとが格子状に結合されていることから，格子げた橋とも呼ばれる．さらに，都市部で車線数が増え幅員が広い場合には，主げた本数が4〜8の多主げた形式が採用される．主げた間隔が狭い場合には，内側主げたへの荷重負担が軽減されることから，図6.1(c)に示すように，内げたをけた高の低い縦げたにした2主げた形式が採用される場合もある．

図6.1(d)は，鋼床版を用いた2主げた形式であり，構造全体の断面形状がギリシャ文字πの形をしているので，π形断面のプレートガーダー橋と呼ばれる．鋼床版の主げた間隔（横リブ支間）は10 m程度まで広げることができ，幅員が非常に広い場合に，この構造形式を採用することは有効である．さらに，鋼床版は引張応力の抵抗に強いため，連続げた橋には最適である．

図6.1(e)は，鋼床版と箱形断面を用いた2主げた形式である．箱形断面はI形断面に比べて非常にねじり剛性が大きいので，曲線げた橋に多く採用される．箱形断面の主げたから，両翼に長いブラケットを張り出し，歩道部を設ける場合には有効である．

図6.1(f)は，箱形断面の1主げた形式である．この構造形式は図6.1(d)

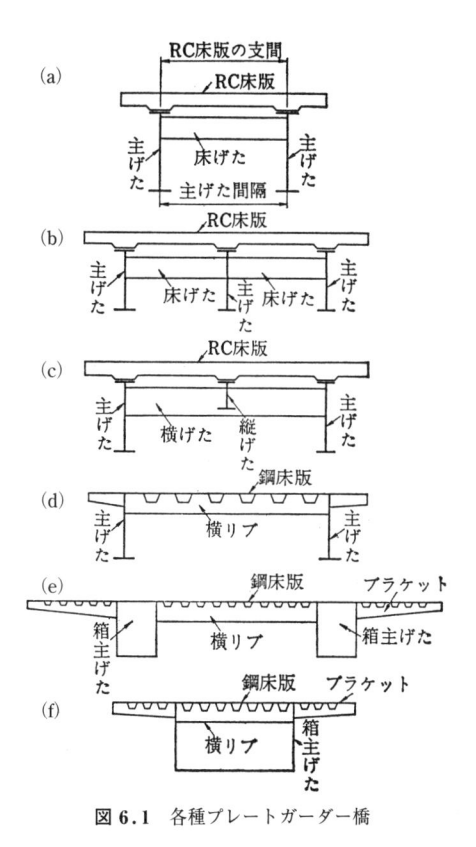

図 6.1 各種プレートガーダー橋

のπ形断面プレートガーダー橋に比較して，左右の下フランジを結んだことにより，格段にねじり剛性が大きくなる．したがって，連続曲線げた橋に用いられることが多い．

6.2 プレートガーダーの応力

プレートガーダー橋には，床版，床組および主げた自身による死荷重と，道路橋では活荷重としてL荷重が載荷される．これらの荷重により，主げた (main girder) には曲げモーメント (bending moment)，せん断力 (shearing force)，ねじりモーメント (torsional moment)，そりモーメント (warping moment) などが発生する．これらを断面力 (section force) という．さらに，主げたには任意の点で切断した断面に対して，垂直に作用する垂直応力と断面に沿って平行に作用するせん断応力が生じる．

6.2.1 プレートガーダーの断面定数

I形断面，π形断面および箱形断面をもつプレートガーダーは，断面寸法が決まれば，その断面固有の値として，断面積 A (cm^2)，断面係数 Z (cm^3)，断面二次モーメント I (cm^4)，純ねじり定数 J_T (cm^4)，そりねじり定数 C_w (cm^6) などが定まる．これらの値を総称して断面定数，あるいは断面値という．また，曲げに関しては，断面の中立軸を表す図心 O (centroid)，ねじりに関しては，断面の曲げ変形とねじり変形を完全に分離することのできる点を表すせん断中心 S (shear center) がある．2軸対称断面では，図心とせん断中心は必ず一致するが，非対称断面では両者の位置が異なる．代表的な断面形の断面定数，図心およびせん断中心の位置を表6.1に示す．

6.2.2 プレートガーダーの断面力

プレートガーダー橋は，主げたが横げたや対傾構で連結されており，厳密には格子げた構造としての荷重分配作用を考慮する必要がある．格子げた構造は高次不静定構造であるため，その応力解析には多大な時間と労力を要する．そこで，単純支持されたプレートガーダー橋では，実用的な慣用法 (1-0法) が用いられる．

a. 主げたに作用する荷重

主げたには死荷重や活荷重が作用し，それらは等分布荷重や線荷重として作用

6.2 プレートガーダーの応力

表 6.1 代表的な断面定数とせん断中心位置

断面 （O：図心, S：せん断中心）	η：せん断中心位置 (cm) J_T：純ねじり定数 (cm⁴) C_w：そりねじり定数 (cm⁶)	備考
（非対称I形断面）	$\eta = \dfrac{I_2}{I_1+I_2}h$ $J_T = \dfrac{1}{3}(b_1 t_1^3 + b_2 t_2^3 + h t_3^3)$ $C_w = \dfrac{I_1 I_2}{I_1+I_2}h^2$	$I_1 = \dfrac{t_1 b_1^3}{12}$ $I_2 = \dfrac{t_1 b_2^3}{12}$
（溝形断面）	$\eta = \dfrac{t_1 h^2}{2ht_1 + bt_2/3}$ $J_T = \dfrac{1}{3}(2ht_1^3 + bt_2^3)$ $C_w = \dfrac{I_1 h^2}{3}\cdot\dfrac{I_1+2I_2}{2I_1+I_2}$	$I_1 = \dfrac{t_1 h b^2}{4}$ $I_2 = \dfrac{t_2 b^3}{12}$
（L形断面）	$\eta = 0$ $J_T = \dfrac{1}{3}(b_1 t_1^3 + h t_3^3)$ $C_w = \dfrac{(b_1 t_1)^3}{144} + \dfrac{(h t_3)^3}{36}$	
（円管断面）	$\eta = 0$ $J_T = \dfrac{\pi}{32}(d^4 - d_1^4)$ $C_w = 0$	
（箱形断面）	$\eta = 0$ $J_T = 4(h_1 h_2)^2 \Big/ \left(\dfrac{2h_1}{t_1} + \dfrac{2h_2}{t_2}\right)$ $C_w = \dfrac{h_1^2 h_2^2 (h_1 t_1 + h_2 t_2)(h_1 t_2 - h_2 t_1)^2}{24(h_1 t_2 + h_2 t_1)^2}$	

する．これらを一括して最大荷重を算出するためには，各主げたの反力影響線が用いられる．

いま，図6.2に示す3本主げたの道路橋について考える．外側主げた（外げた，耳げたともいう）G_a に対しては，張出し部を有する単純げたとして，点Aの反力影響線を描く．死荷重強度を w (kN/m²) および地覆の換算集中荷重を

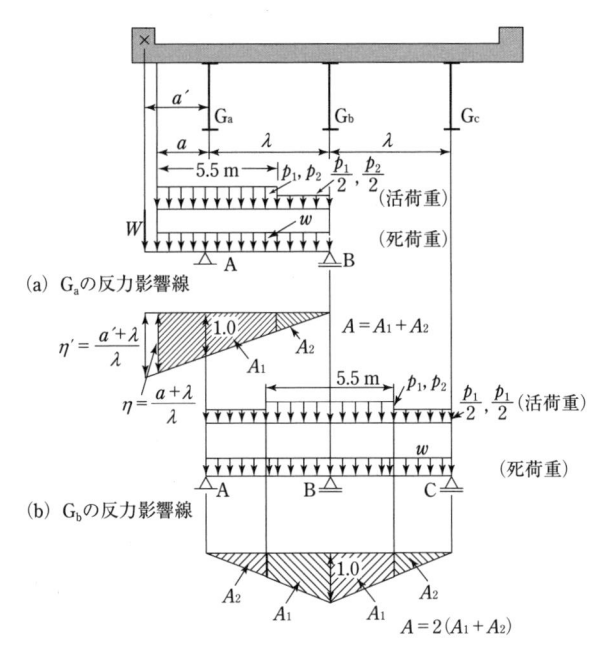

図 6.2 主げたに作用する最大荷重の求め方

W (kN/m), L 荷重 (活荷重, 幅員 5.5 m に全載, 他は半載) による等分布荷重強度を p_1 (kN/m²) および p_2 (kN/m²) とすれば, 主げた G_a に作用する荷重は図 6.2(a) より次のように求められる.

$$死荷重：w_a^* = wA + W\eta' \tag{6.1a}$$

$$活荷重：p_{1a}^* = p_1(A_1 + A_2/2), \quad p_{2a}^* = p_2(A_1 + A_2/2) \tag{6.1b·c}$$

ここに, η'：影響線の縦距, $A, A_1,$ および A_2：影響線の面積である.

同様にして, 内側主げた (内げた, 中げたともいう) G_b に対しては, 図 6.2(b) のように点 B に関する反力影響線を描くことにより

$$死荷重：w_b^* = wA \tag{6.2a}$$

$$活荷重：p_{1b}^* = p_1(2A_1 + A_2), \quad p_{2b}^* = p_2(2A_1 + A_2) \tag{6.2b·c}$$

となる.

b. 主げたの曲げモーメントとせん断力

主げたの断面力 (曲げモーメントとせん断力) の算定にも, 影響線を用いる. 通常, 支間を 8 等分して, それぞれの着目点ごとに影響線を描き, 最も大きな断面力が生じるように活荷重を載荷する. 曲げモーメントとせん断力を算出する場

6.2 プレートガーダーの応力

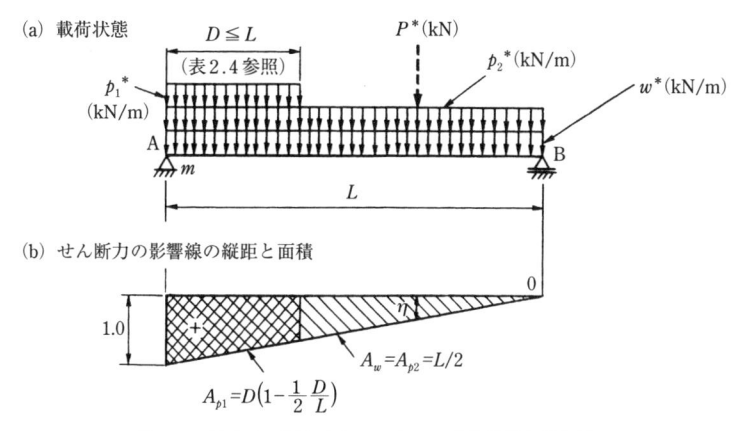

(a) 載荷状態

(b) せん断力の影響線の縦距と面積

$A_{p1}=D\left(1-\dfrac{1}{2}\dfrac{D}{L}\right)$

$A_w=A_{p2}=L/2$

図 6.3 最大せん断力を求めるための載荷状態と影響線

合，表2.4のように異なるL荷重強度が用いられる．

まず，せん断力は，図6.3に示すように，左支点Aのすぐ右側の着目点mで最大となる．そこで，前述の主げたに作用する荷重w^*，p_1^*，およびp_2^*を載荷すると，外げたおよび内げたに対する最大せん断力$Q_{m\,\max}$は次式で算出される．

$$Q_{m\,\max} = w^* A_w + (p_1^* A_{p1} + p_2^* A_{p2})(1+i) \tag{6.3}$$

ここに，i：表2.6で与えられる衝撃係数である．

次に，曲げモーメントは，図6.4に示すように支間中央の着目点nで最大となることは明らかである．同様にして図6.4より，主げたに作用する荷重w^*，p_1^*，およびp_2^*を載荷すると，最大曲げモーメント$M_{n\,\max}$は次式によって求められる．

$$M_{n\,\max} = w^* A_w + (p_1^* A_{p1} + p_2^* A_{p2})(1+i) \tag{6.4}$$

さらに，前章で示した床組部材である縦げたや床げた，あるいは図6.3，図6.4で支間が短く$D>L$の場合，L荷重p_1^*およびp_2^*よりもT荷重の影響が大きいこともある．このT荷重による荷重強度を図6.3，図6.4の中で集中荷重P^*とすると，T荷重に対するせん断力と曲げモーメントは，これらの図の影響線縦距ηを用いて，$P^*\eta$と計算できる．ただし，影響線の縦距ηは，せん断力に対して，$\eta_{\max}=1.0$および曲げモーメントに対して$\eta_{\max}=L/4$である．

6.2.3　I形断面の応力

a．曲げによる垂直応力とせん断応力

けたの中立軸に直角な断面は曲げを受け，変形した後も軸線に対して垂直にな

(a) 載荷状態

p_1^* (kN/m) (表2.4参照)　P^*(kN)

p_2^* (kN/m)　　　　　　　　　　　　w^*(kN/m)

$D \leq L$

$L/2$, L, n

(b) 曲げモーメントの影響線の縦距と面積

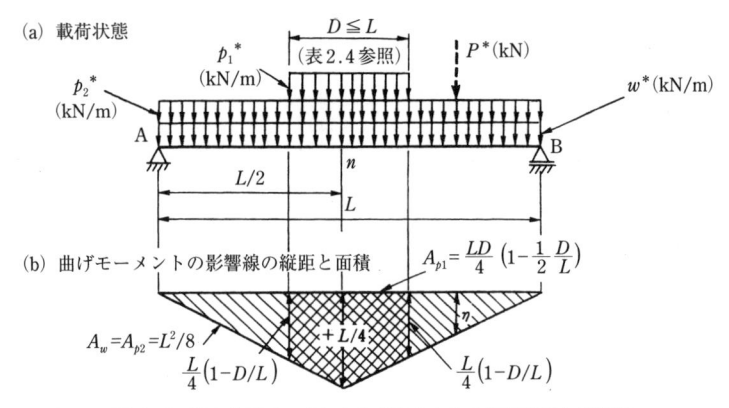

$A_{p1} = \dfrac{LD}{4}\left(1 - \dfrac{1}{2}\dfrac{D}{L}\right)$

$A_w = A_{p2} = L^2/8$

$+L/4$, η

$\dfrac{L}{4}(1 - D/L)$　　$\dfrac{L}{4}(1 - D/L)$

図 6.4 最大曲げモーメントを求めるための載荷状態と影響線

るという仮定をベルヌーイ−オイラー（Bernoulli−Euler）の仮定という．このような仮定が成り立つけたをベルヌーイ−オイラー梁（Bernoulli−Euler beam）という．変形後の断面が軸線に対して垂直にならない場合，すなわち，せん断変形の影響を考慮しなければならないけたをチモシェンコ梁（Timoshenko beam）という．チモシェンコ梁は，支間長 L に比べてけた高 h が比較的高い場合（おおよそ，$L/h < 10$），いわゆるディープビーム（deep beam）の曲げ問題，振動問題に適用される．通常のけた橋には，ベルヌーイ−オイラー梁が適用される．

鉛直分布荷重 $p(x)$（N/mm）が作用するけたの基礎微分方程式は次式で与えられる．

$$EIw''''(x) = p(x) \tag{6.5}$$

ここで，$w(x)$：鉛直たわみ（mm），E：ヤング係数（N/mm^2），I：断面二次モーメント（mm^4），プライム（'）はけた軸方向の座標 x の微分を意味する．さらに，境界条件は（簡便のため，関数の変数 x を以下に省略する），

単純支持：$w = 0,\ w'' = 0$ 　　　　　　　　　　　　　　(6.6a)

固定支持：$w = 0,\ w' = 0$ 　　　　　　　　　　　　　　(6.6b)

自 由 端：$w'' = 0,\ w''' = 0$ 　　　　　　　　　　　　　　(6.6c)

である．外部荷重 p に対して式 (6.5) を解き，式 (6.6) の境界条件式に代入すると，鉛直たわみ w が得られる．したがって，けたの任意の点 x における曲げモーメント M（N·mm）およびせん断力 Q（N）は次のように求められる．

$$M = -EIw'',\quad Q = -EIw''' \tag{6.7a·b}$$

けたの軸に直角な断面は曲げを受け，変形した後も平面を保つという平面保持

(plane conservation) の法則より，曲げによる垂直応力 σ_b (N/mm^2) は次式で計算される．

$$\sigma_b = \frac{M}{I} y \tag{6.8}$$

ここに，y：図6.5に示す中立軸 (neutral axis) から着目点までの距離 (mm) である．添字 b は，bending を意味する．断面の中立軸から上縁，下縁までの距離をそれぞれ y_c, y_t とすれば（添字 c は compression を，添字 t は tension を意味する），

$$\sigma_{bc} = \frac{M}{I} y_c, \quad \sigma_{bt} = \frac{M}{I} y_t \tag{6.9a·b}$$

となる．これらを縁応力度 (extreme stress) という．式 (6.9) は，曲げによる垂直応力度を求めるための重要な基本公式である．

この曲げ応力 σ_b にともなって，図6.5 (b) に示すように，切断された断面にはせん断応力 τ_b (N/mm^2) が生じる．

$$\tau_b = \frac{QS}{It} \tag{6.10}$$

ここに，S：着目点までの中立軸に関する断面一次モーメント (mm^3)，t：板厚 (mm) である．とくに，せん断応力 τ_b に板厚 t を乗じた値を

$$q_b = \tau_b t \tag{6.11}$$

曲げによるせん断流 (shear flow) という．これは断面の周辺，またはけた軸方向の単位長さ当たりの内力 (N/mm) である．

せん断流の最大値は中立軸で起こり，そのせん断応力度 τ_b は図6.5 (c) のよう

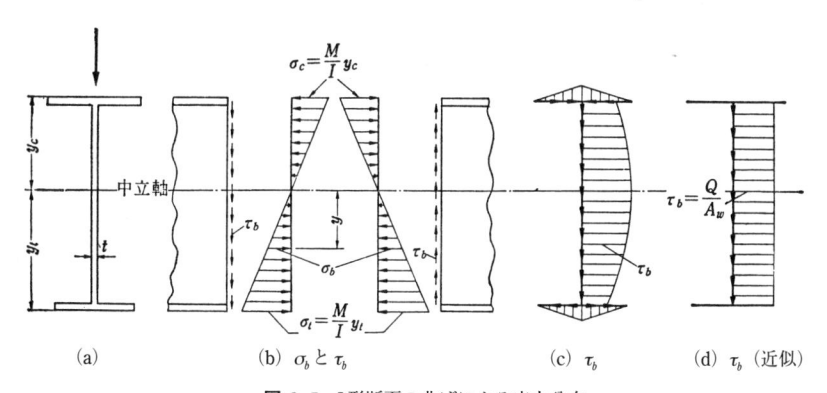

図 6.5 I形断面の曲げによる応力分布

にほぼ放物線分布する．しかし，実用的な計算では，腹板の曲げによるせん断応力は次のような近似計算が行われる．

$$\tau_b = \frac{Q}{A_w} \tag{6.12}$$

ここに，A_w：腹板のみの断面積（cm^2）である．したがって，式(6.12)で計算されたτ_bの分布は図6.5(d)のように直線分布となる．

b．ねじりによる垂直応力とせん断応力

I形断面のような開断面のけたの一端を固定し，他端にねじりモーメントが作用した場合，端部が拘束されるため，一様なねじり変形は生じない．つまり，部材軸に直角な断面は，ねじり変形後にその平面は保持されず，部材軸方向に変位する．この部材軸方向の変位をそり（warping）という．また，このようなそりが拘束される場合を，そりねじり，曲げねじり（warping torsion），ワグナー（Wagner）のねじりともいう．一般に，プレートガーダー橋はそりねじり状態にあり，そりにともなって垂直応力度σ_w（そり応力という）およびせん断応力度τ_wが発生する（添字wはwarpingを意味する）．

このような薄肉開断面のけたに，ねじり荷重を作用させたときの基礎微分方程式は次のように表される．

$$EC_w\varphi''''(x) - GJ_T\varphi''(x) = m_T(x) \tag{6.13}$$

ここに，$\varphi(x)$：ねじり角（radian），$m_T(x)$：分布トルク（N·mm/mm），E：ヤング係数（N/mm^2），C_w：そりねじり定数（mm^6），G：せん断弾性係数（N/mm^2），J_T：純ねじり定数（mm^4）である．さらに，境界条件は（簡便のため，関数の変数xを以下に省略する），

$$\text{単純支持：} \varphi = 0, \quad \varphi'' = 0 \tag{6.14a}$$
$$\text{固定支持：} \varphi = 0, \quad \varphi' = 0 \tag{6.14b}$$
$$\text{自由端：} \varphi'' = 0, \quad EC_w\varphi''' - GJ_T\varphi' = 0 \tag{6.14c}$$

である．式(6.13)を解き，境界条件を処理すれば，ねじり角φが定まる．以上より，ねじりに関する断面力は次のように定義される．

$$\text{純ねじりモーメント：} \quad T_s = GJ_T\varphi' \tag{6.15a}$$
$$\text{そりモーメント：} \quad M_w = -EC_w\varphi'' \tag{6.15b}$$
$$\text{そりねじりモーメント：} T_w = -EC_w\varphi''' \tag{6.15c}$$
$$\text{全ねじりモーメント：} \quad T = T_s + T_w = GJ_T\varphi' - EC_w\varphi''' \tag{6.15d}$$

ここに，全ねじりモーメントTは純ねじりモーメントT_sとそりねじりモーメ

6.2 プレートガーダーの応力

ント T_w の和であり，曲線格子げた構造の格点部のつり合い条件を考える場合には注意を要する．

これらの断面力を用いると，図6.6に示すようなI形断面（薄肉開断面）のけたのそりねじりによる垂直応力 σ_w およびせん断応力 τ_w と τ_s は次のように算定される．

$$\sigma_w = \frac{M_w}{C_w}\omega \tag{6.16a}$$

$$\tau_w = \frac{T_w S_w}{C_w t} \tag{6.16b}$$

$$\tau_s = \frac{2T_s}{J_T}n, \quad \tau_{s\max} = \frac{T_s}{J_T}t \tag{6.16c・d}$$

ここに，ω をそり関数（warping function），あるいはそり座標といい，部材軸に垂直な座標 (y, z) のみの関数で与えられる．また，開断面のときは，次の扇形面積の公式でそり関数 ω（mm²）が計算される．

$$\omega = \int_0^s r_s ds \tag{6.17}$$

ここに，s：開断面の板厚中央線上の動長（mm），r_s：せん断中心よりsの接線への距離（mm）である．2軸対称I形断面のそり関数 ω は図6.7のようになる．

したがって，式 (6.16a) により計算された垂直応力 σ_w（そり応力）の応力分布は，図6.6(a) ように，そり関数 ω と相似になる．一方，上フランジおよび下フランジに発生するせん断応力 τ_w は，式 (6.16b) より計算され，その応力分布は図6.6(b) のようになる．ここで，t は着目点の板厚（mm）であり，S_w はそ

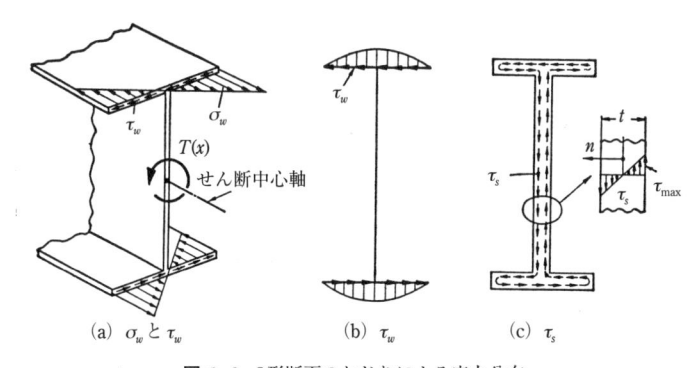

(a) σ_w と τ_w　　(b) τ_w　　(c) τ_s

図 6.6 I形断面のねじりによる応力分布

り断面一次モーメント（mm⁴）であり，C_w はそり断面二次モーメント（そりねじり定数，mm⁶）と呼ばれ，次式で与えられる．

$$S_w = \int_A \omega dA, \quad C_w = \int_A \omega^2 dA \tag{6.18a·b}$$

さらに，純ねじりモーメント T_s によるせん断応力 τ_s は，式 (6.16c·d) より計算され，その応力分布は図 6.6(c) のようになる．ここで，n は板厚の中央線を原点とする法線座標（mm）である．また，このせん断応力 τ_s は，サン・ブナン (Saint Venant) のせん断応力という．

したがって，ねじりによるⅠ形断面のせん断応力の分布は，図 6.6(b) と (c) とを重ね合わせたものになる．

6.2.4 箱形断面の応力
a. 曲げによる垂直応力とせん断応力

箱形断面 (box section) のけたに鉛直荷重が作用したときの基礎微分方程式と境界条件は，それぞれ式 (6.5)，式 (6.6) と同じである．また，曲げによる垂直応力 σ_b は式 (6.9) により，せん断応力 τ_b は式 (6.10) によりそれぞれ計算される．箱形断面の σ_b と τ_b の応力分布は図 6.8 のようになる．

b. ねじりによる垂直応力とせん断応力

箱形断面のような閉断面にねじり荷重が作用すると，回転変形にともなう部材軸方向のねじり変形が一様となり，そりの拘束を受けない．これを，単純ねじり (pure torsion)，純ねじり，またはサン・ブナン (Saint Venant) のねじりといい，前述のそりねじりとは区別される．

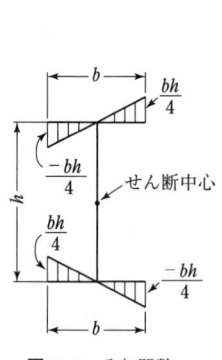

図 6.7　そり関数 ω

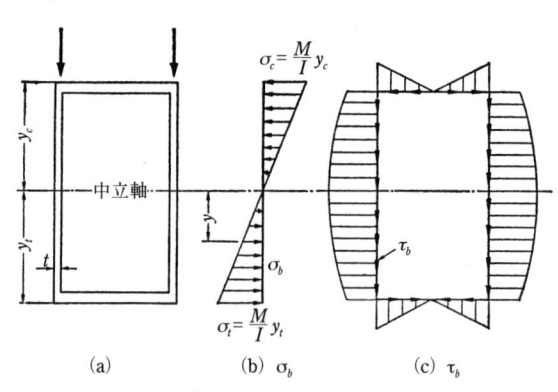

図 6.8　箱形断面の曲げによる応力分布

単純ねじりを受けるけたの基礎微分方程式は次のように与えられる．

$$-GJ_T\varphi''(x) = m_T(x) \tag{6.19}$$

ここに，$\varphi(x)$：ねじり角（radian），$m_T(x)$：分布トルク（N·mm/mm），G：せん断弾性係数（N/mm^2），J_T：純ねじり定数（mm^4）である．さらに，境界条件は（簡便のため，関数の変数 x を以下に省略する），

固定支持：$\varphi = 0$ (6.20a)

自 由 端：$\varphi' = 0$ (6.20b)

である．また，純ねじりモーメントは次式により求められる．

$$T_s = GJ_T\varphi' \tag{6.21}$$

図6.9に示すように，箱形断面に純ねじりモーメント T_s が作用すると，そりねじりは無視できることから，断面内にそり応力 σ_w は生じない．しかし，T_s によるせん断応力 τ_s（N/mm^2）は生じ，ブレット（Bredt）の公式により，次のように計算される．

$$\tau_s = \frac{T_s}{2At} \tag{6.22}$$

ここに，A：箱形断面の板厚中央線で囲まれた部分の面積（mm^2）であり，図6.9(a) の場合，$A = bh$，t：着目点の板厚（mm）である．式(6.22)で計算された τ_s の応力分布を図6.9(b) に示す．

結局，プレートガーダーに生ずる応力の合計は次のようになる．

垂直応力：$\sigma = \sigma_b + \sigma_w$ (6.23a)

せん断応力：$\tau = \tau_b + \tau_w + \tau_s$ (6.23b)

プレートガーダーのような薄肉断面はり（thin-walled beam）では，厳密に考えると，同一部材断面内で単純ねじりとそりねじりとが共存している．一般に，

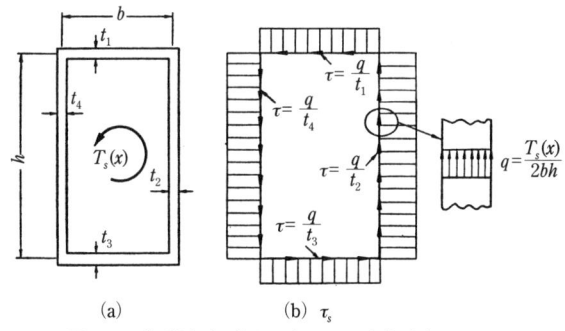

図 6.9 箱形断面の純ねじりによる応力分布

充実断面や箱形断面のような閉断面では，単純ねじりが支配的で，そりねじりの影響は小さく無視できる．一方，みぞ形鋼（channel）やI形断面のような開断面では，もっぱらそりねじりが支配的で，単純ねじりの影響は小さい．

これらの影響を判断する無次元パラメータとして，次式で定義されるねじり定数比 κ がある．

$$\kappa = l\sqrt{\frac{GJ_T}{EC_w}} \tag{6.24}$$

ここに，l：ねじりに対する支間長（cm）である．

ねじり定数比が $\kappa < 0.4$ の場合は，単純ねじりによる応力度を省略し，そりねじりによる応力度だけを考えればよい．一方，ねじり定数比が $\kappa > 10$ の場合は，そりねじりによる応力度を省略し，単純ねじりによる応力度だけを考慮すればよい．ねじり定数比が $0.4 \leq \kappa \leq 10$ の場合は，両者の影響を考慮したそりねじり理論による計算が必要である．

単独のI形断面げたでは，そりねじりの影響が大きいこと示した．しかし，I形断面主げたを用いた格子げた構造（多主げた形式）では，これまで説明した単純ねじりおよびそりねじりによる応力度を無視することができる．これは，Iげた自身のねじり剛性が小さいことから，格子げた構造に作用するねじりモーメントは，図6.10に示すように，左右Iげたの上下方向のせん断力に変換（偶力）されて，主げたの曲げ抵抗に受けもたれるためである．

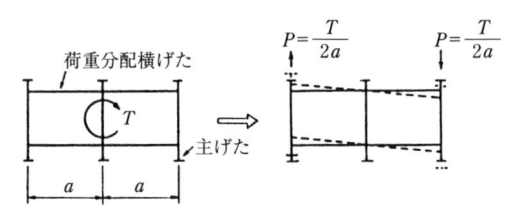

図 6.10 I形断面格子げた構造に作用するねじりモーメント

6.2.5 合成応力度の照査

プレートガーダーの応力照査の方法について以下に示す．

a．曲げモーメントが作用する場合

曲げモーメントによる垂直応力度 σ_b とせん断応力度 τ_b は，ともに第3章で説明した許容応力度以下にする必要がある．しかし，式(4.7)に示した合成応力度 σ_v（N/mm²）が，

$$\sigma_v = \sqrt{\sigma_b^2 + 3\tau_b^2} \tag{6.25}$$

許容応力度 σ_a を超える可能性がある．式 (4.9) と同様にして，σ_b と τ_b との組合せすべてについて応力照査することはできないことから，いずれかの応力度が許容応力度の 45% を超える場合（つまり，許容応力度の 0.45 倍以上），曲げモーメントが最大となる荷重状態とせん断力が最大となる荷重状態のそれぞれに対して，次式を用いて合成応力度の照査を行う．

$$\left(\frac{\sigma_b}{\sigma_a}\right)^2 + \left(\frac{\tau_b}{\tau_a}\right)^2 \leq 1.2 \tag{6.26}$$

ここに，σ_a と τ_a はそれぞれ許容引張応力度と許容せん断応力度である．また，σ_b/σ_a と τ_b/τ_a のいずれかが 0.45 より小さい場合には，式 (6.26) は自動的に満足されるため，合成応力度の照査が不要となる．

I 形断面ではフランジと腹板との接合部，箱形断面では隅角部などが，σ_b と τ_b とがともに大きな値となる可能性があり，式 (6.26) による応力照査が必要となる．

b．ねじりモーメントが作用する場合

ねじりモーメントが作用する場合の合計応力度は，式 (6.23) で与えられる．これらの合計応力度は，それぞれ許容応力度 σ_a と τ_a より小さくなければならないことは当然であるが，その他に，式 (6.26) と同様の合成応力度の照査が必要である．

c．2 軸応力状態の照査

主げたのフランジとラーメン橋脚の横ばりのフランジが共用されているような場合，あるいは主げたのフランジにブラケットや荷重分配横げたのフランジが直接連結されているような場合は，その箇所の応力は 2 軸応力状態となり，各軸方向単独の応力照査のみでは危険となることがある．

せん断ひずみエネルギー一定説によれば，直交する 2 方向の垂直応力度 σ_x および σ_y (N/mm^2)，せん断応力度 τ (N/mm^2) が共存する応力状態では，

$$\sigma_v = \sqrt{\sigma_x^2 - \sigma_x \sigma_y + \sigma_y^2 + 3\tau^2} \tag{6.27}$$

となる．これは，1 軸の垂直応力度 σ_v に置き換えたものであり，合成応力度あるいは相当応力度 (equivalent stress) という．したがって，式 (4.9) と同様の考え方により，2 軸応力状態の照査は，次式を満足しなければならない．

$$\left(\frac{\sigma_x}{\sigma_a}\right)^2 - \left(\frac{\sigma_x}{\sigma_a}\right)\left(\frac{\sigma_y}{\sigma_a}\right) + \left(\frac{\sigma_y}{\sigma_a}\right)^2 + \left(\frac{\tau}{\tau_a}\right)^2 \leq 1.2 \tag{6.28}$$

ここに，σ_a：許容引張応力度 (N/mm^2)，τ_a：許容せん断応力度 (N/mm^2) で

ある.ただし,垂直応力度 σ_x および σ_y の符号は,引張応力度を正,圧縮応力度を負とする.また,σ_a に許容引張応力度を用いるのは,圧縮応力度に対しては許容圧縮応力度の上限値をとるためである.

6.3 プレートガーダーの断面

I形断面プレートガーダー(Iげた)は,図6.11に示すように,上フランジ(upper flange)および下フランジ(lower flange),水平および垂直補剛材で補強された腹板(web)で構成されている.ここで,腹板に水平および垂直補剛材を取り付けるか否かは,腹板の高さ,板厚,および鋼種に関係している.単純支持されたIげた橋は,鉛直荷重の作用により下に凸の曲げ変形となることから,上フランジは圧縮応力(compression stress),下フランジは引張応力(tension stress)となる.

6.3.1 フランジ断面の決定

a. フランジの所要断面積

一般に,プレートガーダーの断面は曲げモーメント M より決定される.簡単のために,図6.12に示すような上下対称のプレートガーダーの断面について考える.

フランジの断面積を A_f,上下フランジの図心間距離を h(けた高という),腹板(ウェブ)の厚さを t とし,曲げモーメント M によるフランジの応力度を σ_a とする.このとき,作用曲げモーメント M と内力のなす曲げモーメントとはつり合うことから,次式が成り立つ.

$$M = 2\left(\sigma_a A_f \frac{h}{2} + \frac{1}{2}\sigma_a \frac{th}{2} \cdot \frac{h}{2} \cdot \frac{2}{3}\right) \tag{6.29}$$

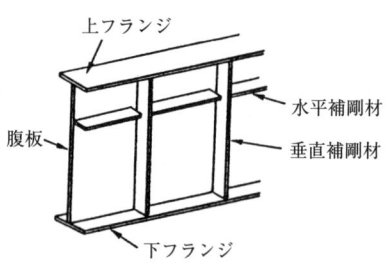

図6.11 I形断面プレートガーダー(Iげた)

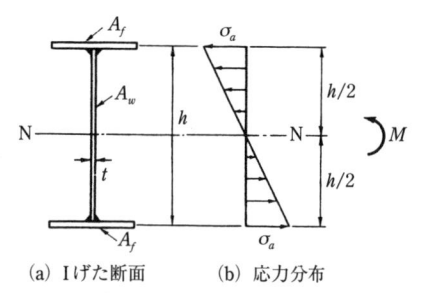

図6.12 I形断面の応力分布

したがって，フランジの断面積A_fについて解くと，

$$A_f = \frac{M}{\sigma_a h} - \frac{th}{6} \tag{6.30}$$

が得られる．上式σ_aに許容応力度を代入すれば，フランジの所要断面積A_f (mm^2) を求めることができる．

上下フランジ断面が異なる場合，それぞれ上下フランジの断面積をA_cとA_t，応力度をσ_cとσ_tとすれば，図心の偏心δ，中立軸まわりの断面一次モーメント ($S=0$)，作用曲げモーメントMと内力のつり合いを考慮すると，次式を得る（この式の誘導は，章末の演習問題6.11とした）．

$$A_c = \frac{M}{\sigma_c h} - \frac{th}{6} \cdot \frac{2\sigma_c - \sigma_t}{\sigma_c} \tag{6.31a}$$

$$A_t = \frac{M}{\sigma_t h} - \frac{th}{6} \cdot \frac{2\sigma_t - \sigma_c}{\sigma_t} \tag{6.31b}$$

したがって，上下非対称のプレートガーダー断面のフランジ断面積は，上式に許容応力度$\sigma_c = \sigma_{ba}$および$\sigma_t = \sigma_{ta}$を代入することにより計算される．

b．フランジの幅と板厚

フランジ断面積A_cおよびA_tが求められると，それに応じて図6.13のようにフランジ幅b_cとb_t，板厚t_cとt_tを決めることができる．

圧縮フランジの板厚は，フランジ自身の局部座屈が起きないように決めなければならない．フランジの座屈応力度は，一様な圧縮応力を受ける自由突出板あるいは両縁支持板として計算される．等分布圧縮応力（純圧縮という）を受けるフランジプレートの板厚制限を表6.2に示す．

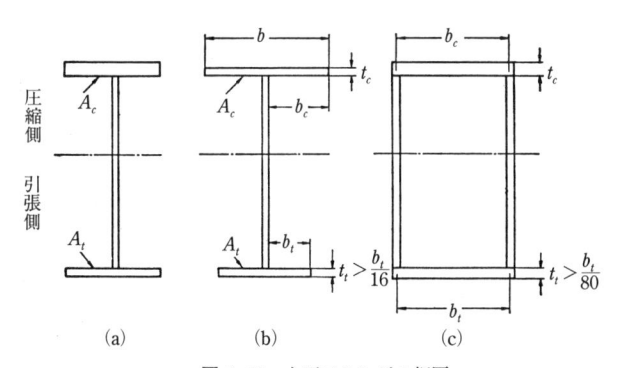

図6.13 上下フランジの板厚

表 6.2 圧縮フランジプレートの板厚（鋼材の板厚 40 mm 以下の場合）

鋼　　種	自由突出部板厚	両縁支持の板厚
SS 400, SM 400, SMA 400 W	$\frac{b}{12.8}$ 以上	$\frac{b}{38.7}$ 以上
SM 490	$\frac{b}{11.2}$ 以上	$\frac{b}{33.7}$ 以上
SM 490 Y, SM 520, SMA 490 W	$\frac{b}{10.5}$ 以上	$\frac{b}{31.6}$ 以上
SM 570, SMA 570 W	$\frac{b}{9.5}$ 以上	$\frac{b}{28.7}$ 以上

一方，引張フランジについては，局部座屈が起きるおそれはないので，板厚を薄くすることができる．しかし，あまり板厚を薄くすると溶接による悪影響や運搬中などの不慮の外力による変形，また，フランジ内の応力分布が不均等となることから，引張フランジの板厚 t_t は，鋼種にかかわらず表6.3を満足するように決めなければならない．

表 6.3 引張フランジプレートの板厚

自由突出部板厚	$\frac{b_t}{16}$ 以上	b_t：板幅
両縁支持の板厚	$\frac{b_t}{80}$ 以上	

フランジプレートは，なるべく1枚で構成するのが望ましい．しかし，フランジの板厚が厚くなると，予熱などの問題が生じてくるため，鋼板を2枚重ね合わせた方が有利な場合がある．図6.14に示すように，内側フランジに重ね合わせた外側フランジをカバープレート（cover-plate）という．カバープレート端部の溶接は，不等サイズの連続すみ肉溶接とし，応力の流れが円滑となるように配慮することが必要である．

6.3.2　経済的けた高

プレートガーダーのけた高は，架設地点における取付け道路との位置関係，けた下空間の制限，たわみ制限などを考慮して決めなければならない．しかし，このような制約のない場合には，使用する鋼材の重量 W（鋼げた断面積×支間長×単位重量）をけた高 h の関数で表し，最小値を与える条件式より，最適なけた高 h (mm) が求められる．これを経済的けた高といい，次式によって与えられる．

$$h = \beta \sqrt{\frac{M}{\sigma_{ba} t}} \tag{6.32}$$

ここに，M：作用曲げモーメント（N·mm），σ_{ba}：許容曲げ圧縮応力度

(N/mm^2),t：腹板の厚さ（mm）である．また，係数βは，0.9〜1.1程度の値をとる．

一般に，単純プレートガーダー橋のけた高h（mm）は，支間長をL（mm）とすると，過去の多くの実施例を参考にして，また，プレートガーダーのたわみ制限を考慮して，

$$h = \frac{L}{15} \sim \frac{L}{20} \tag{6.33}$$

程度の値が適当とされている．

6.3.3　腹板断面の決定

プレートガーダーの腹板には，曲げモーメントとせん断力とが同時に作用している．したがって，図6.15に示したように，曲げによる垂直応力σ_1とσ_2，せん断によるせん断応力τ_{xy}の同時作用のもとで，腹板が座屈に対して安全となるように設計しなければならない．

プレートガーダーの腹板はせん断座屈の後，斜め張力場を形成し，上下フランジと垂直補剛材とともにトラス作用効果があり，座屈後も荷重に抵抗する．これを後座屈強度（post buckling strength）あるいは余剰耐荷力という．この後座屈強度を考慮して，腹板の座屈応力度に対する安全率sを以下のように低減している．

① 純圧縮を受ける場合：$s = 1.70$
② 純曲げを受ける場合：$s = 1.40$
③ 純せん断を受ける場合：$s = 1.25$

また，圧縮，曲げ，せん断がそれぞれ組み合わされて作用する場合，安全率sは次式で与えられる．

$$s = 1.25 + (0.30 + 0.15\psi)e^{-4.3\eta} \geq 1.25 \tag{6.34}$$

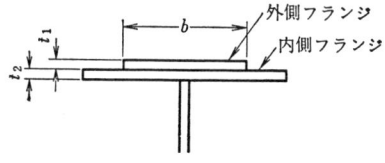

圧縮フランジ：$t_1 \leq 1.5 t_2$，かつ，$t_1 \geq b/24$
引張フランジ：$t_1 \leq 1.5 t_2$，かつ，$t_1 \geq b/32$

図 6.14　カバープレートを用いる場合

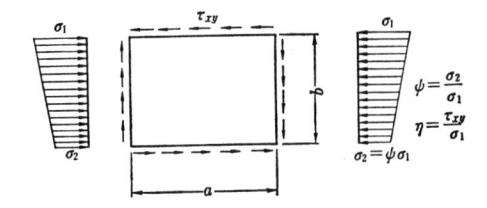

図 6.15　垂直応力とせん断応力が作用する板

ここに，ϕ：腹板の上下縁の応力比，η：腹板に作用するせん断応力 τ_{xy} と大きい方の縁圧縮応力 σ_1 との比である．

このような考え方により，プレートガーダーの腹板厚の最小値を表6.4のように定めている．なお，計算応力度 σ が許容応力度 σ_a に比べて著しく小さい場合には，この表の分母を $\sqrt{\sigma/\sigma_a}$ 倍（ただし，1.2倍を超えない）することができる．

一方，溶接施工の面からは，10 mm以下の腹板厚に対して2段以上の水平補剛材を設けることは好ましくない．また，調質鋼ではひずみ取りが困難であるため，薄い腹板に補剛材を溶接することは，避けるのが望ましい．

なお，設計の便を考えて，腹板の最小板厚は8 mmであることから，座屈に対して安全な最大腹板高を表6.4より逆算すると，表6.5のようになる．この表は，

表 6.4 プレートガーダーの最小腹板厚 t

水平補剛材 \ 鋼種	SS 400 SM 400 SMA 400 W	SM 490	SM 490 Y SM 520 SMA 490 W	SM 570 SMA 570 W
水平補剛材のないとき	$\dfrac{b}{152}$	$\dfrac{b}{130}$	$\dfrac{b}{123}$	$\dfrac{b}{110}$
水平補剛材を1段用いるとき	$\dfrac{b}{256}$	$\dfrac{b}{220}$	$\dfrac{b}{209}$	$\dfrac{b}{188}$
水平補剛材を2段用いるとき	$\dfrac{b}{310}$	$\dfrac{b}{310}$	$\dfrac{b}{294}$	$\dfrac{b}{262}$

b：上下両フランジプレートの純間隔（cm）
水平補剛材の位置は，図6.18を参照のこと．

表 6.5 プレートガーダーの最大腹板高 b（cm）

水平補剛材	腹板厚 (cm)	SS 400 SM 400 SMA 400	SM 490	SM 490 Y SM 520 SMA 490 W	SM 570 SMA 570 W
水平補剛材のないとき	$t = 0.8$	121.6	104.0	98.4	88.0
	$t = 0.9$	136.8	117.0	110.7	99.0
	$t = 1.0$	152.0	130.0	123.0	110.0
	$t = 1.1$	167.2	143.0	135.3	121.0
水平補剛材を1段用いるとき	$t = 0.8$	204.8	176.0	167.2	150.4
	$t = 0.9$	230.4	198.0	188.1	169.2
	$t = 1.0$	256.0	220.0	209.0	188.0
	$t = 1.1$	281.6	242.0	229.9	206.8
水平補剛材を2段用いるとき	$t = 0.8$	248.0	248.0	235.2	209.6
	$t = 0.9$	279.0	279.0	264.6	235.8
	$t = 1.0$	310.0	310.0	294.0	262.0
	$t = 1.1$	341.0	341.0	323.4	288.2

水平補剛材を1段,2段使用するか,あるいは使用しないことを判断する場合,腹板の設計上有用である.

6.4 補　剛　材

6.4.1　補剛材の役目

プレートガーダーの腹板には,圧縮,曲げおよびせん断が単独または組み合わされた応力状態で作用している.この腹板の局部座屈強度を上げるために,図6.11のように垂直補剛材(vertical stiffener)と水平補剛材(horizontal stiffener)が取り付けられる.さらに,垂直補剛材は中間補剛材(intermediate stiffener)と端補剛材(end stiffener)に分けられる.

中間補剛材は,支間の中間に等間隔で設けられ,腹板のせん断座屈強度を上げるために,および床げた,縦げた,対傾構などの取付け部のように荷重が集中して作用するところの局部座屈防止のために設けられる.また,端補剛材は支点部に設けられ,主にフランジに作用する集中荷重を腹板と協同して支点に伝達する役目を果たす.一方,水平補剛材はフランジと平行に,圧縮フランジ側に,通常1ないし2本配置され,主として腹板の曲げ座屈強度を上げるために設けられる.

たとえば,図6.16(a)に示すように,腹板高 h,垂直補剛材の間隔 a,支間 l の単純プレートガーダーに鉛直荷重が作用する場合を考える.図中の斜線部の腹板のみを取り出すと,図6.16(b)のような純曲げ応力状態における4辺単純支持された長方形板の曲げ座屈問題となる.さらに,腹板の圧縮側の $b=h/4$ に水平補剛材を1本取り付けると,図6.16(c)のような圧縮と曲げを受ける4辺単純

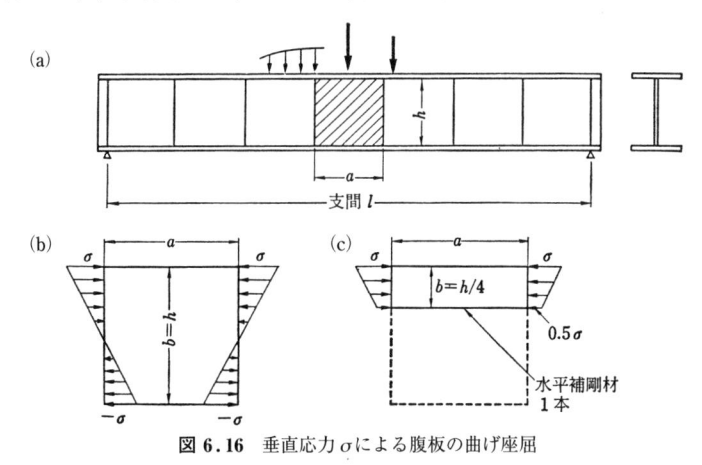

図 6.16　垂直応力 σ による腹板の曲げ座屈

支持された長方形板の座屈問題となる．この両者の座屈応力度を計算すると，その値は約3.52倍高められる．つまり，このことは図6.16 (c) のように水平補剛材を1本用いると，腹板の曲げ座屈に対する許容応力度が3.52倍に増加することを意味する．

また，図6.17 (a) に示すように，腹板高 h，垂直補剛材なし，支間 $l=6h$ の単純プレートガーダーの支間中央に集中荷重 P が作用する場合を考える．そのときのせん断力図は図6.17 (b) のようになる．図6.17 (a) の斜線部の腹板のみを取り出すと，図6.17 (d) のようなせん断応力状態となり，4辺単純支持された長方形板のせん断座屈問題となる．一方，支間を6等分して垂直補剛材を取り付けた図6.17 (c) の斜線部の腹板のみを取り出すと，図6.17 (e) のようなせん断応力状態の4辺単純支持された長方形板の座屈問題となる．この両者の座屈応力度を計算すると，その値は約1.62倍高められる．つまり，図6.17 (c) のように垂直補剛材を取り付けることにより，腹板のせん断座屈に対する許容応力度は1.62倍に増加したことになる．

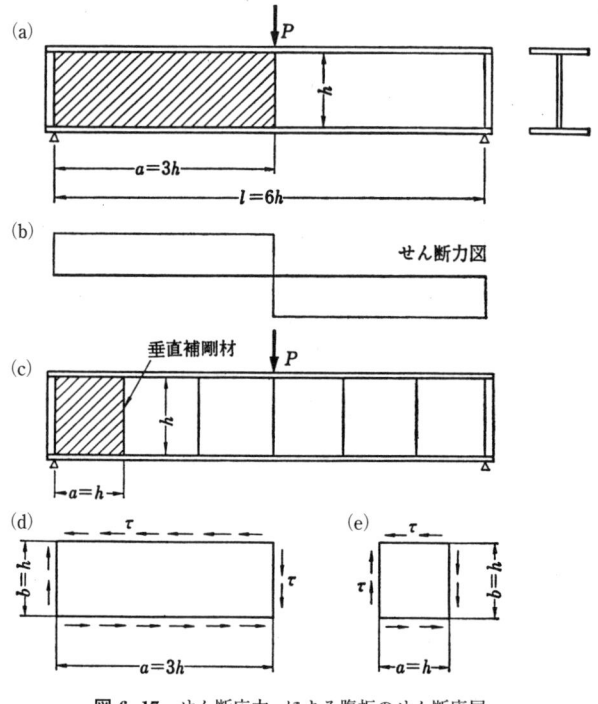

図 6.17 せん断応力 τ による腹板のせん断座屈

このように，補剛材は腹板の座屈強度（座屈耐荷力）を著しく増加させる役目をもっている．同じ座屈強度を確保することを考えた場合，補剛材を用いると，腹板の厚さtを薄くすることができる．当然のことながら，補剛材を用いることにより鋼重は補剛材の分だけ増加するが，腹板が薄くなることで全体の使用鋼重が減少する．一般に，大きなプレートガーダー橋になるほど，たとえ補剛材を用いても，腹板厚を薄くできることから，結果的には総鋼重が軽くなり経済的な設計となる．従来は，この鋼重が最小となることを目標にして設計がなされてきた．

しかし，最近は補剛材を付けないで腹板厚を厚くする設計がみられるようになってきた．いわゆる構造の合理化，省力化，簡素化にともなうコストダウンを目指したプレートガーダー橋の設計が行われるようになってきている[8]．

6.4.2 垂直補剛材
a．垂直補剛材の間隔

腹板のせん断座屈を防止するために，上下フランジの純間隔（腹板高）bが，表 6.6 に示す値より大きい場合には垂直補剛材を設けなければならない．逆に，腹板高が表 6.6 の値以下の場合，垂直補剛材を省略することができる．設計の便を考えて，腹板厚 t が与えられたとき，垂直補剛材を省略できる腹板高 b を，表 6.6 より計算すると表 6.7 のようになる．

中間垂直補剛材の間隔 a は，腹板の曲げ座屈とせん断座屈とを考慮して決めなければならない．垂直応力度 σ とせん断応力度 τ が同時に作用する場合の座屈の照査式は次の相関関係式で表される．

$$\left(\frac{\sigma}{\sigma_{cr}}\right)^2 + \left(\frac{\tau}{\tau_{cr}}\right)^2 \leq \left(\frac{1}{s}\right)^2 \tag{6.35}$$

ここに，σ_{cr}：曲げ座屈応力度，τ_{cr}：せん断座屈応力度，s：座屈安全率である．

表 6.6 垂直補剛材を省略できるフランジ純間隔の最大値

鋼種 腹板高 b	SS 400 SM 400 SMA 400 W	SM 490	SM 490 Y SM 520 SMA 490 W	SM 570 SMA 570 W
上下両フランジ純間隔	70 t	60 t	57 t	50 t

注：計算せん断応力度が許容せん断応力度に比べて小さいときには，この表の値を
　　$\sqrt{\text{許容せん断応力度}/\text{計算せん断応力度}}$　倍することができるが，1.2 倍を超えてはならない．

表 6.7 垂直補剛材を省略できる腹板高 b (cm)

鋼種 腹板厚 (cm)	SS 400 SM 400 SMA 400 W	SM 490	SM 490 Y SM 520 SMA 490 W	SM 570 SMA 570 W
$t = 0.8$	56.0	48.0	45.6	40.0
$t = 0.9$	63.0	54.0	51.3	45.0
$t = 1.0$	70.0	60.0	57.0	50.0
$t = 1.1$	77.0	66.0	62.7	55.0
$t = 1.2$	84.0	72.0	68.4	60.0

また, σ_{cr} と τ_{cr} は4辺単純支持された板の座屈応力度であり, それぞれ座屈係数 k_σ と k_τ を用いて次のように定義される.

$$\sigma_{cr} = k_\sigma \frac{\pi^2 E}{12(1-\nu^2)}\left(\frac{t}{b}\right)^2 \tag{6.36a}$$

$$\tau_{cr} = k_\tau \frac{\pi^2 E}{12(1-\nu^2)}\left(\frac{t}{b}\right)^2 \tag{6.36b}$$

この場合, 座屈係数 k_σ と k_τ は次式で与えられる.

$$k_\sigma = 23.9 \tag{6.37a}$$

$$k_\tau = 5.34 + 4.00\left(\frac{b}{a}\right)^2 \quad \left(\frac{a}{b} > 1\right) \tag{6.37b}$$

$$k_\tau = 4.00 + 5.34\left(\frac{b}{a}\right)^2 \quad \left(\frac{a}{b} \leq 1\right) \tag{6.37c}$$

ここに, a：中間垂直補剛材の間隔, b：上下フランジの純間隔(腹板の高さ)である.

したがって, 式(6.36)と(6.37)を式(6.35)に代入すると,

$$s^2\left(\frac{b}{t}\right)^4\left\{\frac{12(1-\nu^2)}{\pi^2 E}\right\}\left\{\left(\frac{\sigma}{k_\sigma}\right)^2 + \left(\frac{\tau}{k_\tau}\right)^2\right\} \leq 1 \tag{6.38}$$

または,

$$s^2\left(\frac{b}{100t}\right)^4\left\{\left(\frac{\sigma}{18k_\sigma}\right)^2 + \left(\frac{\tau}{18k_\tau}\right)^2\right\} \leq 1 \tag{6.39}$$

となる．垂直補剛材はせん断座屈に対して配置されることから，前述の純せん断を受ける場合の座屈安全率 $s=1.25$ を使用する．

以上より，垂直補剛材の間隔 a (cm) は，次式の関係を満足するように決めなければならない．ただし，上下フランジの純間隔を b (cm) とすると，板の縦横比（アスペクト比，aspect ratio）$a/b \leq 1.5$ を満足するものとする．つまり，垂直補剛材の間隔 a は腹板高 b の1.5倍以下とする．

① 水平補剛材を用いない場合

$$\left(\frac{b}{100t}\right)^4 \left[\left(\frac{\sigma}{345}\right)^2 + \left\{\frac{\tau}{77+58(b/a)^2}\right\}^2\right] \leq 1 \quad \left(\frac{a}{b} > 1\right) \tag{6.40a}$$

$$\left(\frac{b}{100t}\right)^4 \left[\left(\frac{\sigma}{345}\right)^2 + \left\{\frac{\tau}{58+77(b/a)^2}\right\}^2\right] \leq 1 \quad \left(\frac{a}{b} \leq 1\right) \tag{6.40b}$$

② 水平補剛材を1段用いる場合

$$\left(\frac{b}{100t}\right)^4 \left[\left(\frac{\sigma}{900}\right)^2 + \left\{\frac{\tau}{120+58(b/a)^2}\right\}^2\right] \leq 1 \quad \left(\frac{a}{b} > 0.80\right) \tag{6.41a}$$

$$\left(\frac{b}{100t}\right)^4 \left[\left(\frac{\sigma}{900}\right)^2 + \left\{\frac{\tau}{90+77(b/a)^2}\right\}^2\right] \leq 1 \quad \left(\frac{a}{b} \leq 0.80\right) \tag{6.41b}$$

③ 水平補剛材を2段用いる場合

$$\left(\frac{b}{100t}\right)^4 \left[\left(\frac{\sigma}{3\,000}\right)^2 + \left\{\frac{\tau}{187+58(b/a)^2}\right\}^2\right] \leq 1 \quad \left(\frac{a}{b} > 0.64\right) \tag{6.42a}$$

$$\left(\frac{b}{100t}\right)^4 \left[\left(\frac{\sigma}{3\,000}\right)^2 + \left\{\frac{\tau}{140+77(b/a)^2}\right\}^2\right] \leq 1 \quad \left(\frac{a}{b} \leq 0.64\right) \tag{6.42b}$$

ここに，t：腹板の厚さ (cm)，σ：腹板の縁圧縮応力度 (N/mm^2)，τ：腹板のせん断応力度 (N/mm^2) である．

b．垂直補剛材の剛度

垂直補剛材の剛度は，プレートガーダーの腹板やフランジが終局限界状態（降伏するまでの耐荷力）に至るまで，必要な剛性を保つように設計しなければなら

ない.

道路橋では，垂直補剛材の断面二次モーメント I_v（cm^4）を次式で求めた値以上としている.

$$I_v \geq \frac{bt^3}{11}\gamma_{v\,req} \tag{6.43}$$

ここに，垂直補剛材の必要剛比 $\gamma_{v\,req}$ は，

$$\gamma_{v\,req} = 8.0\left(\frac{b}{a}\right)^2 \tag{6.44}$$

であり，t：腹板の厚さ（cm），b：上下フランジの純間隔（cm），a：垂直補剛材の間隔（cm）である.

なお，垂直補剛材の幅は，腹板高の1/30に50 mmを加えた値以上とする．この理由は，垂直補剛材の突出幅をあまり小さくすると，計算で考慮していない作用による二次応力などに対する断面不足を避けるためである．また，せん断座屈後，垂直補剛材には張力場からの応力の一部が作用するため，垂直補剛材の板厚は，その幅の1/13以上としなければならない．

6.4.3 水平補剛材

a. 水平補剛材の位置

プレートガーダーの支間が大きくなると，腹板高も大きくなる．腹板をできるだけ薄くするためには，水平補剛材を設ける必要がある（表6.4参照）.

水平補剛材の取付け位置を図6.18に示す．水平補剛材を1段用いる場合は圧縮フランジから$0.20b$付近，2段用いる場合は$0.14b$と$0.36b$付近に配置すること

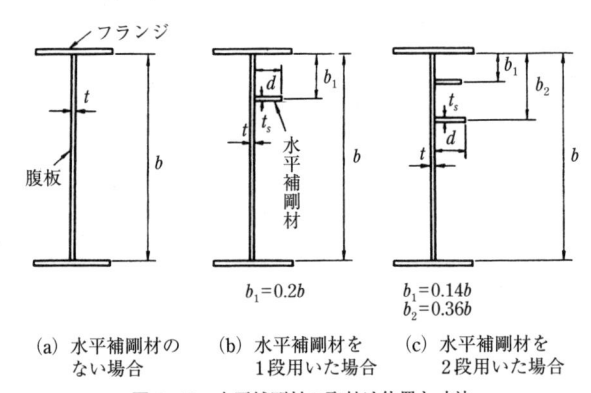

図 6.18 水平補剛材の取付け位置と寸法

(a) 水平補剛材のない場合
(b) 水平補剛材を1段用いた場合　$b_1=0.2b$
(c) 水平補剛材を2段用いた場合　$b_1=0.14b$，$b_2=0.36b$

を原則とする.また,腹板の現場連結部では,水平補剛材を省略することができる.

b. 水平補剛材の剛度

道路橋では,水平補剛材の断面二次モーメント I_h (cm^4) を次式で求めた値以上としている.

$$I_h \geq \frac{bt^3}{11}\gamma_{h\,req} \tag{6.45}$$

ここに,水平補剛材の必要剛比 $\gamma_{h\,req}$ は,

$$\gamma_{h\,req} = 30.0\left(\frac{a}{b}\right) \tag{6.46}$$

である.記号は式 (6.44) のものに準じる.また,水平補剛材の断面二次モーメント I_h は,図 6.18 (b) と (c) を参照すると,$I_h = t_s d^3/3$ であることに注意を要する.

6.4.4 荷重集中点の補剛材

プレートガーダーの主げたの支点,および床げた,縦げた,対傾構などの取付け部のような荷重集中点には,必ず垂直補剛材を設ける.

荷重集中点の垂直補剛材は,軸方向圧縮力を受ける柱として設計する.その際,柱としての有効断面積は図 6.19 に示すように,補剛材断面に腹板のうち補剛材取付け部から両側にそれぞれ腹板厚の 12 倍までの斜線部面積を加算した値とする.ただし,全有効断面積は補剛材の断面積の 1.7 倍を超えないものとする.また,断面二次モーメントは腹板中心軸まわりで計算し,柱の有効座屈長はけた高の 1/2 とする.さらに,補剛材の突出幅 d と板厚 t_s の関係は,補剛材自身の局部座屈を避けるために,表 6.2 を満足しなければならない.

図 6.20 に示すような端補剛材は,全支点反力を受ける柱として設計し,軸方向圧縮応力度の照査が行われる.腹板の有効幅は材質などによって変動するが,設計を簡略化するため,すべての材質に対して板厚の 24 倍としている.端補剛材は腹板の両側に対称に設け,できるだけフランジの両縁に達するまで延ばし,上下フランジと腹板に溶接しなければならない.また,連続げたの固定支承上の腹板は,地震時に圧縮力を生じることがあるので,座屈などの損傷を防ぐためには腹板を補剛材などで補強することが望ましい.

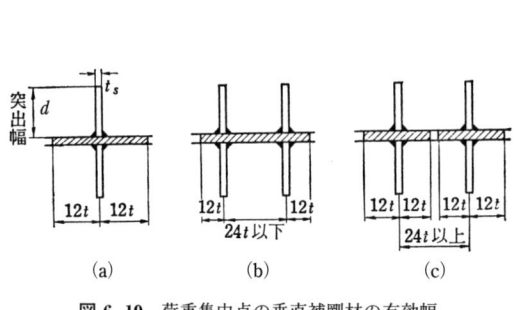

図 6.19 荷重集中点の垂直補剛材の有効幅

図 6.20 端補剛材

6.5 対傾構と横構

主げた相互間の位置を保ち，風荷重や地震荷重のような横力に抵抗し，偏心荷重による主げたの過大なねじり変形を防ぐために，対傾構（sway bracing）および横構（lateral bracing）が設けられる．

6.5.1 端対傾構

プレートガーダー橋の支点には，各主げた間に端対傾構（end sway bracing）を設けなければならない．端対傾構は床版重量とT荷重を支持し，風や地震の横荷重を支承に伝達する役目をもっている．風荷重と地震荷重は，割増し係数を考慮して比較し，どちらか作用の大きい方の荷重を用いて設計する．

プレートガーダー橋の構造形式やけた高に応じて，端対傾構の形式は図6.21に示すようなものがある．対傾構の部材には山形鋼を用いることが多い．箱形断面プレートガーダー橋では，偏心荷重載荷にともなう断面変形（ずれ変形，distortion）を防止するとともに，製作，運搬，架設時の断面形状を保持するために，ダイヤフラム（隔壁，diaphragm）が設けられる．箱げたの支点部に設けられるものを支点上ダイヤフラムという．それ以外の箱げた内部に設けられるものを中間ダイヤフラムという．

斜角を有する多主げた橋では，支点付近のけたに直角に剛な対傾構を組むと，左右の主げたのたわみ差により二次応力が発生する．端対傾構は支点を結ぶ線状

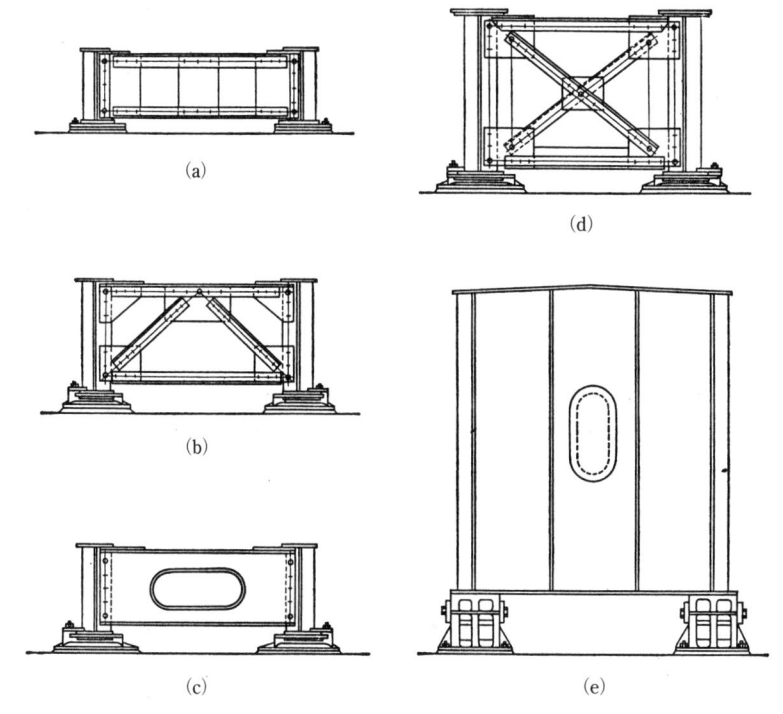

図 6.21 端対傾構の形式

に斜めに組むのが望ましい．また，斜角の厳しい多主げた橋では，対傾構や横げたのせん断剛性に比べて，主げたのねじり剛性が小さいことから，コンクリート床版の打設時には「けた倒れ」という現象が生じる．このけた倒れは，床版，高欄，伸縮継手などの形状に不具合をきたし，主げたの上フランジに二次応力を発生させることになるので，製作・架設時に適切な対策が必要とされる[9]．

6.5.2 中間対傾構

I形断面プレートガーダー橋では，荷重の過大な集中を緩和し，主げた間相互のたわみを抑制するために，中間対傾構（intermediate sway bracing）を設ける．中間対傾構の間隔を表6.8に示す．箱形断面プレートガーダー橋では，活荷重の分配作用が大きく，ねじり荷重にも安定性があるため，十分な設計，製作，施工を行う場合，対傾構の間隔が6mを超えることが許されている．

道路橋において，床版が3本以上の主げたで支持され，かつ，けたの支間が10

表 6.8 中間対傾構の間隔

断面形状	道路橋	鉄道橋
I形断面プレートガーダー	フランジ幅の30倍以下，かつ6m以内	圧縮フランジ幅の20倍以下かつ8m以内
箱形断面プレートガーダー	I形断面に準ずる	腹板中心間隔の4倍以下かつ8m以内

mを超える場合には，剛な荷重分配横げたを設けなければならない．ただし，荷重分配横げたの間隔は20m以内とする．

荷重分配作用を期待する対傾構は，主要部材としてL荷重で設計する．荷重分配横げたの応力は格子げた理論により計算される．この場合，図6.22に示すように，単位荷重1が作用する単純トラスの中央鉛直たわみδと，同様の荷重載荷による単純げたの中央鉛直たわみδとが同値となるように，中間対傾構の曲げ剛性を換算する．

下路プレートガーダー橋では，横荷重による変形を防止するために，図6.23に示すようなニーブレース（knee brace）を設ける．ニーブレース板は，主げたの垂直補剛材と床げたとの結合部に取り付けられる．この場合，次式による水平横力 H（N）に対して十分な強度をもつように設計しなければならない．

$$H = \frac{A_c \sigma_c}{100} \tag{6.47}$$

ここに，A_c：上フランジ断面積（mm^2），σ_c：上フランジに作用する曲げ圧縮応力の最大値（N/mm^2）である．この考え方は，ポニートラス（pony truss）の垂直材および床げたとの連結部を設計するときの横力の算定にも用いられる．

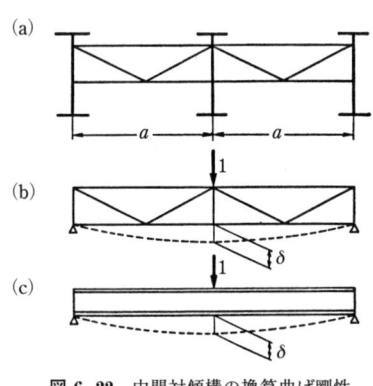

図 6.22 中間対傾構の換算曲げ剛性

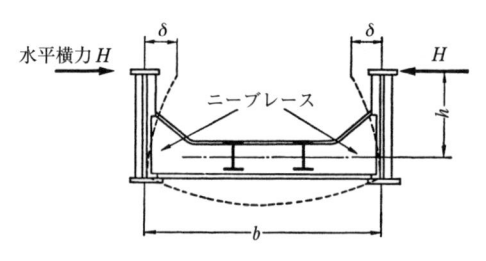

図 6.23 ニーブレースによる補剛

なお，ニーブレースに耐力を期待しない場合でも，図6.24に示すように，ニーブレース板の自由辺の長さは板厚の60倍以下とする．もしも60倍を超えるような場合には，ニーブレース板にフランジを取り付けて座屈を防止する必要ある．

図 6.24 ニーブレースの自由辺

6.5.3 横　構

プレートガーダー橋では，横荷重に抵抗するとともに，ねじり変形に対する剛性を確保するために，横構を設ける．主げたの上側部分に配置したものを上横構（upper lateral bracing），下側部分に配置したものを下横構（lower lateral bracing）という．

図6.25は，道路橋における横構の組み方を示したものである．一般に，2本あるいは3本主げたの場合には，主げたの間の全面に横構を組む．しかし，主げた本数が多い場合には，端部の主げた間のみに横構を取り付け，中間の主げた間には横構を省略する．

上路プレートガーダー橋で床組が横荷重に対してとくに強固なもの，たとえば，RC床版，PC床版および鋼床版などで，床組と主げたが確実に結合されている場合は，上横構を省略してよい．また，支間が25 m以下で強固な対傾構がある場合は，下横構を省略することができる．

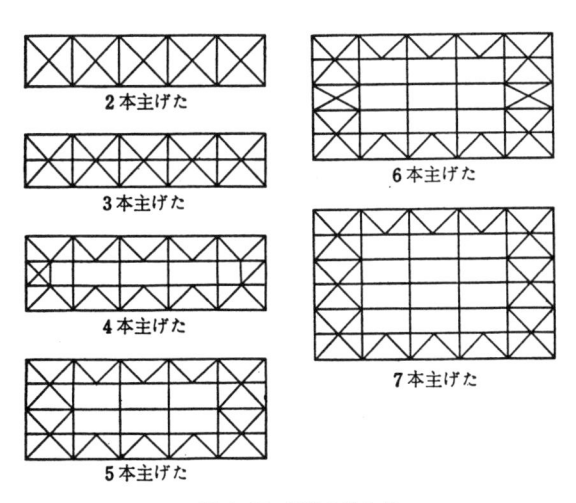

図 6.25　横構の組み方

一般に，横構は架設時にけた形状を確保する上できわめて有効であり，みだりに省略しない方がよい．とくに，現場打ちコンクリート床版を用いた箱形断面プレートガーダー橋では，コンクリートの打設順序により，横方向に大きな変形をともなう横倒れ座屈（lateral buckling）現象が生じるので注意を要する．また，曲線げた橋においては，横構を省略すると構造物全体のねじり抵抗が不足して危険な状態となるので，下横構を省略してはならない．さらに，主げた間隔の狭い2主げた橋では，全体横倒れ座屈が支配的となることがあるので，横構の設計には十分注意しなければならない．

横構には，山形鋼やT形鋼を用いて，圧縮部材あるいは引張部材として設計される．横構は二次部材として取り扱うため，トラス橋の主要部材のように，厳密な部材力計算を必要としない．

たとえば，図6.25のような2本主げたに対するダブルワーレン（double warren）形の横構について，その部材力を算定するとしよう．この場合は，横荷重の作用方向によって，同一部材でもその軸力は変化する．そこで，簡単化のために，以下のような2つの場合に分けて，横構の部材力を求める．まず，図6.26(a)に示すように，破線の部材はないものとしたプラットトラスとして，つねに斜材は引張部材として計算する．もう一つは，図6.26(b)に示すように，両斜材とも有効とし，その格間に作用するせん断力を半分ずつ受けもつものとして部材力を計算する．したがって，横構の部材力は，その格間の水平荷重によるせん断力をQとすると，次のように求められる．

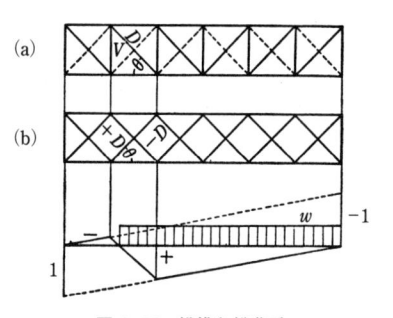

図6.26 横構と横荷重

図6.26(a)の場合：$D = +\dfrac{Q}{\sin\theta}$ (6.48a)

図6.26(b)の場合：$D = \pm\dfrac{Q}{2\sin\theta}$ (6.48b)

ここに，D：横構の部材力，θ：主げたと横構との間の角度である．

風荷重や地震荷重によるせん断力Qの計算には，Qの影響線を用いてその最大値を算定する．横構の部材力Dが式(6.48)より求められると，圧縮および引張許容応力度から，横構の断面積が算定される．

6.5.4 部材設計上の留意事項

a. スラブ止め

非合成のプレートガーダー橋では，鉄筋コンクリート床版を鋼げたに定着させるために，図6.27に示すようなスラブ止め（slab anchor）を1 m以下の間隔で設置する．なお，次章で述べる合成げた橋には，鉄筋コンクリート床版と鋼げたを力学的に一体化するために，スタッドなどのずれ止め（shear connector）が使用され，スラブ止めとは区別される．

(a) 棒鋼を使用する場合　　　　　(b) 鋼板を使用する場合

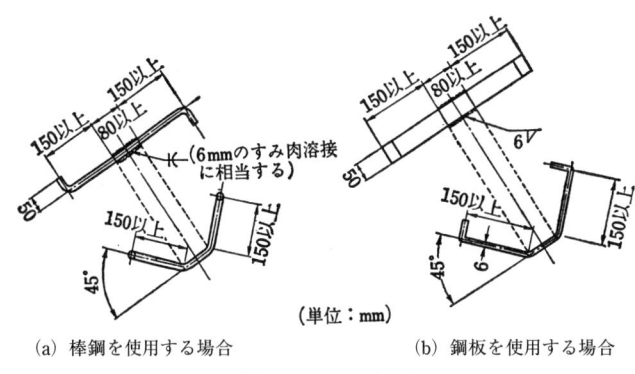

図 6.27　スラブ止め

b. 部材の細長比

対傾構や横構の設計では，部材力が主要部材に比べて小さいことから，かなり細長い部材の使用が可能となる．細長い部材では，剛性が不足して思わぬ振動が生じたり，運搬中に破損する可能性があるため，細長比の規定が設けられている．部材の細長比は表6.9に示す値以下とする．

なお，主要部材（principal member）とは，橋の主構造および床組など主要な構造部分を構成する部材をいい，一次部材ともいう．対傾構や横構のように主要部材以外の二次的な機能をもつ部材を二次部材（secondary member）という．ただし，橋を立体骨組構造として解析し，設計する場合の横構や対傾構は，主要部材とし

表 6.9　部材の細長比

部　　材		細長比 (l/r)
圧縮部材	主要部材	120
	二次部材	150
引張部材	主要部材	200
	二次部材	240

l：引張部材では骨組長，圧縮部材では有効座屈長
r：部材総断面の断面二次半径

て取り扱う.

c. 山形鋼およびT形鋼の部材設計

圧縮応力を受ける部材を圧縮部材（compression member）という．山形鋼およびT形鋼は対傾構や横構のような二次部材に多用される．これらの部材のフランジは，ガセット（gusset plate）を介して主げたと連結されるが，図6.28に示すように，その重心がガセット面と偏心した状態となる．このように偏心のある部材に軸方向圧縮力が作用する場合，偏心による曲げモーメントの影響を考慮して，次式により部材設計してよい．

$$\frac{P}{A_g} \leq \sigma_{ca}\left(0.5 + \frac{l/r_x}{1\,000}\right) \tag{6.49}$$

ここに，P：軸方向圧縮力（N），A_g：部材の総断面積（mm^2），σ_{ca}：3.2.3項で述べた許容軸方向圧縮応力度（N/mm^2），l：有効座屈長（mm），r_x：x軸まわりの断面二次半径（mm）である．

一方，引張応力を受ける部材を引張部材（tension member）という．図6.29に示すように，1本の山形鋼による引張部材，あるいは1枚のガセットの同じ側に背中合せに取り付けられた2本の山形鋼による引張部材の有効断面積は，ガセットに連結された脚の純断面積に，連結されていない脚の純断面積の1/2を加えたものとする．これは，山形鋼の圧縮部材の場合と同様に，偏心による曲げモーメントの影響を考慮したことによる．図6.30に示すように，2本の山形鋼で構成される引張部材が，ガセットの両側に背中合せに取り付けられた場合は，その全

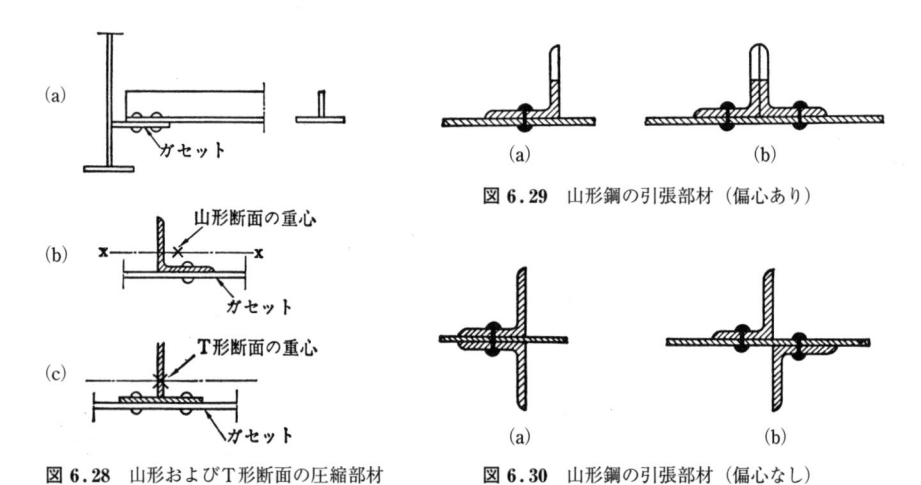

図 6.28 山形およびT形断面の圧縮部材

図 6.29 山形鋼の引張部材（偏心あり）

図 6.30 山形鋼の引張部材（偏心なし）

純断面積を有効とする．

d. 相反応力部材と交番応力部材

活荷重 L（衝撃を含む）による応力の符号と死荷重 D による応力の符号が異なる場合，この応力を相反応力（reversal stress）という．また，この相反応力を生じる部材を相反応力部材という．連続げたの中間支点付近やトラス橋の腹材（垂直材と斜材）などは，相反応力部材である．

相反応力部材は，一般に活荷重応力の占める割合が大きく，活荷重がわずかに増大する場合でも，部材応力の増大する率が他の部材に比べて大きいので，将来の活荷重の増大を考慮して，活荷重を30％増しとする．すなわち，$(D+1.3L)$ に対して設計する．ただし，死荷重による応力が活荷重による応力の30％より小さい場合は，死荷重を無視し，活荷重のみを考慮するものとする．また，この場合の活荷重は割増しを行わない．

活荷重の載荷状態によって生じる応力が，圧縮になったり引っ張りになったりする場合，この応力を交番応力（alternating stress）という．また，この交番応力を受ける部材を交番応力部材という．風向きによって応力が交番する横構の腹材，およびトラス橋やアーチ橋の支間中央付近の腹材などが，これに当たる．交番応力部材は，各応力に対して安全に抵抗できる断面として設計しなければならない．とくに，圧縮応力には，座屈に対する検討が必要である．

6.6 たわみの許容値とそり

6.6.1 たわみの許容値

プレートガーダー橋の各部材の応力度が許容応力度以内におさまったとしても，たわみ（deflection）が大きいと，床版や床組に付加的な二次応力が発生したり，人の歩行性や車両の走行性に悪影響を与えたり，また揺れやすくなり環境振動問題を起こす原因となるので，けたには所要の剛性をもたす必要がある．

このような理由により，橋には表6.10に示すたわみ制限が設けられている．すなわち，活荷重（衝撃を含まない）による鋼橋の主げた，床げたおよび縦げたのたわみは表6.10に示す値以下としなければならない．とくに，プレートガーダー形式の鋼げたのたわみは，鉄筋コンクリート床版に及ぼす影響が大きいため，細かい規定がなされている．表中の L は支間長（m）を表す．なお，他の橋梁形式のたわみ制限も合わせて表6.10に示す．

表 6.10 たわみの許容値（道路橋）

橋 の 形 式			最 大 た わ み	
	床 版 の 形 式		単純支持げた および連続げた	ゲルバーげ たの片持部
プレートガ ーダー形式	鉄筋コンクリー ト床版をもつプ レートガーダー	$L \leqq 10\,\mathrm{m}$	$L/2\,000$	$L/1\,200$
		$10 < L \leqq 40\,\mathrm{m}$	$\dfrac{L}{20\,000/L}$	$\dfrac{L}{12\,000/L}$
		$L > 40\,\mathrm{m}$	$L/500$	$L/300$
	その他の床版をもつ プレートガーダー		$L/500$	$L/300$
吊 橋 形 式			$L/350$	
斜 張 橋 形 式			$L/400$	
そ の 他 の 形 式			$L/600$	$L/400$

6.6.2 そ り

死荷重により橋にはたわみが生ずる．このたわみが大きいと，橋面の縦断勾配が確保されないことから，けたをあらかじめ上方に上げ越して工場製作する．この上げ越しをそり（キャンバー，camber）という．

支間が 25 m 以上の道路橋では，そりを付けることを原則としている．支間 25 m 未満の道路橋では，一般に死荷重によるたわみが小さく，圧延形鋼を使用する場合も多いことから，製作上の便宜を考慮して，そりを付けなくてもよい．

演 習 問 題

6.1 次の用語について説明せよ．
(1)少数主げたと多主げた，(2)図心とせん断中心，(3)ベルヌーイ-オイラー梁とチモシェンコ梁，(4)縁応力度とせん断応力度，(5)単純ねじりとそりねじり，(6)そり関数，(7)ブレットの公式，(8)相当応力度，(9)経済的けた高，(10)後座屈強度，(11)縦横比，(12)ダイヤフラム，(13)端対傾構と中間対傾構，(14)ニーブレース，(15)上横構と下横構，(16)スラブ止めとずれ止め，(17)細長比，(18)主要部材と二次部材，(19)相反応力と交番応力，(20)たわみ制限．

6.2 プレートガーダー橋には，I 形断面，π 形断面，および箱形断面が使用される．これらの断面を使用したプレートガーダー橋の特徴について述べよ．

6.3 曲げおよびねじりにともなうプレートガーダーの応力について説明し，その応力照査の方法について述べよ．

6.4 プレートガーダーの補剛材の種類と，その使用目的について述べよ．

6.5 最近，製作・架設コストの縮減を図った新しいプレートガーダー橋が開発されている．その特徴について述べよ．

6.6 対傾構および横構の特徴と設計上の留意事項について述べよ．

図 6.31

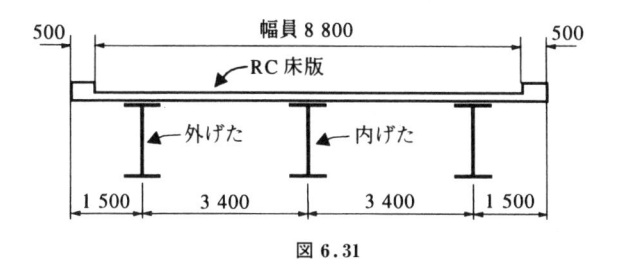

6.7 図 6.31 に示す 3 本主げたを設計する場合, B 活荷重 (L 荷重) による荷重強度を求めよ. ただし, 単純げた橋の支間長は 35 m とし, 曲げモーメントに関する活荷重強度を計算せよ.

6.8 演習問題 6.7 において, 主げた中央断面に発生する最大曲げモーメント M_{max} を求めよ. ただし, 衝撃の影響も考慮する.

6.9 図 6.32 に示すように, 単純支持された主げたに曲げモーメント $M = 1\,300$ kN·m, せん断力 $Q = 700$ kN が作用するとき, けたに生ずる縁応力度とせん断応力度を求め, その応力を照査せよ. ただし, 鋼材は SM 400, フランジ固定間距離は 3.8 m とする.

6.10 図 6.33 に示す箱形断面にねじりモーメント $T = 1\,800$ kN·m が作用するとき, せん断応力度を求め, その応力を照査せよ. ただし, 鋼材は SM 490 とする.

6.11 上下フランジ断面が異なる図 6.34 に示すプレートガーダーにおいて, 断面積 A_c と A_t を算定する式 (6.31) を誘導せよ.

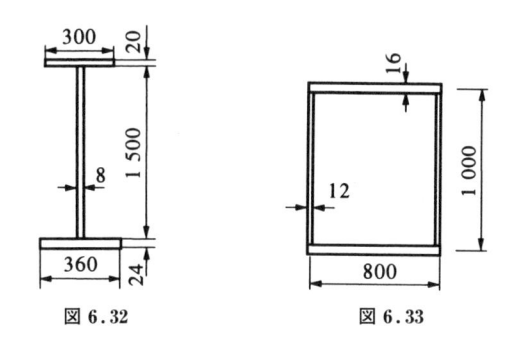

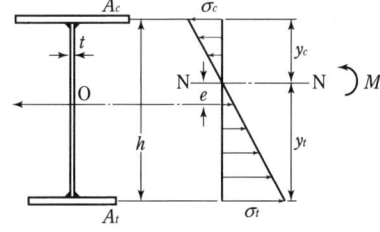

図 6.32　　図 6.33

(a) 非対称 I げた断面　(b) 応力分布

図 6.34

図 6.35

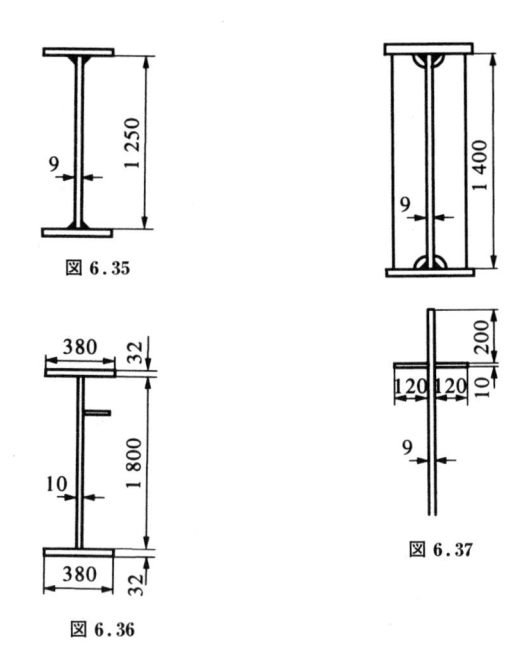

図 6.36

図 6.37

6.12 図 6.35 に示すプレートガーダーの中間補剛材を設計せよ．ただし，腹板の縁圧縮応力度 $\sigma = 80\,\text{N/mm}^2$，せん断応力度 $\tau = 45\,\text{N/mm}^2$ とし，鋼材は SM 400 とする．

6.13 図 6.36 に示すプレートガーダーの片側に水平補剛材を 1 段配置するものとして，その断面を設計せよ．ただし，使用する鋼材は SM 400 とし，中間補剛材の間隔は 1 300 mm とする．

6.14 図 6.37 に示す主げた端部に，支点反力 $R_{max} = 450\,\text{kN}$ が作用している．端補剛材（120 × 10）の軸方向圧縮応力度を求め，その応力を照査せよ．ただし，鋼材は SM 400 とする．

7 合成げた橋

　鉄筋コンクリート床版と鋼げたとをずれ止めで結合し，両者が一体となって荷重に抵抗するけたを合成げた（composite girder）という．また，合成げたを用いた橋梁を合成げた橋という．この橋は，圧縮に強いコンクリートと引っ張りに強い鋼材の性質を合理的に活用したものであり，経済的な設計が可能となる．ここでは，合成げた橋の種類，応力計算，および設計法について述べる．

7.1　合成げたの種類

　いま，合成げたの有用性を見るために，図7.1に示すような幅b，高さh，長さlの2本のはりを単に重ねた「重ねばり」と，ずれ止めまたは接着剤で一体化した「合成ばり」について考える．

　はりに鉛直荷重が作用すると，重ねばりでは上下のはりの間にずれが生じ，2段のはりにはそれぞれ圧縮応力σ_cと引張応力σ_tが生じる．一方，合成ばりは上下のはりの間にずれが生じないように，ずれ止めで結合したものであるから，上下2本のはりは幅b，高さ$2h$の1本のはりとして機能する．したがって，重ねばりと合成ばりの断面二次モーメントの比は1：4となる．さらに，集中荷重Pがけたの中央点に作用した場合の応力度とたわみを比較すると，合成ばりは重ねば

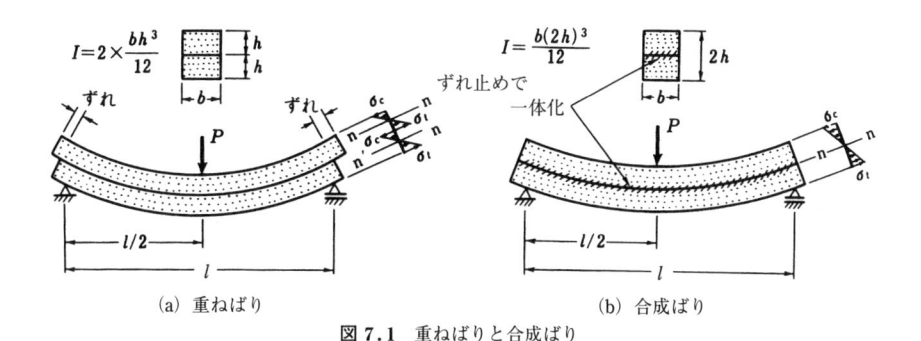

図 7.1　重ねばりと合成ばり

(a) 重ねばり　　(b) 合成ばり

りよりも応力度で 1/2，たわみで 1/4 に低減することができ，合成ばりが有効であることがわかる．

　合成げたは，圧縮側には圧縮に強いコンクリートを，引張側には引っ張りに強い鋼材を使用することにより，異種材料の特性をうまく利用したけた構造である．このような合成げたでは，コンクリート床版（RC 床版）を鋼げたの一部とする協同作用が期待できるため，前章のプレートガーダーに比べて鋼材を節約することができる．また，RC 床版との合成効果により，けた高を低く抑えることができる．したがって，上路プレートガーダー橋は，合成げた橋として設計されることが多い．

　一般に，合成げたの RC 床版は，5.4.1 項で示した有効幅の考え方により，鋼げたの上フランジの一部として断面二次モーメントなどの剛性評価がなされる．したがって，鋼げたの上フランジ断面積は下フランジよりも小さくなり，鋼げたの断面は上下非対称断面となる．鋼げたの上フランジは，少なくとも RC 床版と鋼げたとの間のせん断力に抵抗できるずれ止めを取り付けられる寸法があれば十分である．

　合成げた橋は，コンクリート床版の床版としての作用と主げたの一部としての作用を同時に受けること，コンクリートのクリープ，乾燥収縮，温度差によって応力が生ずるので注意を要する．

　合成げたの種類としては，次のような合成方法がある．

　活荷重合成げた　　架設時にコンクリートの型枠を鋼げたで支えてコンクリートを打設し，死荷重をすべて鋼げたが受けもち，コンクリート硬化後の活荷重に対してのみ合成げたとして抵抗するようにしたものである．これを活荷重合成げたという．コンクリートや鋼げたの死荷重を合成前のけたで支持するため，架設時に支保工を必要としない利点があり，現在，合成げた橋の多くは，活荷重合成げた橋として設計されている．

　死活荷重合成げた　　架設時に支保工や架設用トラスを設けて鋼げたを支え，コンクリート硬化後に支保工などを取り外し，死荷重と活荷重の両者に対して合成げたとして抵抗するようにしたものである．これを死活荷重合成げたという．活荷重合成げたに比べて，鋼げたの断面を小さくできる利点はあるが，支保工などに相当の工費を要すること，また，地盤の悪いところでは，支保工の沈下により所定の合成効果が期待できないことにより，死活荷重合成げたは，けた高制限を受けるような特別な場合を除いて使用されることが少ない．

プレストレス合成げた　連続げたに合成げたを採用すると，中間支点位置で負の曲げモーメントが発生することにより，コンクリート床版には引張応力が発生し，ひび割れの原因となる．これを防止するために，床版にプレストレスを導入したのが，プレストレス合成げたである．プレストレスの導入方法としては，中間支点を一度上げ越して架設し，コンクリート硬化後に正規の位置に下げてプレストレスを導入する方法（支点沈下工法），PC鋼棒の緊張などによりプレストレスを導入する方法，また両者を併用する方法がある．連続合成げたでは，設計計算や施工管理が煩雑となることから，実施例は比較的少ない．また，プレストレスしない連続合成げたでは，コンクリート床版のひび割れに対する維持管理が難しいこともあり，非合成げたで設計されることが多い．

このような煩雑さを解消し，合わせて連続げたのもつ経済性，走行性，耐荷力などの長所を取り入れようとする合成げたの設計方法もある．中間支点付近のずれ止めの剛性を小さくし若干のずれを許す弾性合成げた，この領域のずれ止めを省略して非合成とする断続合成げた，部分合成げたの考え方も提案されている．

ここでは，単純げた橋の活荷重合成げたを対象として設計法を述べる．

7.2　合成げたの応力

7.2.1　コンクリート床版の有効幅

合成げたは，RC床版と鋼げたとが曲げモーメントに対して一体となって抵抗する構造である．しかし，RC床版の幅が広いとき，曲げによるコンクリート床版内の垂直応力度 σ は一様に分布しない．いわゆる，せん断遅れ現象が起こる．そこで，5.4節で説明した床版の有効幅が適用され，式(5.7)を用いてコンクリート床版の有効幅が計算される．

通常，RC床版と鋼げたとの接合部には応力集中を緩和するために，1：3よりゆるやかな傾斜を有するハンチ（haunch）が設けられる．しかし，有効幅を計算するときに限り，図7.2に示すように，ハンチの角度を45°とみなして取り扱うものとする．単純合成げた橋の床版の幅 b と有効幅 λ は，橋軸方向に沿って一定とする．

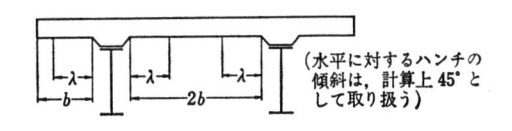

図7.2　床版の幅 b と有効幅 λ のとり方

7.2.2 合成げたの断面定数

合成げたの応力計算は，コンクリート断面を鋼断面に換算することにより行われる．合成げたの応力計算に用いられる主な記号（図7.3を参照）を，以下にまとめて示す．

E_c：コンクリートのヤング係数（N/mm^2），
E_s：鋼のヤング係数（N/mm^2），
E_{sp}：PC鋼棒のヤング係数（N/mm^2），
$n = E_s/E_c$：鋼とコンクリートとのヤング係数比，
$n_p = E_s/E_{sp}$：鋼とPC鋼棒とのヤング係数比，
φ_1, φ_2：コンクリートのクリープ係数，
A_c：コンクリート床版の断面積（mm^2），
A_s：鋼げたの断面積（mm^2），
A_{sr}：コンクリート床版の鉄筋のみの断面積（mm^2），
A_p：PC鋼棒の断面積（mm^2），
I_c：コンクリート断面の図心Cに関する断面二次モーメント（mm^4），
I_s：鋼げたの図心Sに関する断面二次モーメント（mm^4），
b_0：コンクリート床版のハンチの最小値（mm），
h：合成げたの全高（mm），
h_0：コンクリート床版の厚さ（mm），
h_c：鋼げた上フランジ上面からコンクリート床版の上面までの距離（mm），
h_s：鋼げたの高さ（mm），
d：コンクリート断面の図心Cと鋼げたの図心Sとの距離（mm），
d_c, d_s：鋼に換算した合成断面の図心Vから図心Cと図心Sまでの距離（mm），
d_{sr}：鋼に換算した合成断面の図心Vから鉄筋の図心までの距離（mm），
d_p：鋼に換算した合成断面の図心VからPC鋼棒の図心までの距離（mm），
y_{cu}, y_{cl}：図心Cからコンクリート断面の上縁，下縁までの距離（mm），
y_{su}, y_{sl}：図心Sから鋼げたの上縁，下縁までの距離（mm）．

図7.3を参照し，かつ上に示した記号を用いて，合成げたの断面定数を以下に示す．

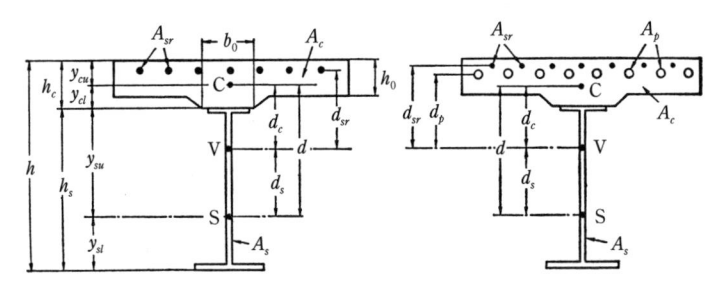

(a) PC鋼材を使用しない合成断面　　(b) PC鋼材を使用した合成断面

図7.3　合成げたの断面と記号

a．PC鋼棒を使用しない場合の合成断面

鋼に換算した合成げたの総断面積 A_v と中立軸まわりの総断面二次モーメント I_v は次のようになる．

$$A_v = A_s + A_{sr} + \frac{1}{n}A_c \tag{7.1a}$$

$$I_v = I_s + A_s \cdot d_s^2 + A_{sr} \cdot d_{sr}^2 + \frac{1}{n}I_c + \frac{1}{n}A_c \cdot d_c^2 \tag{7.1b}$$

合成げたの床版に用いるコンクリートの設計基準強度 σ_{ck} の範囲は，おおよそ 27 N/mm² ～ 30 N/mm² (270 ～ 300 kgf/cm²) と考えられる．また，コンクリートのヤング係数 E_c は設計基準強度や品質によって異なる．しかし，合成げたの断面力や変位を計算する場合には，E_c=3.0 × 10⁴ N/mm² (3.0 × 10⁵ kgf/cm²) を標準とし，ヤング係数比（ratio of Young's modulus）$n=E_s/E_c$ は 7 とする．

b．PC鋼棒を使用した場合の合成断面

PC鋼棒を使用した場合の合成断面は次のようになる．

$$A_v = A_s + A_{sr} + \frac{1}{n_p}A_p + \frac{1}{n}A_c \tag{7.2a}$$

$$I_v = I_s + A_s \cdot d_s^2 + A_{sr} \cdot d_{sr}^2 + \frac{1}{n_p}A_p \cdot d_p^2 + \frac{1}{n}I_c + \frac{1}{n}A_c \cdot d_c^2 \tag{7.2b}$$

ここで，PC鋼棒のヤング係数としては，E_p=2.0 × 10⁵ N/mm² (2.0 × 10⁶ kgf/cm²) の値が用いられる．

c．合成げたの近似的な合成断面

上述した合成断面の中で，鉄筋や PC 鋼棒の断面積は鋼やコンクリートの断面積に比較して，かなり小さいことから，これらを無視すると次式を得る．

$$A_v = A_s + \frac{1}{n}A_c \tag{7.3a}$$

$$I_v = I_s + A_s \cdot d_s^2 + \frac{1}{n}(I_c + A_c \cdot d_c^2) = I_s + A_v d_s d_c + \frac{1}{n}I_c \tag{7.3b}$$

ただし，

$$d_s = \frac{A_c}{nA_v}d, \quad d_c = \frac{A_s}{A_v}d \tag{7.4a·b}$$

である．ここで，コンクリート床版と鋼げたとの図心間距離 d が与えられると，上式より合成断面の A_v と I_v が近似的に求められる．通常，合成げたの応力計算

には，これらの近似式が用いられる．

7.2.3 曲げモーメントによる応力

合成げたの断面は，平面保持の法則にしたがって変形するものとし，前章のプレートガーダーと同様に，応力と変位を計算することができる．

いま，図7.4に示すように，合成げたのある断面内に曲げモーメントM_0が作用する場合，これをコンクリート断面と鋼げた断面が受けもつ曲げモーメントM_{c0}およびM_{s0}と軸方向力N_{c0}およびN_{s0}とに分解することを考える．図7.4(a)に示すように，分担曲げモーメントM_{c0}，M_{s0}，および軸方向力N_{c0}，N_{s0}は力のつり合い条件から次式を満足する．

$$\sum M = 0 : M_{c0} + M_{s0} + N_{s0} \cdot d = M_0 \tag{7.5a}$$
$$\sum H = 0 : N_{c0} = N_{s0} \tag{7.5b}$$

さらに，図7.4(b)に示すように，ひずみと変位の適合条件式より，

$$\text{曲率の連続性}: \frac{M_{c0}}{E_c I_c} = \frac{M_{s0}}{E_s I_s} \tag{7.6a}$$

$$\text{軸方向変位}: \frac{N_{c0}}{E_c A_c} + \frac{N_{s0}}{E_s A_s} = \frac{M_{s0}}{E_s I_s} \cdot d \tag{7.6b}$$

を得る．ここで，未知量M_{c0}，M_{s0}，N_{c0}，N_{s0}の4個に対する連立方程式が，式(7.5)と式(7.6)の4個の条件式である．したがって，これらを解くと次式が得られる．

$$M_{s0} = \frac{I_s}{I_v} M_0, \quad M_{c0} = \frac{I_c}{n I_v} M_0 \tag{7.7a·b}$$

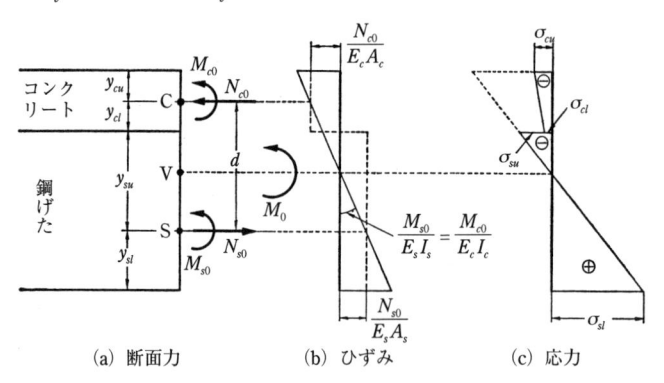

図 7.4 曲げモーメントが作用する合成げた

$$N_{s0} = N_{c0} = \frac{A_c d_c}{n I_v} M_0 = \frac{A_s d_s}{I_v} M_0 \tag{7.7c}$$

ゆえに，分解された曲げモーメントと軸方向力が求められたので，コンクリート床版の上縁応力度 σ_{cu}，コンクリート床版の下縁応力度 σ_{cl}，鋼げたの上縁応力度 σ_{su}，鋼げたの下縁応力度 σ_{sl} は，図7.4(a) を参照して，

$$\sigma_{cu} = -\frac{N_{c0}}{A_c} - \frac{M_{c0}}{I_c} y_{cu}, \quad \sigma_{cl} = -\frac{N_{c0}}{A_c} + \frac{M_{c0}}{I_c} y_{cl} \tag{7.8a·b}$$

$$\sigma_{su} = +\frac{N_{s0}}{A_s} - \frac{M_{s0}}{I_s} y_{su}, \quad \sigma_{sl} = +\frac{N_{s0}}{A_s} + \frac{M_{s0}}{I_s} y_{sl} \tag{7.8c·d}$$

となる．上式(7.8)で得られた曲げ応力度は図7.4(c)のようになる．ここで，ひずみ分布は図7.4(b)に示すように，平面保持の法則より連続性が保たれているが，曲げ応力分布は図7.4(c)に示すように，コンクリート床版下部と鋼げた上部との間で不連続となる．しかし，合成断面のヤング係数比 n より，$\sigma_{su} = n\sigma_{cl}$ の関係が常に成り立つことに注意しなければならない．

7.2.4 クリープによる応力

コンクリートにある一定荷重を持続して作用させると，時間の経過とともに，ひずみが増大する現象がある．これをクリープ（creep）という．合成げたでは，持続荷重（死荷重やプレストレス力）によるコンクリートの塑性変形，すなわち，クリープによる応力変動を計算しておかなければならない．

クリープによるひずみは，図7.5(a)に示すように，初期には増加の割合が大きく，時間の経過とともに増加の割合が低下し，数年後には一定になる性質がある．このコンクリート床版に発生するクリープひずみを鋼げたが拘束することによって，合成げた断面に応力が発生する．

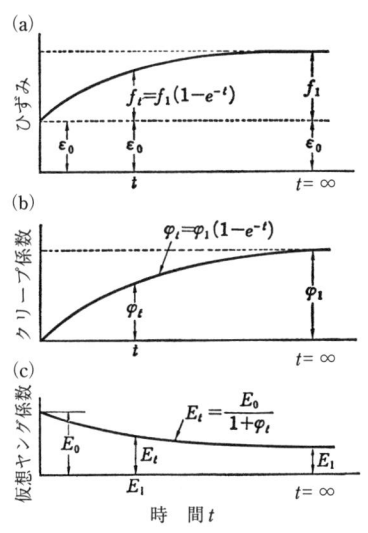

図7.5 持続荷重によるコンクリートの塑性変形

a. コンクリートの応力度が一定である場合

いま，コンクリートにある一定荷重が作用すると，コンクリートの初期の弾性ひずみ ε_0 が生じる．その後，この荷重をそのまま持続させると時間 t において，塑性変形にともなう塑性ひずみ f_t を生じ，最終的には塑性ひずみの終極値 f_1 の一定値となる．したがって，塑性ひずみ f_t は次のように表される．

$$f_t = f_1 \cdot (1 - e^{-t}) \tag{7.9}$$

さらに，塑性ひずみの終極値 f_1 と弾性ひずみ ε_0 との比をクリープ係数 φ_1 (creep coefficient) という．つまり，

$$\varphi_1 = \frac{f_1}{\varepsilon_0} \tag{7.10}$$

と表される．したがって，各時刻 t におけるクリープ係数 φ_t は，次式のようになる．

$$\varphi_t = \frac{f_t}{\varepsilon_0} = \frac{f_1}{\varepsilon_0}(1 - e^{-t}) = \varphi_1(1 - e^{-t}) \tag{7.11}$$

これを図示すると，図 7.5 (b) のようになる．クリープ係数 φ_1 は，コンクリートの養生，湿潤状態，品質などに関係し，材齢の若い時期から持続荷重を作用させるほど大きくなる．道路橋示方書では，クリープ係数 $\varphi_1=2.0$ を標準としている．

このクリープ係数を用いると，クリープ終了後の総ひずみ量 ($\varepsilon_\infty = \varepsilon_0 + f_1$) は，

$$\varepsilon_\infty = \varepsilon_0 + f_1 = \varepsilon_0 + \varphi_1 \varepsilon_0 = \varepsilon_0(1 + \varphi_1) \tag{7.12}$$

となる．ここで，持続荷重によるコンクリートの一定応力を σ_c，時刻 $t=0$ のときのヤング係数を E_0，終極時 $t=\infty$ のときのひずみ ε_∞ を与える仮想ヤング係数を E_∞ とすると，式 (7.12) より，

$$\frac{\sigma_c}{E_\infty} = \frac{\sigma_c}{E_0}(1 + \varphi_1) \tag{7.13}$$

を得る．この両辺を σ_c で除し，鋼のヤング係数 E_s を両辺に掛けると，見かけ上のヤング係数比 n' は次のようになる．

$$n' = n(1 + \varphi_1) \tag{7.14}$$

単純げた橋の活荷重合成げたの場合，舗装，高欄，地覆などの後死荷重によるクリープの影響は小さいので，近似的に n の代わりに n' を用いて応力計算をしても大きな差異はない．コンクリートの見かけ上のヤング係数 E_t を図 7.5 (c) に示す．

以上は，当初のコンクリートの応力度 σ_c が一定とした場合の計算方法である．

次に，時間の経過とともに，コンクリートの応力度 σ_c が変化する場合について考える．

b．コンクリートの応力度がある時刻 t で変化する場合

時刻 t におけるコンクリートのクリープ係数 φ_t，応力度 σ_t およびひずみ ε_t は，それぞれ式(7.11)，式(7.13)，および図7.6より，

$$\varphi_t = \varphi_1(1-e^{-t}), \quad \sigma_t = \sigma_c + (\sigma_n - \sigma_c)(1-e^{-t}), \quad \varepsilon_t = (\sigma_t/E_c)(1+\varphi_t) \quad (7.15\text{a-c})$$

とおくことができる．ここに，σ_c：コンクリートの初期応力度，σ_n：クリープによるコンクリートの終期応力度，E_c：コンクリートのヤング係数である．

以上の式より，クリープによる応力度の増分量 $\Delta\sigma = \sigma_n - \sigma_c$ とひずみの増分量 $\Delta\varepsilon = \varepsilon_n - \varepsilon_c$ を求めると次式となる．

$$\Delta\sigma = E_{c1}\left(\Delta\varepsilon - \frac{\sigma_c}{E_c}\varphi_1\right), \quad \Delta\varepsilon = \frac{\Delta\sigma}{E_{c1}} + \frac{\sigma_c}{E_c}\varphi_1 \quad (7.16\text{a·b})$$

ここに，$E_{c1} = E_c/(1+\varphi_1/2)$ である．式(7.16b)より，ひずみの増分量 $\Delta\varepsilon$ は，コンクリートのヤング係数 E_c の代わりに E_{c1} とした応力度の増分量 $\Delta\sigma$ によるひずみ $\Delta\sigma/E_{c1}$ と，鋼げたによる拘束を受けない場合のひずみ $(\sigma_c/E_c)\varphi_1$ との合計として表される．

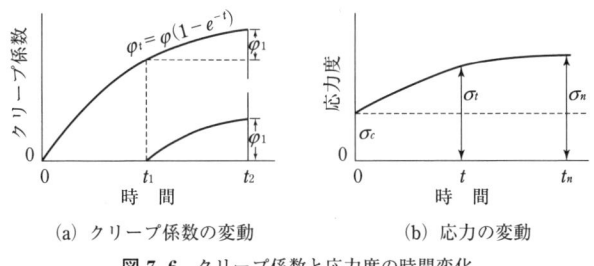

図7.6 クリープ係数と応力度の時間変化

(a) クリープ係数の変動　　(b) 応力の変動

c．クリープによる応力の算定式

クリープによる応力度の変化 $\Delta\sigma$ の算定方法について以下に説明する．まず，図7.7(a) の合成げた断面を側面から見た図7.7(b) において，鋼げたとコンクリート床版を切り離した場合を考えると，コンクリート床版には，鋼げたによる拘束を受けずに自由に変形し，ひずみ ε_φ を生じる．この自由変位をもとに戻すために，コンクリート床版に引張力 P_φ を作用させ，図7.7(c) のように当初のひずみ状態に戻す．次に，鋼げたとコンクリート床版とを結合して P_φ を解放すれば，

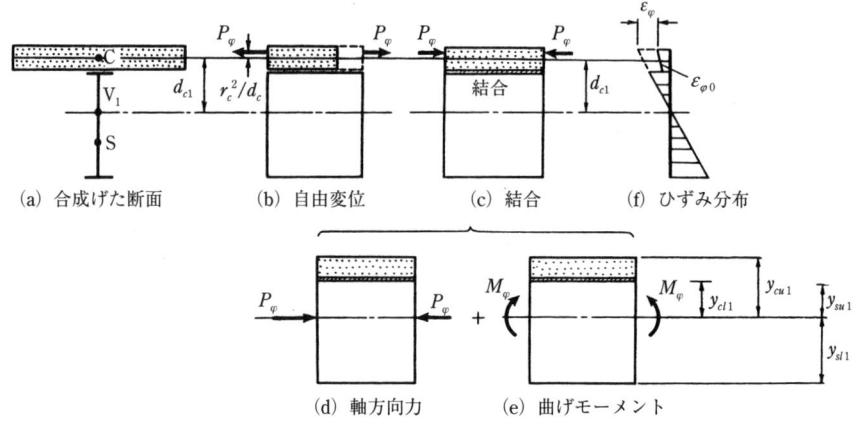

図 7.7 クリープによる断面力の求め方

図 7.7 (d), (e) に示すように，合成断面には図心 V_1 の位置に軸圧縮力 P_φ と曲げモーメント M_φ とが作用する．

したがって，$n=E_s/E_c$ の代わりに，$n_1=E_s/E_{c1}=n(1+\varphi_1/2)$ を用いて求めた合成断面の図心軸 V_1，鋼に換算した断面二次モーメントを I_{v1}，鋼に換算した断面積を A_{v1}，コンクリート床版と合成断面の図心間距離を d_{c1} とすれば，

$$P_\varphi = E_{c1} \cdot A_c \cdot \varepsilon_{\varphi 0} = E_{c1} A_c \frac{N_c}{E_c A_c} \varphi_1 = \frac{2\varphi_1}{2+\varphi_1} N_c \tag{7.17a}$$

$$M_\varphi = P_\varphi (d_{c1} + r_c^2/d_c) \tag{7.17b}$$

となる．ただし，$r_c^2 = I_c/A_c$ である．ここで，N_c はクリープを起こす当初の持続荷重 M_v によって，コンクリート床版に作用する軸方向圧縮力であり，式 (7.7c) より次式のように与えられる．

$$N_c = \frac{A_c d_c}{n I_v} M_v \tag{7.18}$$

最終的に，クリープによる応力度の増分量 $\Delta\sigma$ の算定方法は，次のように行われる．

$$\Delta\sigma_{cu} = \frac{1}{n_1}\left(\frac{P_\varphi}{A_{v1}} + \frac{M_\varphi}{I_{v1}} y_{cu1}\right) - \frac{2\varphi_1}{2+\varphi_1}\sigma_{cu} \tag{7.19a}$$

$$\Delta\sigma_{cl} = \frac{1}{n_1}\left(\frac{P_\varphi}{A_{v1}} + \frac{M_\varphi}{I_{v1}} y_{cl1}\right) - \frac{2\varphi_1}{2+\varphi_1}\sigma_{cl} \tag{7.19b}$$

$$\Delta\sigma_{su} = \frac{P_\varphi}{A_{v1}} + \frac{M_\varphi}{I_{v1}} y_{su1} \quad (圧縮を正) \tag{7.19c}$$

$$\Delta\sigma_{sl} = -\frac{P_\varphi}{A_{v1}} + \frac{M_\varphi}{I_{v1}} y_{sl1} \quad (引張を正) \tag{7.19d}$$

7.2.5 温度差による応力

一様な温度分布，あるいは図7.8(b)に示すように直線的な温度分布を受ける合成げた橋は，温度による応力を生じることはない．しかし，コンクリート床版と鋼げたの外気との接触面積や比熱の違いにより，両者の間に図7.8(c)のように段差のある温度差ΔTが生じるとき，合成げた橋には温度応力（thermal stress）が発生する．

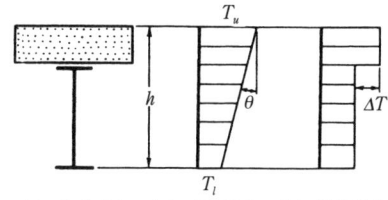

(a) 合成げた　(b) 直線分布　(c) 段差分布

図7.8 合成げたの温度分布

道路橋では，この温度差ΔTは10℃を標準とし，コンクリートと鋼材の線膨張係数αは，どちらも12×10^{-6}/℃として計算する．コンクリート床版が鋼げたよりも10℃高い場合と低い場合それぞれについて照査する．また，コンクリート床版と鋼げた内部の温度分布はそれぞれ一定とし，温度応力によるクリープは無視する．

温度差による応力は，7.2.4項のクリープによる応力を求める考え方と同様に，図7.9より求めることができる．まず，$P_T = E_c \cdot A_c \cdot \varepsilon_T$（ここに，$\varepsilon_T = \alpha \cdot \Delta T$）なる引張力をコンクリート床版のみに作用させ，その後，鋼とコンクリート結合させてP_Tを開放する．その結果，図7.9(d)，(e)に示すように，合成断面には軸方向力P_Tと曲げモーメントM_Tが作用する．

断面定数の計算には，クリープの影響を無視するため，ヤング係数比nをそのまま用いてよい．したがって，軸方向力P_Tと曲げモーメントM_Tは，次式で与えられる．

$$P_T = E_c A_c \cdot \alpha \Delta T = E_s A_c \varepsilon_T / n, \quad M_T = P_T d_c \tag{7.20a·b}$$

ただし，コンクリート床版側の温度が鋼げたよりもΔTだけ低い場合，コンクリート床版の圧縮応力度を正とする．ゆえに，温度差による応力度の算定方法は，次のように行われる．

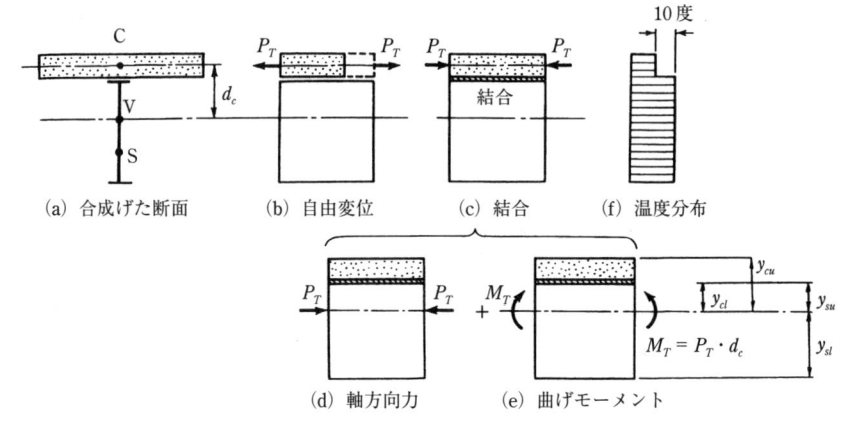

図 7.9 温度差による断面力の求め方

$$\sigma_{cu} = \frac{1}{n}\left(\frac{P_T}{A_v} + \frac{M_T}{I_v}y_{cu}\right) - \frac{E_s \varepsilon_T}{n} \tag{7.21a}$$

$$\sigma_{cl} = \frac{1}{n}\left(\frac{P_T}{A_v} + \frac{M_T}{I_v}y_{cl}\right) - \frac{E_s \varepsilon_T}{n} \tag{7.21b}$$

$$\sigma_{su} = \frac{P_T}{A_v} + \frac{M_T}{I_v}y_{su} \quad (圧縮を正) \tag{7.21c}$$

$$\sigma_{sl} = -\frac{P_T}{A_v} + \frac{M_T}{I_v}y_{sl} \quad (引張を正) \tag{7.21d}$$

7.2.6 乾燥収縮による応力

　コンクリートは打設した後，直ちに乾燥するとともに体積が収縮する．これを乾燥収縮（drying shrinkage）という．コンクリートの乾燥収縮は鋼げたで拘束されることから，合成げたには応力が生じる．道路橋では，コンクリートの乾燥収縮による最終収縮度は，20×10^{-5}を標準としている．また，乾燥収縮にともなうコンクリートの応力は持続的に作用するため，クリープが生じる．収縮の大部分は早期に終了するので，クリープ係数 φ_2 はコンクリートの材齢による補正係数を2にとり，$\varphi_2 = 2\varphi_1 = 4.0$ を標準とする．

　乾燥収縮による応力計算は，前述の7.2.5項の温度差による応力計算と同様である．ただし，クリープによる影響を考慮するため，$n = E_s/E_c$ の代わりに $n_2 = n(1 + \varphi_2/2)$ を，温度によるひずみ ε_T の代わりに最終収縮度 ε_s を用いる．

n_2 を用いて求めた図心軸を V_2，鋼に換算した断面二次モーメントを I_{v2}，鋼に換算した断面積を A_{v2}，コンクリート床版と合成断面の図心間の距離を d_{c2} とすると，式 (7.20) に対応して P_2 および M_{v2} は，

$$P_2 = E_s A_c \varepsilon_s / n_2, \quad M_{v2} = P_2 d_{c2} \qquad (7.22\mathrm{a \cdot b})$$

で与えられる．したがって，式 (7.21) と同様の応力算定式より，乾燥収縮による応力が求められる．

7.3 許容応力度と降伏に対する安全度の照査

7.3.1 荷重の組合せと許容応力度

合成げたの設計においては，死荷重，活荷重，衝撃などの主荷重のほかに，コンクリートのクリープや乾燥収縮の影響，温度差やプレストレスによる応力など，多くの荷重の組合せについて応力照査しなければならない．そのときのコンクリートの許容圧縮応力度は表 7.1 に示す値とする．

コンクリート床版は，床版としての応力と主げた作用としての応力を同時に受けるので，両者に対して安全であるように設計しなければならない．この場合，コンクリートの許容圧縮応力度は $\sigma_{ck}/3.5$ で，かつ，$10\ \mathrm{N/mm^2}$（$100\ \mathrm{kgf/cm^2}$）以下とする．この値は，非合成げたあるいはコンクリート橋の床版（$\sigma_{ck}/3.0$）に比べて小さい．この理由は，合成げたの床版はその応力状態が複雑になること，床版の破損が主げたの安全性に与える影響が大きいことなどを考慮しているためである．

鋼げたの許容応力度の割増しを表 7.2 に示す．合成げたの圧縮フランジは，一般に断面が小さい場合が多い．床版のコンクリート打設時には，フランジの曲げ圧縮応力度を照査しなければならない．この場合，圧縮フランジの固定点間距離は対傾構の間隔とし，表 7.2 の許容応力度の割増しを行う．

表 7.1 コンクリートの許容圧縮応力度

番号	荷 重 の 組 合 せ		許容応力度（N/mm²）
1.	主荷重	1) 床版としての作用	$\sigma_{ck}/3.5$，かつ，10 以下
		2) 主げたの断面の一部としての作用	
		3) 1) と 2) を同時に考慮した場合	1. 1) 項の 40% 増し
2.	主荷重＋版のコンクリートと鋼げたとの温度差		1. 1) 項の 15% 増し
3.	プレストレッシング直後		1. 1) 項の 25% 増し

表7.2 鋼げたの許容応力度の割増し係数（%）

荷重の組合せ		正の曲げモーメント	負の曲げモーメント
クリープ，乾燥収縮の影響を除く主荷重		0	0
主荷重	圧縮縁	15	0
	引張縁	0	0
主荷重＋床版と鋼げたの温度差	圧縮縁	30	15
	引張縁	15	15
施工時荷重	圧縮縁	25	25
	引張縁	25	25

7.3.2 降伏に対する安全度の照査

合成げたは，以上の応力照査の他に，最も不利な荷重の組合せに対しても安全度を照査する必要がある．つまり，鋼げたのどの部分も降伏せず，コンクリート床版も圧壊しないことを確認する，一種の終局限界状態の照査を義務づけている．

このときの最も不利な荷重の組合せとしては，① 活荷重および衝撃の2倍，② 死荷重の1.3倍，③ プレストレス，④ コンクリートのクリープの影響，⑤ コンクリートの乾燥収縮の影響，⑥ 温度変化の影響を考える．この場合，鋼げたの縁応力度および橋軸方向鉄筋の応力度はそれぞれ表7.3に示す値以下としなければならない．

弾性計算による簡便性を考慮して，鋼材の降伏点は基準降伏点を用い，コンクリートに対しては圧縮降伏点に近い値として$0.6\sigma_{ck}$を用いる．この降伏に対する安全度の照査は，主げた作用に対して行い，床版としての作用を重ね合わせる必要はない．

表7.3 降伏に対する安全度の照査に用いる鋼材の降伏点（N/mm² (kgf/cm²)）

鋼材の板厚 (mm)	鋼種 SS 400 SM 400 SMA 400 W	SM 490	SM 490 Y SM 520 SMA 490 W	SM 570 SMA 570 W	SD 295 A SD 295 B
40以下	235 (2 400)	315 (3 200)	355 (3 600)	450 (4 600)	295 (3 000)
40を超え75以下	215 (2 200)	295 (3 000)	335 (3 400)	430 (4 400)	
75を超え100以下			325 (3 300)	420 (4 300)	

7.3.3 床版設計上の留意事項

合成げたのコンクリート床版は，主げた断面の一部として作用する他に，活荷重などの主荷重を直接負担する床版としての役目をもっているため，設計上の主な留意事項を以下に示す．

① 主げたの断面応力を算出する場合，版の合成作用の取扱いは，表7.4のように行う．連続げたでは，荷重の載荷状態によって正および負の曲げモーメントが生じるため，引張応力を受ける版の取り扱いについて規定している．ただし，主げたの弾性変形および不静定力を算出する場合には，表7.4によらず，版のコンクリートの合成作用を考慮するものとする．

② 版のコンクリートの設計基準強度 σ_{ck} は 27 N/mm^2（270 kgf/cm^2）以上とする．ただし，版にプレストレスを導入する場合は，30 N/mm^2（300 kgf/cm^2）以上とする．

③ 主げたの弾性変形，不静定力および断面応力を計算する場合の鋼材とコンクリートとのヤング係数比 n は7を標準とする．

④ 引張応力を受けるコンクリート床版にひび割れが発生すると，応力状態は計算上の仮定と異なるため，全引張応力はすべて軸方向鉄筋で受けもたせる．引張応力を受ける版において，コンクリートの断面を無視する設計を行う場合（表7.4の2.），橋軸方向最小鉄筋量はコンクリート断面の2％とする．この場合，周長率（鉄筋の周長の総和とコンクリートの断面積との比）は，0.045 cm/cm^2 以

表 7.4 合成作用の取扱い方法

曲げモーメントの種類	合成作用の取扱い	適用
正	版のコンクリートをけたの断面に算入する	
負	1. 引張応力を受ける版において，コンクリートの断面を有効とする設計を行う場合 　版のコンクリートをけたの断面に算入する	プレストレスする連続げたの場合
負	2. 引張応力を受ける版において，コンクリートの断面を無視する設計を行う場合 　版のコンクリートの中の橋軸方向鉄筋をけたの断面に算入してよい	プレストレスしない連続げたの場合

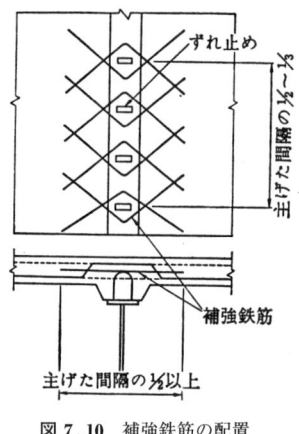

図7.10 補強鉄筋の配置

上とする．なお，床版のために配置された鉄筋を橋軸方向鉄筋の一部として考慮してもよい．鉄筋は死荷重による曲げモーメントの符号が変化する点を超えて版のコンクリートの圧縮側に定着する．

⑤ 端支点付近あるいは中間支点付近のコンクリート床版には，活荷重や死荷重による応力の他に，温度差や乾燥収縮による応力が集中的に作用するので，図7.10に示すような補強鉄筋を配置して，せん断力が円滑に伝達されるようにしなければならない．このための計算は必要とせず，補強鉄筋の直径は16 mm以上とし，版の中立面付近に15 cm以下の間隔で配置するのがよい．補強鉄筋を配置する範囲としては，主げた方向，主げた直角方向ともに主げた間隔の1/2以上とする．

⑥ 床版の構造目地は，一般にその位置で鉄筋やコンクリートが中断されるため，構造上の弱点となりやすい．したがって，コンクリート床版には構造目地を設けてはならない．

床版のコンクリート打設後，材齢の若い時期から合成作用を与えると，クリープが大きくなり好ましいことではない．そこで，これまでの実施例を参考にして，コンクリートの圧縮強度が設計基準強度 σ_{ck} の80％以上確保できる材齢に達した後に合成作用を与えるようにする．

7.4 ず れ 止 め

7.4.1 ずれ止めの種類

ずれ止め (shear connector, dowel) は，コンクリート床版と鋼げたとが一体となってはたらくように，鋼げたの上フランジ上面に取り付ける結合材をいう．合成げたの曲げ変形，クリープ，温度差，乾燥収縮などによって，コンクリート床版と上フランジとの接触面には水平せん断力がはたらき，これに抵抗するのがずれ止めの役目である．ずれ止めは，せん断力に対して十分な耐荷力を有するとともに，床版の浮上がり防止に対しても有効な構造としなければならない．

ずれ止めの種類としては，図7.11に示すように，古くからみぞ形と輪形筋の

7.4 ず れ 止 め

(a) スタッド　　(b) みぞ形と輪形筋の併用　　(c) ブロックと輪形筋の併用

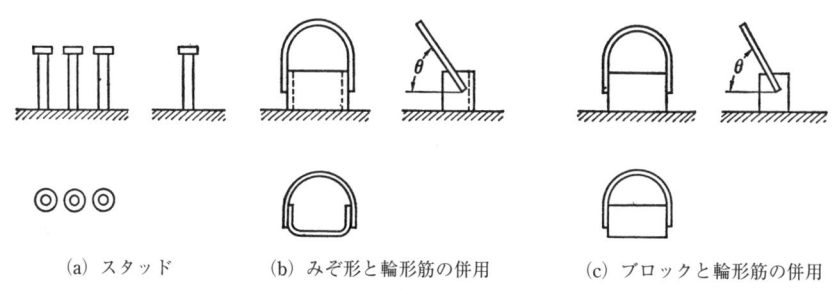

図 7.11 ずれ止めの種類

併用，ブロックと輪形筋の併用などが使われてきた．しかし，今日では道路橋の合成げたに，スタッドが多く使用されている．

スタッド（stud）は，図7.11(a)に示すように，ボルトに似た形であり，専用の溶接機でアーク溶接される．材質はSM 400，軸径は19 mmや22 mmのものが多く用いられている．表7.5にスタッドの形状と寸法を示す．スタッドの頭は軸径dより13 mm大きく，コンクリート床版の浮上がりを防ぐためのものである．頭付きスタッドは，取付けが簡単であり，溶接変形が少なく，また製作上有利な点が多い．なお，ずれ止めにスタッドを使用した場合のフランジの板厚は，10 mm以上としなければならない．

表 7.5 スタッドの形状，寸法および許容差（mm）

呼び名	軸径 d		頭部直径 D		頭部厚 T 最小	首下の丸み r	標準形状および寸法表示記号
	基準寸法	許容差	基準寸法	許容差			
19	19.0	±0.4	32.0	±0.4	10	2以上	
22	22.0		35.0				

7.4.2 ずれ止めの設計

a. ずれ止めにはたらくせん断力

コンクリートの乾燥収縮，およびコンクリート床版と鋼げたとの温度差により生じるせん断力は，図7.12に示すように，支点で最大，支間中央で0となるよ

うな分布となる．これを計算で求めることは煩雑となるため，実用上の便を考え，図7.12のようにせん断力の分布は三角分布として取り扱う．つまり，せん断力は，床版の自由端部において，主げた間隔 a（a が $L/10$ より大きいときは $L/10$ をとる）の範囲に存在するずれ止めで負担するように設計する．

そのため，ずれ止めの設計は，図7.13に示すように，全せん断力 $F=\Sigma Q_i$ が支点上で最大となる三角形状に分布するものとする．すなわち，支点のせん断力は，$Q=2\Sigma Q_i/a$ となる．

したがって，コンクリート床版と鋼げたとの接触面に作用する橋軸単位長さ当たりの水平せん断力 q（N/mm）は，すなわち，式(6.10)と式(6.11)によるせん断流の考え方により，次式で与えられる．

$$q = \frac{QA_c d_c}{nI_v} \tag{7.23}$$

ここに，n：ヤング係数比，I_v：合成断面の断面二次モーメント（mm^4），A_c：コンクリートの断面積（mm^2），d_c：合成断面の図心Vとコンクリート断面の図心Cとの間の距離（mm）である．

b. ずれ止めの許容せん断力

ずれ止めにスタッドを使用する場合，その許容せん断力 Q_a（N/本）は次式で算出される．

$$Q_a = 9.4 d^2 \sqrt{\sigma_{ck}} \quad (H/d \geq 5.5) \tag{7.24a}$$

$$Q_a = 1.72 dH \sqrt{\sigma_{ck}} \quad (H/d < 5.5) \tag{7.24b}$$

ここに，σ_{ck}：コンクリートの設計基準強度（N/mm^2），d：スタッドの軸径（mm），H：スタッドの全高で，15 cm を標準とする．

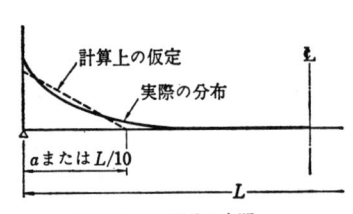

図7.12 けた端のせん断力の分布

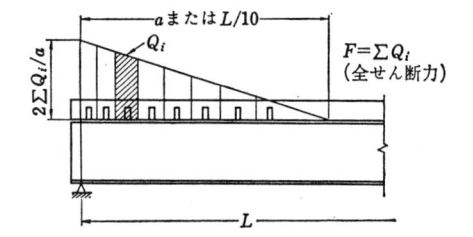

図7.13 せん断力の分布と抵抗断面

式 (7.24) により設計されたスタッドは，一般に降伏に対して3以上，破壊に対して6以上の安全率をもっている．なお，スタッドは，床版の下側鉄筋（あるいはハンチ筋）の上まで埋め込むのが望ましいため，標準の高さは15 cm とする．

c. ずれ止めの間隔

スタッドの間隔 p (mm)（あるいはピッチという）は，式 (7.23) および式 (7.24) より，次のように設計できる．

$$p \leq \frac{mQ_a}{q} \tag{7.25}$$

ここに，m：1列当たりのスタッドの本数である．図7.14 の場合では $m=3$ である．

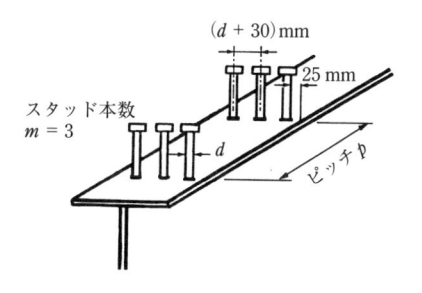

図 7.14 スタッドの配置

ずれ止めの最大中心間隔 p は，床版厚の3倍（ただし，60 cm を超えない）とし，最小中心間隔は $5d$ または10 cm とする．また，橋軸直角方向の最小中心間隔は，図7.14 に示すように，$(d+30)$ mm である．さらに，スタッドの幹とフランジ縁との最小純間隔は，25 mm とする．

演 習 問 題

7.1 次の用語について説明せよ．
 (1)重ねばりと合成ばり，(2)ヤング係数比，(3)合成断面，(4)適合条件，(5)クリープ，(6)仮想ヤング係数，(7)クリープ係数，(8)温度応力，(9)線膨張係数，(10)乾燥収縮，(11)最終収縮度，(12)持続荷重，(13)周長率，(14)補強鉄筋，(15)構造目地，(16)スタッド，(17)ずれ止め，(18)合成作用，(19)協同作用，(20)合成げたの図心．

7.2 合成げたの種類を示し，その特徴を述べよ．

7.3 上路プレートガーダー橋では，合成げた橋として設計されることが多い理由を述べよ．

7.4 合成げたにおいて，降伏に対する安全度の照査を行う理由を述べよ．

図 7.15

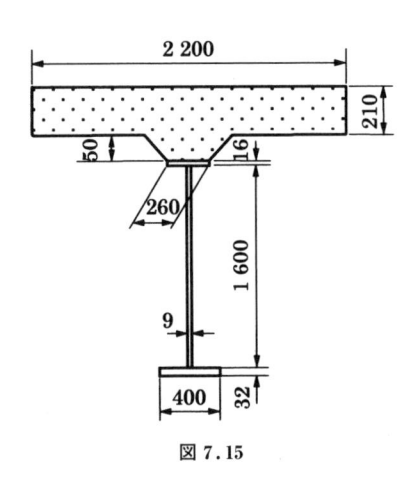

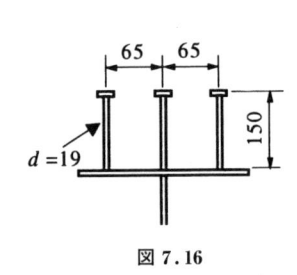

図 7.16

7.5 ずれ止めに作用するせん断力と許容せん断力について述べよ．

7.6 図7.15に示す合成げたに曲げモーメント $M=3\,500$ kN·mが作用するとき，コンクリート床版および鋼げたに生じる縁応力度を求め，その応力を照査せよ．ただし，鋼材はSM 400，コンクリートの許容圧縮応力度 $\sigma_{con}=8.5$ N/mm², ヤング係数比 $n=7$ とする．

7.7 図7.16に示すスタッドの許容せん断力を求めよ．ただし，コンクリートの設計基準強度は 30 N/mm² とする．

8 支承と付属施設

　支承は，橋梁の上部構造が下部構造によって，安全でかつ確実に支持するために設けられる．また，橋には支承のほかに，伸縮装置，落橋防止装置，高欄，防護柵などの付属施設が備えられている．ここでは，支承と橋の附属施設について，その機能や使用方法について述べる．

8.1 支　　承

　支承（support，あるいは bearing）は，上部構造から伝達される荷重を確実に下部構造に伝達する役目をもっている．また，上部構造は温度変化，コンクリートのクリープや乾燥収縮により水平に移動する．さらに，荷重載荷によりたわみを生じ，支点では水平変位と回転変位（たわみ角）が生じる．支承は，これらの変位に対しても安全でかつ円滑に追従する機能を備えていなければならない．

　地震時には，上下部構造に大きな相対変位が生じ，隣り合う上部構造との衝突により，けた端部や支承部の損傷，最悪の場合には，けたが橋脚からはずれ落橋につながるおそれがある．そのため，支承には橋軸および橋軸直角方向に，ある一定以上の移動を制限する装置，あるいは上部構造の浮上がりを防止する機能が必要である．

8.1.1 支承の種類

　支承は，その可動性の有無により固定支承（fixed support，あるいは hinged support）と可動支承（movable support）に大別される．また，使用される材料によって，支承は鋼製支承（steel bearing）とゴム支承（rubber bearing）に分類される．

　一般に，鋼製支承は，上部構造から荷重を受けてピンや支承板などの回転・すべり機構に伝達する上沓（上シュー）と，回転・すべり機構から下部構造に荷重を伝達する下沓（下シュー）とから構成される．これらの構成部材の構造によっ

て，支承を分類することが多い．以下に各支承の構造的な特徴を示す．本来，沓（shoe）は支承の一部を構成する部品の名称であるが，支承と同義語として支承全体を指す場合に用いられることもある．

a. 線支承

線支承（line bearing）とは，上下沓を平面と円柱面との組合せとして線接触させるもので，回転はころがりにより，水平移動はすべりにより取る．固定支承の場合を図8.1(a), (d)に，可動支承の場合を図8.2(a), (d)に示す．通常，上沓は上部構造のソールプレートを兼ねており，上沓の切欠き幅の大きさを調節することにより，固定支承にも可動支承にも使用できる．

b. ピン支承

上沓と下沓との間にピンを配した構造で，1方向のみ回転が可能な固定支承である．回転の機構は円柱（ピン）と凹円柱（上下沓）間のすべりによる．図8.1(b), (c)はピン支承（pin bearing）である．ピン支承自体は固定支承であるが，図8.2(c)に示すように，ローラーなどの水平移動機構を加えて，可動支承として使用されることも多い．

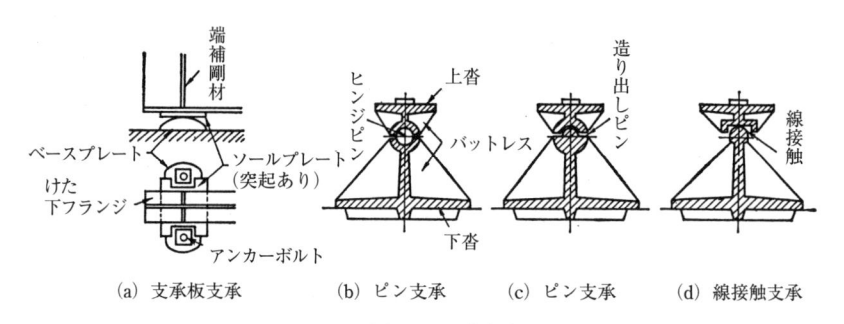

(a) 支承板支承　　(b) ピン支承　　(c) ピン支承　　(d) 線接触支承

図 8.1　固定支承

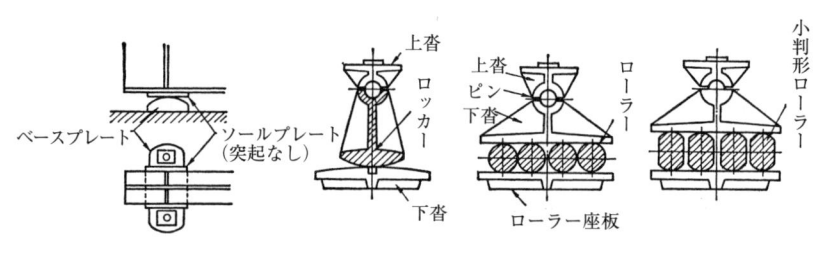

(a) 支承板支承　　(b) ロッカー支承　　(c) ローラー支承　　(d) 小判形ローラー支承

図 8.2　可動支承

c. ピボット支承

ピボット支承（pivot bearing）は，図8.3に示すように，上沓を凹面状に下沓を凸面状にそれぞれ球面仕上げして組み合わせ，全方向に回転機能をもたせた固定支承である．凹状と凸状球面半径が実質的に等しいものと，下沓の凸状球面半径がかなり小さいものがある．前者は受圧接触面が球面となることから球面支承（spherical bearing），後者は点接触となることから点支承（point bearing）と呼ばれる．一般的に，球面支承の機構が使用されることが多い．どの方向にも回転が自由であることから，斜橋や曲線橋に用いられる．

d. 支承板支承

支承板支承（bearing plate support）は，上沓と下沓との間に支承板を挿入し，一方を平面接触として水平移動機能を，他方を曲面接触（円柱面，球面）として回転機能をもたせた支承である．図8.4は接触面に黒鉛などの固体潤滑材を埋め込んだ高力黄銅鋳物の支承板（ベアリングプレート）を用いた支承を示す．回転は密閉ゴムの弾性変形で，水平移動はふっ素樹脂板（PTEE板）をはめ込んだスライディングプレートを用いた支承板支承もある．

金属支承板の曲面部分を球面とした場合および密閉ゴム支承板の場合には，全方向の回転が可能である．また，他の支承と比較して，支承の全高を低く抑えることができるので，支承の転倒に対する安全性に優れている．上沓と支承板との

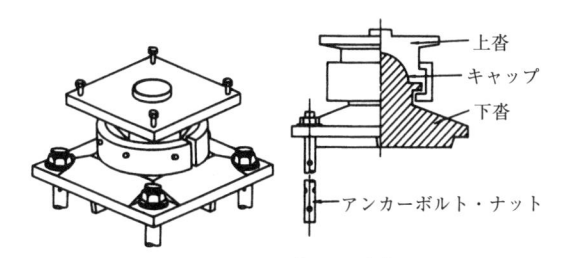

図8.3 ピボット支承

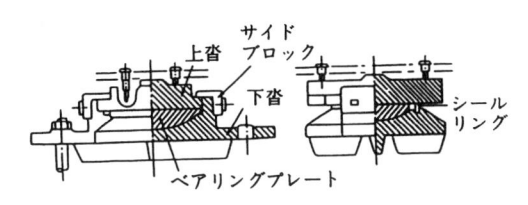

図8.4 高力黄銅支承

平面接触部において，すべりを許せば可動支承となり，拘束すれば固定支承となる．

e．ローラー支承

図8.2(c)に示すように，複数の並列するローラーにより水平移動を可能とした可動支承をローラー支承（roller bearing）という．回転機構が必要な場合には，ピンあるいはピボット支承をローラー群の上に配置して使用される．なかには，1本のローラーにより水平移動と回転の機構をもたす支承もある．ローラー支承は，摩擦係数が小さいことと，大きな水平移動量も容易に吸収できる長所があるので，多径間連続げた橋や長大支間の橋梁の可動支承として使用される．しかし，その構造上移動方向は橋軸方向に限定される．

f．ロッカー支承

ロッカー支承（rocker bearing）は，ローラー支承の一種である．図8.2(b)に示すように，上沓の下面は凹状柱面であり，これにロッカー頂部の凸状円柱面が線接触し，この点を中心としてロッカーが振子のように下沓の上面を揺動することから，振子支承（pendulum bearing）とも呼ばれる．しかし，転倒防止のために移動制限機構を必要とし，移動可能量に限度があることなどから，現在ではあまり使用されていない．

g．ゴム支承

主要材料として，ゴムを用いた支承をゴム支承という．一般に，鋼製支承の移動や回転機構は受圧接触部のすべりやころがりであるのに対して，ゴム支承ではゴムの弾性変形で吸収するのが特徴である．基本的な性質として，回転に対しては図8.5(a)のような曲げ変形で，水平移動に対しては図8.5(b)のようなせん断変形で対処する．ゴム自身の剛性を調整し，また，支承本体とは別に移動制限装置（stopper）を設置して，その移動量により固定支承と可動支承に分けられる．

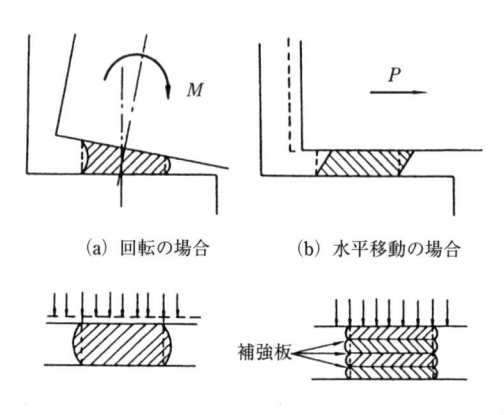

図8.5 ゴム支承の変形

(a) 回転の場合
(b) 水平移動の場合
(c) 垂直荷重による膨出
(d) 積層構造の場合
補強板

ゴムは垂直に荷重を受ける

と，図8.5(c)に示すように，圧縮変形を生じると同時に自由面が側方に押し出される，いわゆる膨出現象が起きる．この膨出を抑制し，かつ鉛直の支持力を増すために図8.5(d)のような補強板（鋼板）を挿入する．このように数層にわたって補強板を入れたゴムを積層ゴム（laminated rubber）という．ゴムにはクロロプレン系合成ゴムおよび天然ゴムが使用される．

この積層ゴムを用いると，構造物の固有周期を長くすることができ，ダンパー（damper）などのエネルギー吸収能力を付加することにより，地震による応答加速度および応答変位をかなり低減することができる．このようなゴム支承を免震支承（base-isolated bearing）という．免震支承の代表的なものを図8.6に示す．ゴムに特殊な添加物を混入して減衰効果を高めた高減衰積層ゴム支承（HDR, high damper rubber bearing），および積層ゴムの中心に鉛プラグを挿入し，鉛プラグの塑性変形によりエネルギー吸収する鉛プラグ入り積層ゴム支承（LRB, lead rubber bearing）がある．平成7年1月17日に発生した兵庫県南部地震以後，橋梁ではこの免震支承が多く使用されるようになった．また，ゴム支承には，大きな減衰効果は期待できないが，地震力をほぼ均等に各橋脚に分散させる水平反力分散支承（reaction force distribution bearing）も多用されている．

このように免震支承を採用した設計は，地震に対して抵抗するのではなく，地震による応答を小さくすることによって，地震被害を少なくする新しい耐震設計手法であり，免震設計と呼ばれる．従来の耐震設計では，構造物に十分な強度，変形性能（靱性）を与え，地震時に励起される慣性力に抵抗する考え方が採用されている．したがって，構造物に生じる応答加速度は入力地震加速度よりも一般的に大きくなる．これに対して，免震設計は，構造物の基部を柔らかく支持する，あるいは地面と隔離する（アイソレーターという）ことにより，さらに，減衰機構を設けることにより地震による構造物の応答を低減する設計方法である．

しかし，橋の構造条件および基礎周辺の地盤条件によって，免震設計が適用で

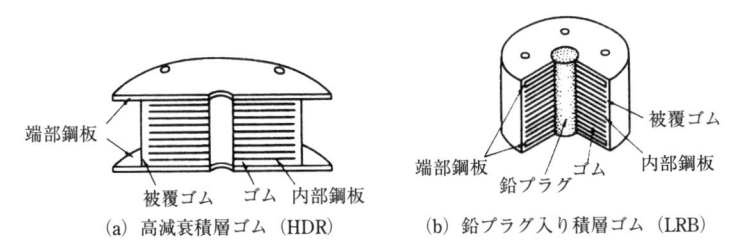

(a) 高減衰積層ゴム（HDR）　　(b) 鉛プラグ入り積層ゴム（LRB）

図 8.6　積層ゴム支承

きない場合がある．たとえば，以下の条件では，原則として免震設計を採用することができない．

① ごく軟弱な粘性土層およびシルト質土層．
② 下部構造の剛性が低く，もともと固有周期が長い橋．
③ 橋を長周期化することにより，地盤と橋との共振が起きる可能性のある場合．
④ 支承に負反力が生ずる場合．

h． ペンデル支承

以上述べた支承は，正の反力（押込み力）を受ける支点に使用されるものであるが，設計上負の反力（引抜き力，uplift）が作用する支点ではペンデル支承（pendel shoe，ドイツ語で Pendellager）が用いられる．この支承は両端部にピンを使ったアイバー状の部材（ロッカー）で上下部構造を連結する可動支承で，水平移動は連結部材の傾きで取る構造形式である．連結部材が振子のように移動することから，ロッカー支承の一種と考える場合もある．図8.7にペンデル支承を示す．

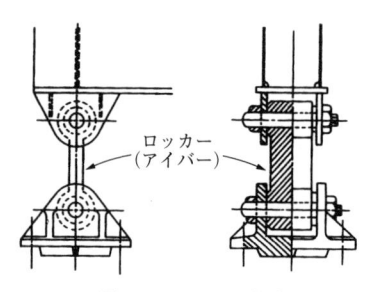

ペンデル支承自身は，橋軸直角方向の水平力に抵抗できないため，ウィンド支承と併用して使われる．また，斜張橋や吊橋などの長大橋のタワーリンクとして，ペンデル支承が用いられる．

図8.7 ペンデル支承

8.1.2 支承の選定と配置

a． 支承の選定

支承には前述のように多くの種類があり，その選定に当たっては使用条件を十分検討しなければならない．支承を選定する場合に考慮すべき要因として，

① 鉛直反力，水平反力，および支間長．
② 移動方向と回転方向，ならびに，その変位量．
③ 上部構造の構造特性と地盤も含めた下部構造の特性．
④ 経済性と支承の補修や取替えの容易さ．

などが挙げられる．道路橋の支承の選定基準を参考として表8.1に示す．

表 8.1 支承の選定基準

— 一般的によく用いられている範囲 　　----- 比較的用いられている範囲

支承の種類	鉛直反力 (×10kN (tf)) 0　100　200　300　400　500〜	支 間 長 (m) 10　20　30　40　50　60〜	備　　　　　考
線 支 承	———	———	Hビームなどの簡単な鋼橋小スパンのRCけた橋に用いられる。
ゴ ム 支 承	——————-----	————-----	通常のPC・RCけた橋に用いられるが、あらゆる方向の伸縮、回転を吸収できるため、とくに、斜橋、曲線橋、広幅員のスラブ橋などに適している。
支承板支承	————————---------	————————---	あらゆる方向の伸縮、回転を受けることもできるので、小規模のプレートガーダー、スラブ橋などから大規模の箱げた橋まで用途に富んでいる。
ピ ン 支 承	——————————---	——————————	固定支承として通常のプレートガーダー、PC・RCけた橋から、トラス、アーチの固定支承、ヒンジに用いられる。
ピボット支承	————---	————	けたのあらゆる方向の回転に対して有効であり、大反力をとる構造とすることもできるので、鋼、PC・RCのけた橋、とくに斜橋、箱げた橋、曲線橋に用いられる。
1本ローラー支承	—————	———————	1本ローラーにより、けた方向の回転とけたの伸縮をとろうとするもので、通常の鋼プレートガーダー、トラス、箱げた、PC・RCけた橋に用いられる。
複数ローラー支承	————-----	————	ピン支承(固定)と組み合わせて、中大規模のプレートガーダー、トラス、箱げた、PC・RCけた橋にひろく用いられる。
コンクリートヒンジ支承	——————---	——————---	コンクリート構造のスラブ橋、アーチ、ラーメンのヒンジとして用いられる。

注：1. ここに示した選択の範囲はいままでの実績をもとに表示したものであるから、その他支承に要求される諸条件を十分検討して支承を選択しなければならない。
　　2. 連続げたの場合の支間長は最大支間長とする。
　　3. 鉛直反力は1支点当たりの反力である。

b. 支承の配置

　いま，簡単のために単純支持された直橋の場合を考える．図8.8は2主げた単純橋の支承配置例を示す．図中の○印は全周方向の移動を拘束するヒンジ支承（固定支承），矢印は移動可能な方向（可動支承）を示す．上部構造の鉛直荷重のみならず，縦横の水平荷重に対しても静定構造として支持するときには，図8.8(a) または (b) のような支承配置が用いられる．しかし，(a) は水平縦力に対して不利な応力を生じ，(b) は水平横力に対して不利となる．したがって，実際の支承の配置としては図8.8(c) のようにするのが一般的であり，幅員が広い場合には図8.8(d) の配置が用いられる．

　多主げた橋あるいはスラブ橋のような比較的幅員の広い単純橋では，図8.9のような支承配置が用いられる．この場合，橋軸直角方向の伸縮量が大きくなることから，理想的には図8.9(a) の支承配置が望ましいが，実用的には図8.9(b) の支承配置が使われる．(b) の場合は，橋軸直角方向の伸縮が拘束されることになるが，実際には下部構造もある程度伸縮するので，支承部に数mmの遊間を設ければ，あまり問題にはならない．

　次に，曲線橋と斜橋の場合について考える．曲線橋では温度変化などによる伸縮量を逃すために，図8.10(a) に示すように，可動支承6個の移動方向が固定支承の右端と直線で結んだ方向に配置される．この場合，支承の回転方向は曲線

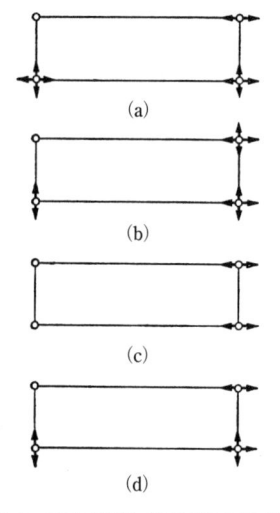

図8.8 支承の配置（2主げたの場合）

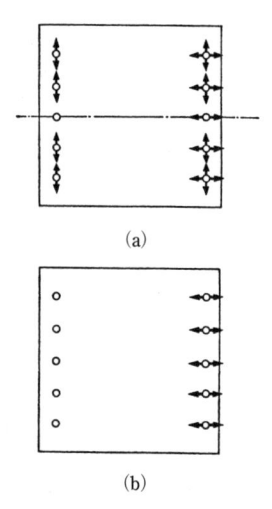

図8.9 支承の配置（多主げたの場合）

げたの回転方向とは一致しない．そこで，曲線橋では移動方向を図8.10(a) とし，回転方向は全周方向あるいは図8.10(b) のように曲線げたの接線方向に選定するのが望ましい．たとえば，ゴム支承，支承板支承，ピボットローラー支承，ピンとローラーの方向を変えたローラー支承などが用いられる．斜橋においても，図8.10(c) に示すような移動方向と回転方向を考えた支承の選定が行われる．

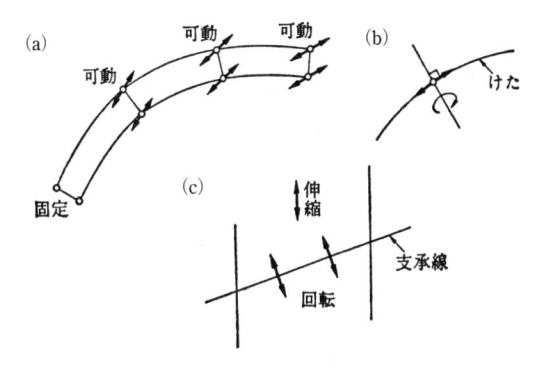

図 8.10 曲線橋・斜橋の移動方向と回転方向

8.1.3 可動支承の移動量と摩擦係数

a. 支承の設計荷重

支承の設計荷重は，基本的に橋梁の上部構造の設計荷重と同じである．すなわち，主荷重として死荷重，活荷重，衝撃，プレストレス，クリープ，乾燥収縮などを，従荷重として風荷重，温度変化の影響，地震の影響などを考慮する．このほか必要に応じて雪荷重，支点移動の影響，架設時荷重などを特殊荷重として考慮する．支承の設計では，これら荷重の組合せのうち，最も不利な荷重の組合せについて行う．

b. 可動支承の移動量

可動支承の移動の要因としては，以下のものが考えられる．
① 温度変化の影響．
② 乾燥収縮，プレストレス，クリープなどの影響．
③ 活荷重による変形または変位の影響．

可動支承の移動量算定に用いる温度変化の範囲（①に対して）は，2.5節の規定にかかわらず，表8.2を用いる．これは，実橋における伸縮量の測定結果などに基づいて定めたものであるが，架橋地点の実状に応じて温度変化の範囲を設定することが認められている．伸縮量を求めるための線膨張係数は，鋼橋で12×10^{-6}，コンクリート橋で10×10^{-6}，合成げた橋で12×10^{-6}である．

②はコンクリート橋の場合であり，プレストレスによる弾性変形とクリープ，

表 8.2　可動支承の移動量算定に用いる温度変化

橋　　　　種	温　度　変　化	
	普通の地方	寒冷な地方
鉄筋コンクリート橋 プレストレストコンクリート橋	$-5 \sim +35$ ℃	$-15 \sim +35$ ℃
鋼　　橋　（上路橋）	$-10 \sim +40$ ℃	$-20 \sim +40$ ℃
鋼橋（下路橋および鋼床版橋）	$-10 \sim +50$ ℃	$-20 \sim +40$ ℃

乾燥収縮による縮みである．クリープ係数 φ は通常 2.0 とし，乾燥収縮は温度 20 ℃ 降下相当を考える．

③ については，一般にけたのたわみによる移動を考えればよい．けた橋のたわみによる移動量 Δl_r は，図 8.11 に示すように，支点上の回転角から次式で計算される．

$$\Delta l_r = \Sigma h_i \cdot \theta_i \tag{8.1}$$

ここに，h_i：けたの中心軸から，支承の回転中心までの距離，θ_i：支承上のけたの回転角である．ただし，単純げたの場合，固定支承側の回転の影響が加算されて 2 倍になることに注意しなければならない．通常，h はけた高の 2/3 を，θ は鋼橋で 1/150，コンクリート橋で 1/300 を考えればよい．③ に対して，けた橋の他に，アーチ橋やラーメン橋などでは偏心載荷による軸線の移動の影響がある．

支承の設計において，① + ② + ③ の合計を計算移動量と呼び，支承の据付け誤差である余裕量（10 mm 程度）を加算したものを設計移動量として，支承の構造計算に用いられる．鋼鉄道橋では，可動支承の移動量を固定支承から 1 m につき 1.5 mm を標準としている．

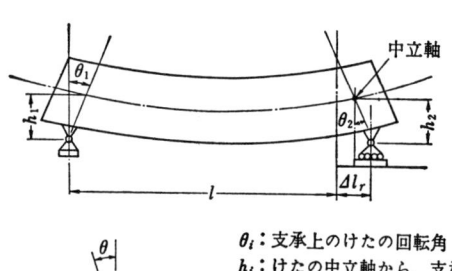

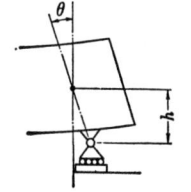

以上より，可動支承の移動量を見積もることができる．図 8.12 はけた端部の間隔のとり方の一例を示す．上路プレートガーダーや縦げたのけた端部における相互の間隔は，図 8.12 (a) に示すように，通常 150 mm を標準とする．また，支点からけた端までの距離

図 8.11　けたのたわみによる移動量

θ_i：支承上のけたの回転角
h_i：けたの中立軸から，支承の回転中心までの距離

は，習慣的に230 mmをとっている．支間長が40 mを超えるようなプレートガーダー橋では，支承部も大きくなることから，支点からけた端までの距離は，300〜400 mmとしている．

c. 可動支承の摩擦係数

支承の摩擦機構には，ころがり摩擦とすべり摩擦があり，その摩擦係数は接触部の表面状態，潤滑材の有無などで大きく変わる．また，実橋では長年の経年変化により，実験室で測定された摩擦係数よりもかなり大きくなることが知られている．

可動支承の摩擦による水平力の算定には，表8.3の摩擦係数の値を用いる．この数値は，上記の実測データから定められたものである．なお，支承の上沓，支承板，下沓などの接触面では，防食および防塵には十分配慮する必要がある．

8.1.4 支承部の構造細目

① けたと支承とを連結するソールプレートおよびベースプレートの厚さは，原則として22 mm以上とする．また，ローラーの直径は，特別な場合を除き100 mm以上とする．

② アンカーボルトは，図8.13に示すように，直径の10倍以上の長さを下部構

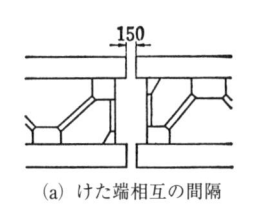

表8.3 可動支承の摩擦係数

摩擦機構	支承の種類	摩擦係数
ころがり摩擦	ローラーおよびロッカー支承	0.05
すべり摩擦	ふっ素樹脂支承板支承	0.10
	高力黄銅鋳物支承板支承	0.15
	鋳鉄の線支承	0.20
	鋼の線支承	0.25

(a) けた端相互の間隔

(b) 支点からけた端の距離の例

図8.12 けた端部の間隔

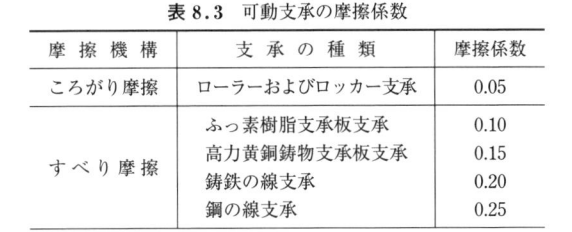

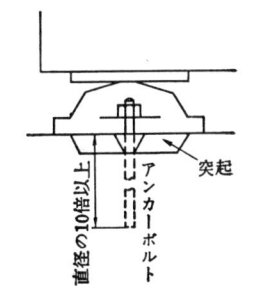

図8.13 アンカーボルト

造の中に固定し，アンカーボルトの最小径は 25 mm とする．この場合，一つの支承に多数のアンカーボルトを使用すると，地震時の水平力に対してアンカーボルトが一体となってはたらかなかったり，主げたや下部構造を破壊したりすることがあるので，比較的小支間の橋に用いる支承では 2 本，やや大きな支間の場合でも 6 本以下にするのが適当である．

なお，支承にはたらく水平力に抵抗するものとしてアンカーボルトの他に，支承底面に設けられた突起がある．この突起の高さは最大 8 cm 程度とし，支承にはたらく水平力はアンカーボルトのみで抵抗するものとして設計する．また，支承に負の反力が生じ，これをアンカーボルトで抵抗させるためには，アンカープレートやアンカーフレームを使用する必要がある．

③ 下部構造と支承との固定およびアンカーボルトの埋込みは，無収縮性モルタルを用いることを原則とする．支承下面の許容支圧応力度は一般に 8 N/mm^2 (80 kgf/cm^2) としてよい．

④ 支承は橋梁の部材のなかでも，とくに腐食しやすい場所に設置されるので，防錆には十分配慮するものとする．また，支承を設置する沓座面は，水はけのよい構造となるように設計上の配慮が必要である．

8.2 伸 縮 装 置

伸縮装置（expansion joint）は，橋の温度変化，コンクリートのクリープおよび乾燥収縮，活荷重などによるけた端の伸縮，回転変位に対し，車両などが橋梁上を支障なく走行できるようにするための装置をいう．

伸縮装置は橋面からの雨水，砂じんなどが落下しないように水密性のある構造にするか，樋を設置して漏水させないような措置が必要である．伸縮装置は車両などの繰返し荷重および直接的な衝撃を受け，常に過酷な交通荷重条件下におかれている．したがって，伸縮装置の選定に当たっては，道路との設置条件，橋の構造形式，必要な伸縮量を基本として，耐久性，平坦性，水密性，施工性，補修性，経済性などを総合的に考慮しなければならない．

橋の温度変化などにより，部材の伸縮を許すために設けられる部材間の離れを遊間（gap）という．遊間は構造，形式により図 8.14 に示すように，けた端遊間，床版遊間，フィンガー遊間などと使い分ける．伸縮装置の伸縮量は，温度変化，クリープ，乾燥収縮などによる基本伸縮量，施工上の誤差などに対する余裕量，および縦断勾配や目地方向の変位などによる必要量を加算して求められる．

8.2.1 伸縮装置の種類

伸縮装置を材料的に分類すれば，鋼，鋳鋼などを用いて製作される鉄鋼製伸縮装置と，ゴム材と鋼材を組み合わせたゴム製伸縮装置に大別できる．また，構造的な観点から分類すると，図8.14(b)に示す床版遊間で輪荷重を支持しない突合せ式と支持する支持式とに大きく分けられる．表8.4は伸縮装置の分類と構造

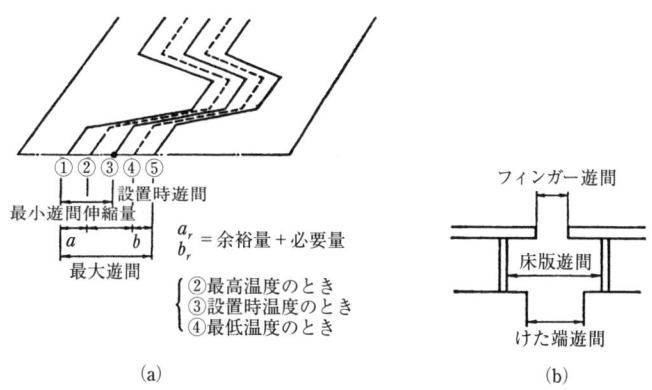

図 8.14 遊間

表 8.4 伸縮装置の種類

分類	形式	構造の特徴	代表的な伸縮装置の名称	伸縮量（mm）
突合せ式	盲目地形式	変位をアスファルト舗装などの変形でとらせる構造	盲目地 切削目地	0～4 0～7
	突合せ 先付け形式	舗装施工前に装置する突合せ目地構造	目地板ジョイント アングル補強ジョイント 補剛鋼材ジョイント	0～10 0～15 0～20
	突合せ 後付け形式	舗装施工後に装置する突合せ目地構造	カットオフジョイント カップリングジョイント ハマハイウェイジョイント その他	10～50 10～50 10～50
支持式	ゴムジョイント形式	ゴム材と鋼材を組み合わせて輪荷重を床版遊間で支持する構造	コルジョイント プロフジョイント ネオスミジョイント その他	10～60 10～30 10～40
	鋼製形式	フェースプレートまたはフィンガープレートを使用した鋼製構造	鋼フィンガージョイント 鋼重ね合せジョイント	0～200 0～30
	特殊形式	その他の支持形式構造	リンク式ジョイント STジョイントなど	0～2000

的な特徴を示す．

8.2.2 伸縮装置の突合せ構造形式
a. 盲目地形式

盲目地形式は，突合せ目地構造の伸縮部を図8.15のように橋面に出さず，連続舗装されたアスファルトなどの変形性能によって伸縮を吸収する構造である．このうち，舗装を連続させたものが盲目地，舗装をカッターで切削して目地材を注入したものが切削目地という．盲目地形式の伸縮量は5mm未満で，主としてコンクリート橋に適用される場合が多い．

最近，伸縮装置付近から発生する騒音振動が問題となり，既設の伸縮装置を撤去し

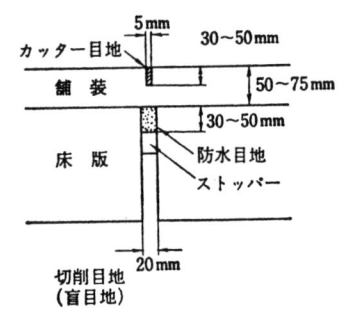

図 8.15 盲目地形式

(a) 目地板ジョイント

(b) アングル補強ジョイント　　(c) 補剛鋼材ジョイント

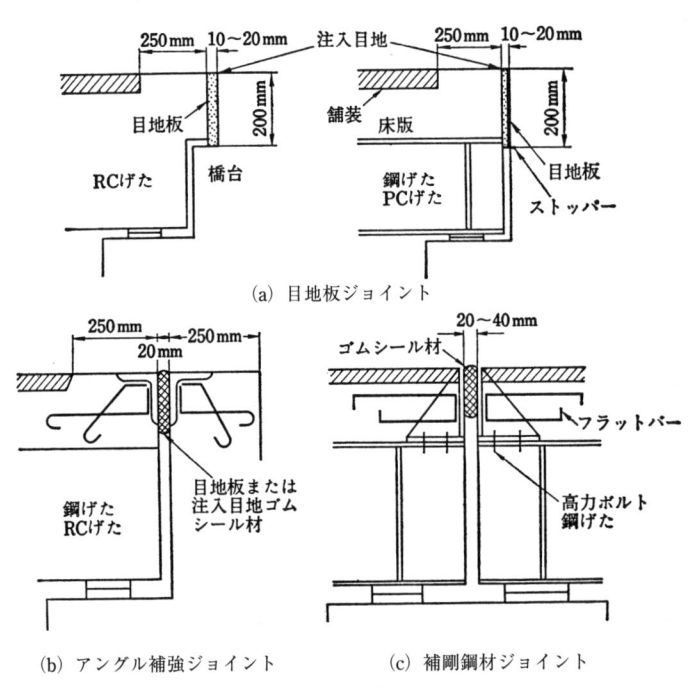

図 8.16 突合せ先付け形式

て舗装を連続化させる，いわゆる「ノージョイント化」が注目されている．新設橋梁では，耐震性の優位性から単純げたよりも連続げたが採用され，車両の走行安定性からも連続げたが優位である．単純げたが連なっている場合，既存の伸縮装置を廃止して，遊間上に床版を連続化するノージョイントによる補修工法が実施されている．そこで，盲目地の構造詳細，材料品質の再検討がなされている．

b. 突合せ先付け形式

これは，図8.16に示すように，舗装の施工前に設置する突合せ目地構造である．このうち，床版遊間に目地板を挿入するだけのものを目地板ジョイントといい，床版の目地隅角部を山形鋼で補強するものをアングル補強ジョイントという．さらに，補剛鋼材を鋼げたに取り付け，ゴム系の目地材をはさむ形式を補剛鋼材ジョイントという．いずれも床版コンクリート打設前に設置しなければ伸縮装置の施工が不可能な構造である．また，目地材で自動車荷重を支持することができない．

c. 突合せ後付け形式

図8.17に示すように，舗装の施工後に設置する突合せ目地構造である．一般的な構造としては，舗装部を切り取り，目地隅角部を鋼材，樹脂材などで補強し，目地部にシールゴム材を挿入接着したものである．この形式は，床版コンクリートや舗装などの死荷重にともなうけた端の回転移動が終了した後に設置するため，先付け形式と比較して施工誤差の入る割合が少なく，平坦性の確保という点では優れている．なお，シールゴム

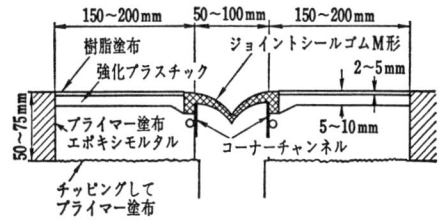

(a) カットオフジョイント

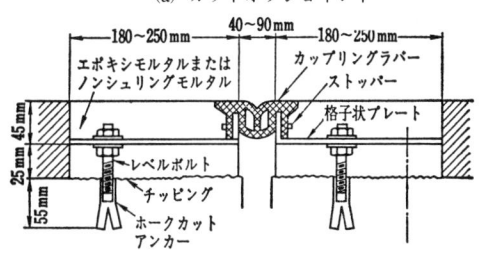

(b) カップリングジョイント

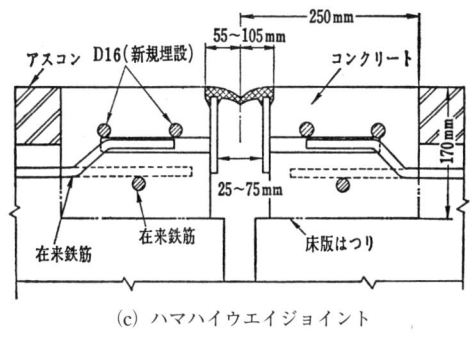

(c) ハマハイウエイジョイント

図 8.17 突合せ後付け形式

材は自動車荷重を支持することができない．突合せ後付け形式は，伸縮量が50mm未満の橋に適用される．

8.2.3 伸縮装置の支持構造形式
a． ゴムジョイント形式
ゴムジョイント形式は，伸縮自在な各種形状のゴム材と鋼材とを組み合わせて，車輪荷重を床版遊間で支持できるようにした構造である．図8.18に示す伸縮装置は，伸縮をゴムのせん断変形で吸収し，荷重はゴム内の鋼材によって支持する構造となっている．このタイプはオーバーレイにもある程度対応可能な構造であり，広く使用されている．

b． 鋼 製 形 式
鋼製形式は，鋼材を組み立てて製作し，輪荷重を直接支持する構造である．鋼製フィンガージョイントには，図8.19 (a), (b) に示すように，床版遊間をフェースプレートが櫛形となってかみ合うように左右から張り出す片持式と，左右を架け渡す支持式とがある．また，図8.19 (c) に示すように，矩形状の鋼板を重ね合わすように架け渡す構造を鋼重ね合せジョイントという．

鋼製ジョイントは伸縮量の適用範囲が広く，かつ耐久性に優れているため，多くの橋梁で使用されている．中小支間の橋梁では片持式が，長大支間の橋梁では支持式が用いられる．鋼重ね合せジョイントは歩道部分の継手に使用される．

鋼製フィンガージョイントの欠点は，水密性に劣ることにある．けた端部や支承の腐食の原因となり，さび汁が橋脚を汚染し美観を損ねるなどの悪影響が生じるため，遊間に樋を設けて落水を防止する対策がとられた．しかし，土砂やゴミなどの堆積で排水機能が失われると同時に，実質上清掃も困難という問題があった．そこで，最近はフェースプレート直下の遊間に半円状の鋼材を取り付け，その中にシール材を充填して水密構造とし，雨水は路面上を流させる非排水型が使用されるようになってきている．

c． 特 殊 形 式
従来，中小支間の橋梁には，片持式鋼製フィンガージョイントが用いられてきた．しかし，本州四国連絡橋をはじめ，都市間高速道路や湾岸高速道路などのように，長大支間の橋梁が多数建設されるようになり，従来の鋼製フィンガージョイントで対処するには，設計，製作，施工などの面から困難な状況になってきた．

8.2 伸縮装置

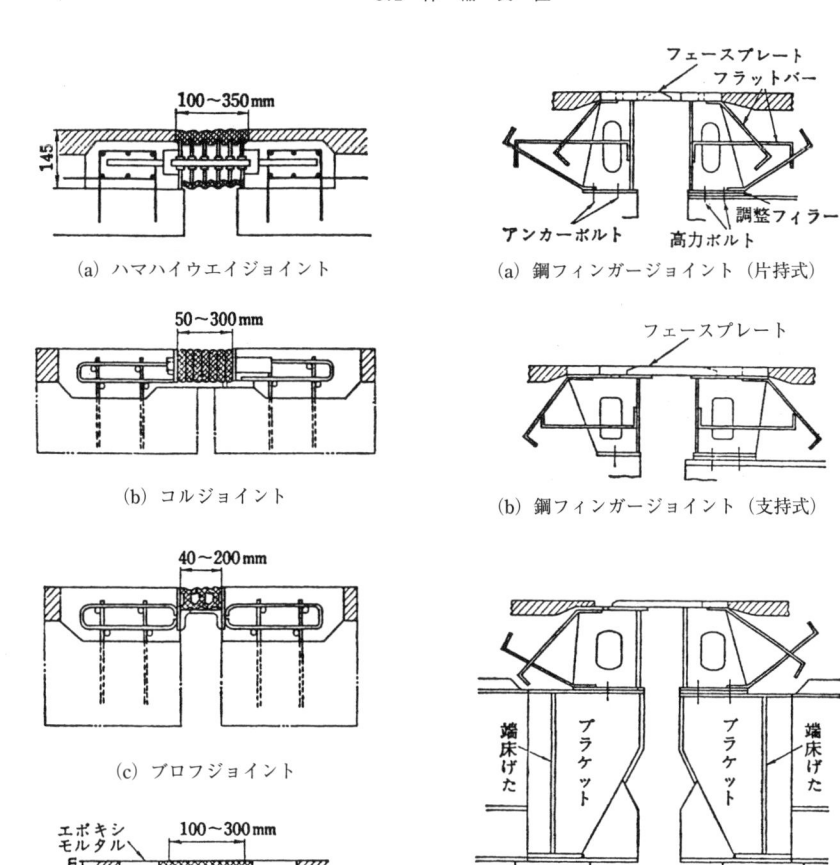

(a) ハマハイウエイジョイント

(b) コルジョイント

(c) ブロフジョイント

(d) ネオスミジョイント

図 8.18 ゴムジョイント形式

(a) 鋼フィンガージョイント（片持式）

(b) 鋼フィンガージョイント（支持式）

(c) 鋼重ね合せジョイント

図 8.19 鋼製形式

そこで，最近は橋の大変位にも対応できるように，スライドプレート，スライドブロック，およびシールゴムと縦横のビームなどを組み合わせた伸縮装置が開発されている．さらに，斜張橋や吊橋などのような超長大橋では，伸縮量が2mを超える場合があり，これに適用可能なリンク式ジョイントが開発されている．また，特殊な床版ブロックを設置することによって，橋軸方向の伸縮量を橋軸直角方向に変換するSTジョイントが，多径間連続げたの伸縮装置として用いられ

るようになってきた．

8.3 落橋防止システム

　橋には，設計で想定した以上の地震動が作用したり，周辺地盤の液状化，側方流動などによる変状，予期しない複雑な振動などによって，想定値を超える大きな応力や変位が橋に生ずる場合がある．このように，設計時には意図しなかった不測の事態に対するフェイルセーフ（fail-safe）機構として，また，橋のリダンダンシー（冗長性，redundancy）を考えて，落橋防止システムを設ける．ここで，フェイルセーフとは装置の一部が故障したり，安全保護装置のはたらきに異常が生じても安全であることをいう．すなわち，橋の構造系が設計したとおり正しくはたらかなくても，安全を保証する機構あるいは装置をいう．リダンダンシーとは構造物の安全性に対する余裕を意味する．

　落橋防止システムは，地震により上部構造が橋脚や橋台などから落下するのを防ぐことを目的とし設ける構造であり，けたかかり長，落橋防止構造，変位制限装置および段差防止構造から構成される．これは，主として上下部構造が支承を介して結合される橋梁形式（高架橋など）を対象としており，以下に示す橋については，落橋防止システムの検討を必要とする．

　① 地盤の液状化や流動化，軟質粘性土層のすべりなどによって，下部構造に大きな変位を生ずる可能性のある地盤に架設される橋．
　② RC橋脚や鋼製橋脚が混在する場合，また同一形式の下部構造であっても地盤条件が著しく異なる場合で，地震時の挙動が複雑となる橋．
　③ 隣接する上部構造の形式や規模が著しく異なる橋．
　④ 橋脚高さが異なったり，橋脚が非常に高い橋．
　⑤ 斜橋および曲線橋．
　⑥ 横梁のない橋脚のように，下部構造の頂部幅が狭い橋．
　⑦ 1支承線上の支承の数が少ない橋．

　支承部は，地震時保有水平耐力法に基づく等価水平震度に相当する上部構造の慣性力を，確実に下部構造に伝達する構造としなければならない．とくに，免震支承や水平反力分散支承を採用する場合には，この機能を確保することが必要である．ただし，橋台の拘束によりけたに大きな振動が生じにくい場合，支承部の構造上やむを得ない場合には，落橋防止システムと補完し合って慣性力に抵抗できる支承構造が採用される．これをタイプAの支承と呼ぶ．また，支承部単独で

等価水平震度に相当する慣性力に抵抗する場合に用いる支承をタイプBの支承という．

a．けたかかり長

けたかかり長は，上下部構造間に予期しない大きな相対変位を生じた場合にも，けたが下部構造頂部から逸脱して落橋するのを防ぐために確保する，けた端部から下部構造頂部縁端までの長さをいう．図8.20に端支点部とけたのかけ違い部におけるけたかかり長 S_E を示す．

b．落橋防止構造

落橋防止構造は，下部構造や支承を破壊し，上下部構造間にけたかかり長を超えるような変位が生じないようにするためにけた端部に設ける．落橋防止装置ともいう．上下部構造や支承，落橋防止システムがすべて設計通りに作用すれば，落橋防止構造がある場合にはけたかかり長は不要であり，一方，けたかかり長が確保されていれば，落橋防止構造は不要となる．しかし，フェイルセーフ機構として，一般に両者を設けることが望ましい．

落橋防止構造には，次のようなものがある．

(a) 橋脚の上部　　　(b) 橋台の上部　　　(c) けたのかけ違い部

図 8.20　けたかかり長

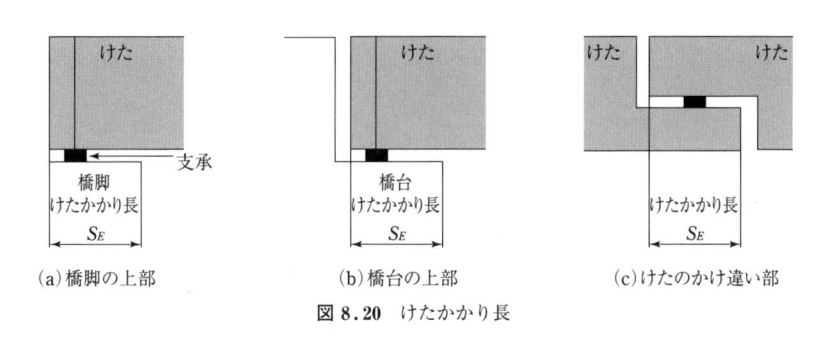

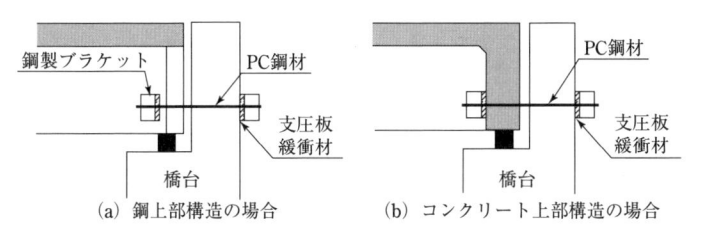

(a) 鋼上部構造の場合　　　(b) コンクリート上部構造の場合

図 8.21　上部構造と下部構造を連結する落橋防止構造の例

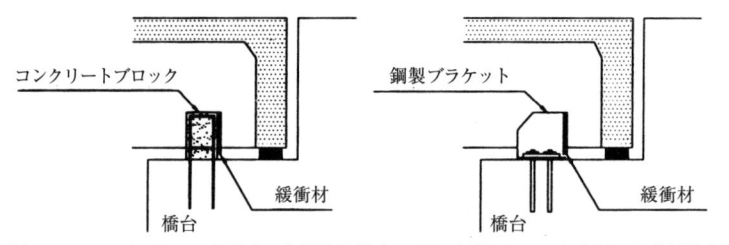

図 8.22 下部構造に突起を設ける落橋防止構造の例
(a) コンクリートブロックを設ける落橋防止構造
(b) 鋼製ブラケットを用いた落橋防止構造

図 8.23 2連の上部構造を相互に連結する落橋防止構造の例 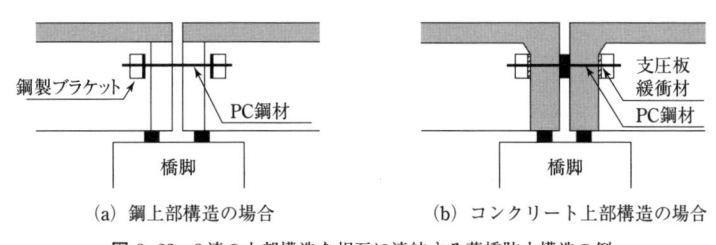
(a) 鋼上部構造の場合
(b) コンクリート上部構造の場合

① 上部構造と下部構造を連結する構造（図8.21参照）．
② 上部構造および下部構造に突起（ストッパー）を設ける構造（図8.22参照）．
③ 2連の上部構造を相互に連結する構造（図8.23参照）．

上部構造と下部構造を連結する部材としては，PC鋼棒，PCケーブル，アイバー（eyebar）などが使用される．

c．変位制限構造

変位制限構造は，タイプAの支承と補完し合って地震時慣性力に抵抗することを目的とし，支承が損傷しても上下部構造間の相対変位が大きくならないようにするための構造である．図8.24に変位制限構造の一例を示す．他に，変位制限構造には，突起を設ける構造もある．なお，変位制限構造は，ジョイントプロテクターの機能を兼ねることができる．この場合，設計移動量は伸縮装置の移動量と同じとする．

d．段差防止構造

段差防止構造は，支承高が大きい鋼製支承などが破損した場合，車両の走行が不可能となる段差が路面に発生するのを防止するために設ける．これは大地震発生後の住民の緊急避難や緊急車両の通行をできる限り可能とするために，設置す

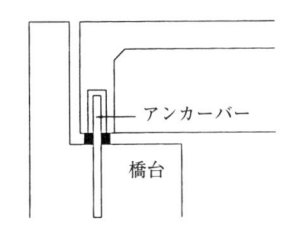

図 8.24 上部構造と下部構造を連結する変位制限構造の例

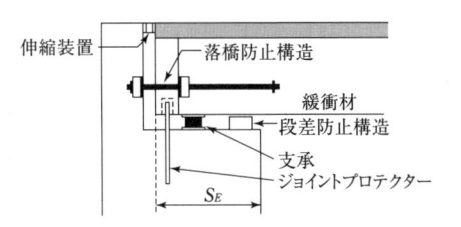

図 8.25 段差防止構造の例

るものである．段差防止構造には，コンクリートによる台座を設けたり，予備のゴム支承を設けたりする場合がある．段差防止構造の一例を図8.25に示す．

8.4 橋梁用防護柵

橋梁用防護柵は，車両が橋面外に逸脱するのを防止する，また，歩行者や自転車が橋面外へ転落するのを防止するために設置される．橋梁用防護柵には，次のように3種類に分類される．なお，自動車の視線誘導のために，また自動車が歩道部に乗り上げるのを防ぐために，歩車道の境界部には縁石（curb）を，橋の幅員方向の両端部には地覆（coping）を設ける．

a．高　欄

高欄（handrail）は，歩道と車道との区別がある場合，歩行者の安全のために歩道部の地覆に設置される．

高欄は，図8.26に示すように，歩道等の路面から110 cmの高さを標準として，その側面に直角に 2.5 kN/m（250 kgf/m）の推力が頂部に作用するものとして設計する．この場合，床版に与える影響について，その推力，歩道などの分布荷重

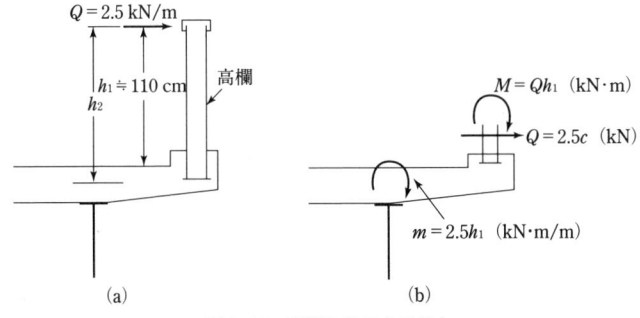

図 8.26 高欄に作用する推力

の組合せに対して安全性を照査しなければならない.

高欄の支柱の間隔を c (m) とすれば,支柱1本の根元には,図8.26(b) に示すように,せん断力 $Q=2.5c$ (kN),曲げモーメント $M=Qh_1$ (kN·m) とが作用する.したがって,床版の片持部には,分布曲げモーメント $m=2.5h_1$ (kN·m/m) が床版曲げモーメントに加算される.ただし,許容応力度の割増しは行わない.

鋼製高欄の骨組形状は,図8.27に示すように,垂直線を強調したものと,水平線を強調したものとがある.最近は,図8.27(a) に示すように,垂直線を強調した高欄が多く使用されている.

b. 橋梁用車両防護柵

橋梁用車両防護柵は,走行中に進行方向を誤った車両の橋面外,対向車線または歩道などへの逸脱を防止するとともに,乗員の傷害および車両の破損を最小限にとどめて,車両を正常な進行方向に復元させることを目的として設置される.

c. 高欄兼用車両防護柵

高欄と橋梁用車両防護柵との2つの機能を併せもつ防護柵が高欄兼用車両防護柵である.設計には,防護柵設置要綱(日本道路協会)および防護柵設置要綱・資料集(日本道路協会)が用いられる.

(a) 垂直線を強調した高欄　　(b) 水平線を強調した高欄

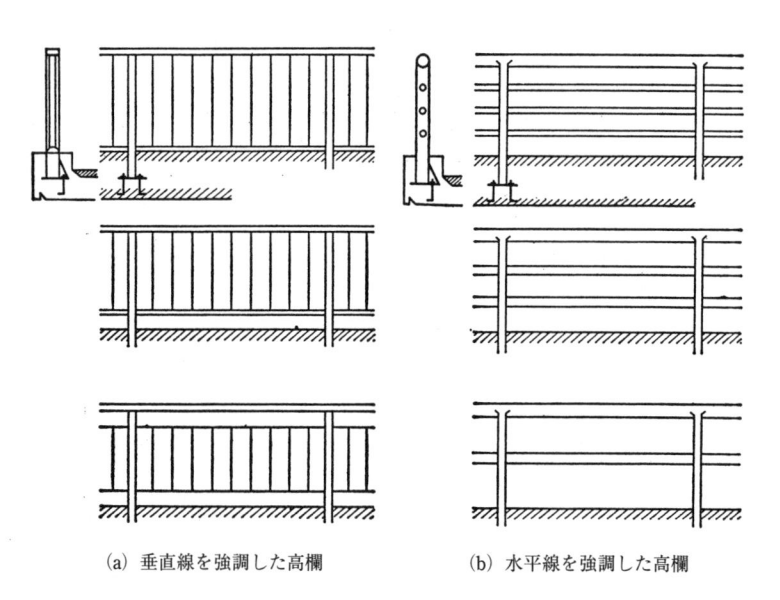

図 8.27　高欄

8.5 排水装置，橋面舗装，防水層

8.5.1 排水装置

橋を維持管理する上で，腐食による劣化を防止することが最も重要な事項の一つである．橋面からの漏水や部材中の滞水は，腐食の原因となるので，排水をすみやかに行う必要がある．このような橋面上の雨水などを排水するための設備を排水装置（drain）という．

橋面の横断勾配は1.5～2.0％を標準とし，縦断勾配の関係上，橋面が凹となる付近では排水ますの間隔を3～10 m程度で，それ以外は20 m以内に設けるのがよい．また，伸縮装置の近くに排水ますを設置し，伸縮装置への流水を極力減じるなど配慮することが望ましい．とくに，配水管はごみや泥などを除去しやすい円形断面とし，内径は15 cm以上とする．箱げた，ラーメン橋脚，トラス部材などの閉断面では，雨水が内部で滞水する場合が多いため，水抜き孔を設けて排水が行える構造としなければならない．図8.28に排水装置を示す．

排水装置のなかでも，とくに排水管は橋梁の景観に及ぼす影響が大きい．都市部の高架橋では，近距離で下から上を見上げる視点となる機会が多く，排水管の景観的な配慮が橋梁の景観を左右しかねない．そこで，①排水管を外部から見えない位置に設置する，②排水管の形状を改良，橋脚にスリットを設けるなどして，雨水の汚れが目立たない工夫をする，③地覆，路肩で集排水し，排水管そのものをなくす，などの景観に配慮した排水施設の設計が重要となる．

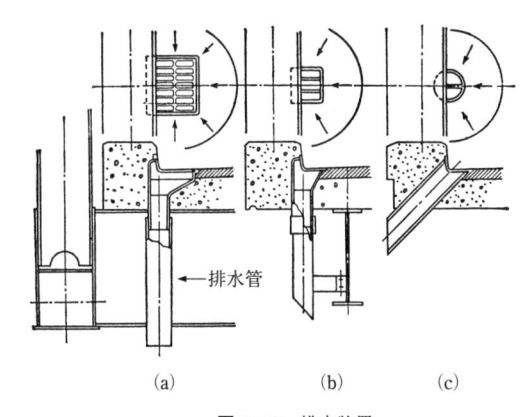

図 8.28 排水装置

8.5.2 橋面舗装

橋面舗装（pavement）は，床版の保護と車両の安全かつ円滑な走行性を確保するために，主としてアスファルト舗装とセメントコンクリート舗装が用いられる．

アスファルト舗装は，コンクリート床版と鋼床版の構造種別，車道と自転車歩

行者道の適用区分により，その種類や厚さを変えて設計，施工される．一般に，車道部は6～8 cmを2層仕上げ，歩道部は3 cm程度を1層仕上げで行う．

セメントコンクリート舗装とする場合には，床版コンクリートと同時に打設するのがよい．その理由として，舗装コンクリートと床版コンクリートとを別々に打設すると，舗装コンクリートの厚さが薄いため乾燥収縮によるひび割れが発生しやすくなる．また，橋の振動，車輪からの衝撃，雨水などの浸透による剥離が生ずるおそれがあるためである．

路面の凹凸は，走行車両による動的な影響（衝撃係数など）のみならず，車両により励起された交通振動は支承を介して橋脚に伝達し，地表面で地盤振動となり家屋を振動させる．また，伸縮装置継手部の段差に自動車のタイヤが乗り上げると，路面に落下する際に床版や主げたなどに高い振動数成分の振動を発生させ，この振動により空気振動が生じ，いわゆる低周波空気振動の原因となる．都市部の高架橋では，住居家屋に近接して街路が設定される場合が多く，このような橋梁の環境振動が問題となることがある．したがって，路面の凹凸や伸縮装置などの橋梁環境整備が重要となる．

8.5.3 防水層

アスファルト舗装を通し，橋面上から鉄筋コンクリート床版に浸透する水は，床版内部の鉄筋や鋼材を腐食させるばかりではなく，コンクリート自身の劣化，とくに繰返し荷重作用下の床版コンクリートの劣化を促進し，床版の耐荷力や耐久性に悪影響を及ぼすことから，必要に応じて防水層（waterproofing）を設ける．

一方，鋼床版では，縦リブや主げた直上のアスファルト舗装に縦ひび割れが発生しやすいこと，雨水により短期間で鋼材が腐食することなどから，防水層は不可欠なものとなっている．鋼床版の防水層としては，シート系，塗膜系，マスチックアスファルト系などがある．

8.6 その他付属施設

橋の付属施設には，照明，標識，遮音壁（防音壁），点検設備，橋歴板などがある．さらに，水道管，ガス管，電話ケーブルなどの添架物がある．これらの付属施設を設置するに当たっては，橋に及ぼす影響を考慮し，必要な措置を講じるとともに，できる限り橋本体に与える影響が少なくなるように配慮しなければならない．

遮音壁を供用後に設置する場合には，死荷重のみならず風荷重の影響も大きいこと，ドライバーにとって前方の状況が見えない不安感，嫌悪感，単調で連続的な壁面による圧迫感などを緩和する景観上の配慮も必要とされる．

長大橋や高架橋の自動車専用道路では，点検設備が維持管理の上で重要であるとの認識が高まり，取り付けられるようになってきた．点検設備は，橋梁の設計段階で考慮しておかなければ，完成後に設置することは非常に困難となる．したがって，点検設備は設計時に配慮しておく必要がある．

演 習 問 題

8.1 次の用語について説明せよ．
(1)支承と沓，(2)振子支承，(3)免震支承と水平反力分散支承，(4)ペンデル支承，(5)支承の設計移動量，(6)遊間，(7)ノージョイント化，(8)鋼製フィンガージョイント，(9)フェールセーフとリダンダンシー，(10)タイプAとタイプBの支承，(11)落橋防止装置，(12)橋梁用防護柵，(13)縁石と地覆，(14)排水装置，(15)橋面舗装，(16)防水層，(17)遮音壁，(18)低周波空気振動，(19)高欄，(20)積層ゴム支承．
8.2 支承の種類と，その特徴について述べよ．
8.3 支承の選定と配置に関して，検討すべき要因について述べよ．
8.4 免震設計と耐震設計の考え方の違いと，その特徴を述べよ．
8.5 伸縮装置の種類を列挙し，その特徴について述べよ．
8.6 落橋防止システムを設置する目的と，検討を要する橋について述べよ．
8.7 落橋防止システムを構成する構造形式を列挙し，その特徴について述べよ．
8.8 排水装置，橋面舗装，防水層を設計する上で，配慮すべき内容について述べよ．

9 合成げた橋の設計計算例

9.1 設 計 条 件

　一般国道，都道府県道，および，これらの道路と基幹的な道路網を形成する地方道を対象とし，2車線の合成げた橋を設計する．したがって，活荷重はB活荷重を使用する．また，鋼橋の製作および現場施工の省力化を促進し，構造の簡素化を図る省力化設計を適用する．本橋の一般図（general plane）を図9.1に示す．

① 形　　　式：道路橋単純活荷重合成げた橋
② 橋　　　長：33.400 m
③ 支　　　間：32.000 m
④ 幅　　　員：全幅 9.700 m，幅員 8.500 m
⑤ 舗　　　装：アスファルト舗装 80 mm 厚
⑥ 床　　　版：鉄筋コンクリート床版（RC床版）220 mm 厚
⑦ 大型車の計画交通量：1日1方向当たり1 000台以上2 000台未満
⑧ 荷　　　重：B活荷重，付帯荷重，型枠 $1.0\,\mathrm{kN/m^2}$
⑨ 横断勾配：2％直線勾配（2％拝み勾配）
⑩ 防　護　柵：橋梁用自動車防護柵
⑪ 主要鋼材：SM 490 Y，SM 400

9.2　鉄筋コンクリート床版の設計

9.2.1　車道部の床版厚
a．連　続　版

　車道部分の床版の最小全厚は，表5.5より算定される．T荷重に対する連続版の支間は $L=2.5$ m であるから，床版の最小全厚 d_0 は次のようになる．

$$d_0 = 3L+11 = 3\times 2.5+11 = 18.5\ \mathrm{cm}$$

　大型車両の交通量が多い場合，式(5.1)により床版厚を増加させて設計する．

9.2 鉄筋コンクリート床版の設計

(a) 断面図

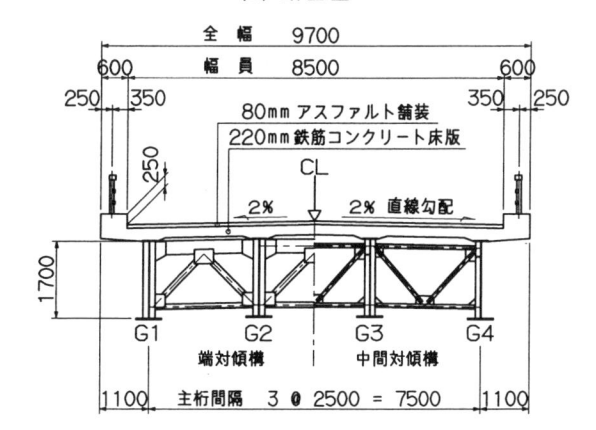

(b) 側面図

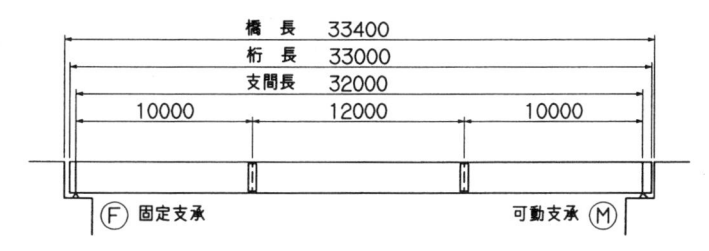

(c) 平面図

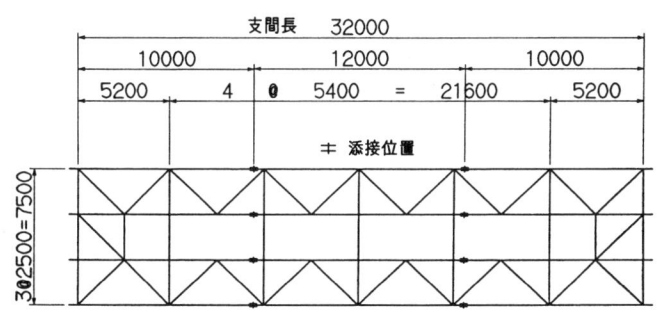

図 9.1 一般図

補正係数 k_1 は表 9.1 より $k_1=1.2$ である．補正係数 k_2 は，床版を支持するけたの剛性が著しく異なる場合に生じる付加曲げモーメントの割増し係数である．ここでは $k_2=1.0$ とする．

$$d = k_1 \cdot k_2 \cdot d_0 = 1.2 \times 1.0 \times 18.5 = 22.20 \text{ cm}$$

表 9.1 補正係数 k_1 の値

1方向当たりの大型車の計画交通量（台/日）	係数 k_1
500 未満	1.10
500 以上 1 000 未満	1.15
1 000 以上 2 000 未満	1.20
2 000 以上	1.25

したがって，床版の全厚を 22 cm とする．

b．片 持 版

片持版の支間 L は，図 5.8 と図 9.2 に示すように，地覆端部から 25 cm の位置に T 荷重が載荷され，上フランジ（320 mm と仮定する）突出幅の 1/2 までの距離である．ゆえに，$L=0.170$ m となる．

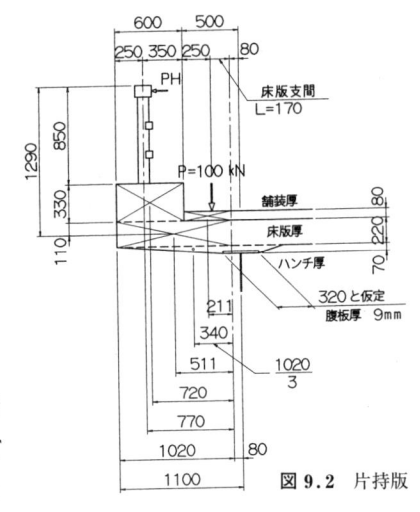

$$d_0 = 28L + 16 = 28 \times 0.170 + 16 = 20.8 \text{ cm}$$
$$d = k_1 \cdot k_2 \cdot d_0 = 1.2 \times 1.0 \times 20.8 = 24.96 \text{ cm}$$

よって，片持部の最小床版厚を 25 cm とする．ここで，ハンチ高を 7 cm，上フランジ厚を 2 cm とすると，22+7-2=27 cm ＞ 25 cm となり，片持部の床版厚を満足している．

図 9.2 片持版

9.2.2 設 計 荷 重

① 死荷重：　表 2.2 に示す材料の単位体積重量に厚さを乗ずることにより，単位面積当たりの死荷重が以下のように計算できる．

　　アスファルト舗装（80 mm 厚）：　　　$22.5 \times 0.080 = 1.800 \text{ kN/m}^2$
　　鉄筋コンクリート床版（220 mm 厚）：$24.5 \times 0.220 = 5.390 \text{ kN/m}^2$
　　　　　　　　　　　　　　　　合計　　$w_d = 7.190 \text{ kN/m}^2$
　　地　覆（330 mm 厚）：　　　　　　　$24.5 \times 0.330 = 8.085 \text{ kN/m}^2$
　　防護柵（仮定）：　　　　　　　　　　　　　　　　$= 0.491 \text{ kN/m}^2$
　　ハンチ（70 mm 厚）：　　　　　　　$24.5 \times 0.070 \times 1/2 = 0.858 \text{ kN/m}^2$

② 活荷重：T 活荷重として，$P=100$ kN．
③ 高欄推力：歩車道区分のない防護柵とするため，高欄推力は計算に入れる必要はない．
④ 衝突時：橋梁用自動車防護柵 B 種の支柱（125×125×4.5 mm）を 2 m 間隔

にて設置するものとし，最大支持力を41.2 kNとする．

9.2.3 床版の設計曲げモーメント
a．連　続　版
主鉄筋方向の単位幅当たりの曲げモーメント
① 支間曲げモーメント（端支間）：
死荷重による曲げモーメント（表5.4）
$$M_d = w_d L^2/10 = 7.190 \times 2.50^2/10 = 4.49 \text{ kN·m/m}$$
活荷重（衝撃を含む）による曲げモーメント（表5.2）
$$M_{l+i} = (0.12L + 0.07)P \times 0.8 = (0.12 \times 2.5 + 0.07) \times 100 \times 0.8 = 29.60 \text{ kN·m/m}$$
したがって，主鉄筋方向の曲げモーメントMは
$$M = M_d + M_{l+i} = 4.49 + 29.60 = 34.09 \text{ kN·m/m}$$
である．ただし，主鉄筋方向の曲げモーメントの割増しは，表5.3より，床版の支間$L = 2.5$ m$\leqq 2.5$であることから，ないものとする．

② 支点曲げモーメント：
死荷重による曲げモーメント（表5.4）
$$M_d = -w_d L^2/10 = -7.190 \times 2.50^2/10 = -4.49 \text{ kN·m/m}$$
活荷重（衝撃を含む）による曲げモーメント（表5.2）
$$M_{l+i} = -(0.12L + 0.07)P \times 0.8 = -(0.12 \times 2.5 + 0.07) \times 100 \times 0.8$$
$$= -29.60 \text{ kN·m/m}$$
したがって，主鉄筋方向の曲げモーメントMは
$$M = M_d + M_{l+i} = -4.49 - 29.60 = -34.09 \text{ kN·m/m}$$
である．

配力鉄筋方向の単位幅当たりの曲げモーメント
① 支間曲げモーメント（端支間）：
死荷重による曲げモーメントは，表5.4より，無視してよい．したがって，$M_d = 0$である．

活荷重（衝撃を含む）による曲げモーメント（表5.2）
$$M_{l+i} = (0.10L + 0.04)P \times 0.8 = (0.10 \times 2.5 + 0.04) \times 100 \times 0.8 = 23.20 \text{ kN·m/m}$$
したがって，配力鉄筋方向の曲げモーメントMは次のようになる．
$$M = M_d + M_{l+i} = 0 + 23.20 = 23.20 \text{ kN·m/m}$$
② 支点曲げモーメントは，$M_d = M_{l+i} = 0$となる．

b. 片 持 版

主鉄筋方向の単位幅当たりの曲げモーメント

支点曲げモーメントは，表5.4および図9.2より，以下のように計算される．

- 舗　装： $-1.800 \times 0.420^2 \times 1/2 = -0.16$ kN·m/m
- 床　版： $-5.390 \times 1.020^2 \times 1/2 = -2.80$ kN·m/m
- 地　覆： $-8.085 \times 0.600 \times 0.720 = -3.49$ kN·m/m
- 防護柵： $-0.491 \times 0.770 = -0.38$ kN·m/m
- ハンチ： $-0.858 \times 0.340 = -0.29$ kN·m/m
- 死荷重（合計）： $M_d = -7.12$ kN·m/m

活荷重（衝撃を含む）：表5.2から算出される．

$$M_{l+i} = -PL/(1.30L+0.25) = -100 \times 0.170/(1.30 \times 0.170+0.25)$$
$$= -36.09 \text{ kN·m/m}$$

歩車道区分のない防護柵とするため，高欄推力は計算に入れない．したがって，常時荷重に対する主鉄筋方向の曲げモーメント M は，次のように求められる．

$$M = M_d + M_{l+i} = -7.12 - 36.09 = -43.21 \text{ kN·m/m}$$

配力鉄筋方向の単位幅当たりの曲げモーメント

① 支間曲げモーメント（端支間）：

死荷重による曲げモーメントは，表5.4より，無視してよい．したがって，$M_d = 0$ である．

活荷重（衝撃を含む）による先端付近曲げモーメント（表5.2）

$$M_{l+i} = (0.15L+0.13)P = (0.15 \times 0.170+0.13) \times 100 = 15.55 \text{ kN·m/m}$$

したがって，配力鉄筋方向の曲げモーメント M は次のようになる．

$$M = M_d + M_{l+i} = 0 + 15.55 = 15.55 \text{ kN·m/m}$$

衝突時主鉄筋方向の単位幅当たりの曲げモーメント

床版中心から衝突時荷重作用位置までの距離 H は，図9.2より

$$H = 0.850 + 0.250 + 0.080 + 0.220/2 = 1.290 \text{ m}$$

である．橋梁用自動車防護柵B種の最大支持力は $P_{max} = 41.2$ kN であり，最小防護柵支柱間隔を最大支柱間隔の1/2とすると，$B_{min} = 2.000/2 = 1.000$ m となる．したがって，衝突荷重による曲げモーメントは，次のように計算される．

$$M_H = -P_{max} \times H/(2 \times B_{min}) = -41.2 \times 1.290/(2 \times 1.000) = -26.57 \text{ kN·m/m}$$

したがって，主鉄筋方向の支点曲げモーメント（片持版）は，

$$M = M_d + M_{l+i} + M_H = -7.12 - 36.09 - 26.57 = -69.78 \text{ kN·m/m}$$

となる．荷重の組合せによる許容応力度の割増し係数は，表2.17より1.5である．よって，

$$M = M/1.5 = -69.78/1.5 = -46.52 \text{ kN·m/m}$$

となり，常時荷重による曲げモーメント$M = -43.21$ kN·m/mより，その絶対値が大きい．ゆえに，片持版の主鉄筋方向の支点曲げモーメントは，衝突時の曲げモーメントを設計曲げモーメントとする．

9.2.4 床版の断面計算

床版コンクリートの設計基準強度を$\sigma_{ck} = 30$ N/mm^2，許容曲げ圧縮応力度は$\sigma_{ca} = \sigma_{ck}/3.5 = 8.6$ N/mm^{2}とする．床版における鉄筋とコンクリートとのヤング係数比は$n = 15$とする．

a．連　続　版

主鉄筋

床版の鉄筋は，異形鉄筋D19（SD 345）を使用するものとする．鉄筋の許容引張応力度は，表5.6より，140 N/mm^{2}である．床版の断面計算は，ハンチ部のない床版厚の薄い支間部で行う．5.2.6項

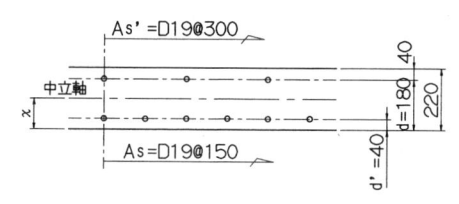

図9.3　連続版主鉄筋の配置

の床版の設計細目で述べたように，床版のかぶりは3 cm以上必要であるから，4 cmとする．また，鉄筋の中心間隔は10～30 cmであるから，15 cmとする．連続版主鉄筋の配置を図9.3に示す．

支間および支点曲げモーメント$M = 34.09$ kN·m/mに対して設計する．表3.4より，異形鉄筋D19の公称断面積は286.5 mm^{2}である．図9.3に示す主鉄筋方向の単位幅当たり$b = 1$ m $= 1\,000$ mmについて考える．単位幅当たりの引張側鉄筋断面積A_sは

$$A_s = (1\,000/150) \times 286.5 = 1\,910 \text{ mm}^2$$

であり，同じく，単位幅当たりの圧縮側鉄筋断面積A_s'は次のように求められる．

$$A_s' = 1/2 \times A_s = 955 \text{ mm}^2$$

複鉄筋矩形断面として，床版の圧縮面から中立軸までの距離xは，

$$x = -\frac{n(A_s + A_s')}{b} + \sqrt{\left\{\frac{n(A_s + A_s')}{b}\right\}^2 + \frac{2n}{b}(dA_s + d'A_s')}$$

$$= -\frac{15 \times (1\,910 + 955)}{1\,000} + \sqrt{\left\{\frac{15 \times (1\,910 + 955)}{1\,000}\right\}^2 + \frac{2 \times 15}{1\,000} \times (180 \times 1\,910 + 40 \times 955)}$$

$$= 72.38 \text{ mm}$$

圧縮側コンクリートの抵抗断面係数 W_c は,

$$W_c = \frac{bx}{2}\left(d - \frac{x}{3}\right) + nA_s' \cdot \frac{x - d'}{x}(d - d')$$

$$= \frac{1\,000 \times 72.38}{2} \times \left(180 - \frac{72.38}{3}\right) + 15 \times 955 \times \frac{72.38 - 40}{72.38} \times (180 - 40)$$

$$= 6.538 \times 10^6 \text{ mm}^3$$

引張鉄筋の抵抗断面係数 W_s は,

$$W_s = \frac{W_c}{n} \cdot \frac{x}{d - x} = \frac{6.538 \times 10^6}{15} \times \frac{72.38}{180 - 72.38} = 2.931 \times 10^5 \text{ mm}^3$$

となる. したがって, コンクリートの圧縮応力度 σ_c は,

$$\sigma_c = \frac{M}{W_c} = \frac{34.09 \times 10^6}{6.538 \times 10^6} = 5.2 \text{ N/mm}^2 < \sigma_{ca} = 8.6 \text{ N/mm}^2$$

鉄筋の引張応力度 σ_s は,

$$\sigma_s = \frac{M}{W_s} = \frac{34.09 \times 10^6}{2.931 \times 10^5} = 116.3 \text{ N/mm}^2 < \sigma_{sa} = 140 \text{ N/mm}^2$$

となり, いずれも安全である. ここで, 床版支持げたの不等沈下の影響や床版の有害なひび割れを防ぐために, 鉄筋の応力度は 20 N/mm² 程度余裕をもたせることが望ましい.

配力鉄筋

支間曲げモーメント $M = 23.20$ kN·m/m に対して設計する. 床版の鉄筋は異形鉄筋 D 16 (SD 295) を使用する. 公称断面積は 198.6 mm² である. 連続版配力鉄筋の配置を図 9.4 に示す. 以下, 主鉄筋の場合と同様にして,

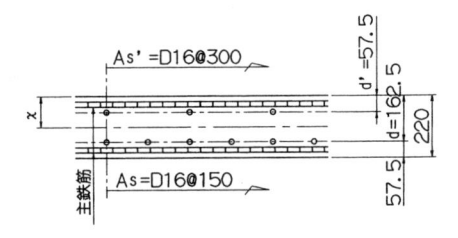

図 9.4 連続版配力鉄筋の配置

$$A_s = (1\,000/150) \times 198.6 = 1\,324\,\mathrm{mm}^2$$

$$A_s' = 1/2 \times A_s = 662\,\mathrm{mm}^2$$

$$x = -\frac{15 \times (1\,324 + 662)}{1\,000} + \sqrt{\left\{\frac{15 \times (1\,324 + 662)}{1\,000}\right\}^2 + \frac{2 \times 15}{1\,000} \times (162.5 \times 1\,324 + 57.5 \times 662)}$$

$$= 62.32\,\mathrm{mm}$$

$$W_c = \frac{1\,000 \times 62.32}{2} \times \left(162.5 - \frac{62.32}{3}\right) + 15 \times 662 \times \frac{62.32 - 57.5}{62.32} \times (162.5 - 57.5)$$

$$= 4.497 \times 10^6\,\mathrm{mm}^3$$

$$W_s = \frac{4.497 \times 10^6}{15} \times \frac{62.32}{162.5 - 62.32} = 1.865 \times 10^5\,\mathrm{mm}^3$$

$$\sigma_c = \frac{M}{W_c} = \frac{23.20 \times 10^6}{4.497 \times 10^6} = 5.2\,\mathrm{N/mm}^2 < \sigma_{ca} = 8.6\,\mathrm{N/mm}^2$$

$$\sigma_s = \frac{M}{W_s} = \frac{23.20 \times 10^6}{1.865 \times 10^5} = 124.4\,\mathrm{N/mm}^2 < \sigma_{sa} = 140\,\mathrm{N/mm}^2$$

となり，いずれも安全である．なお，配力鉄筋は床版の支間方向に，その鉄筋量を表5.7にしたがい低減することができる．

b．片持版

主鉄筋

支点曲げモーメント $M = 46.52\,\mathrm{kN \cdot m/m}$ に対して設計する．床版の鉄筋は，異形鉄筋 D 19（SD 345）を使用する．床版の有効厚は，ハンチ高7 cm，上フランジ厚2 cm（仮定）を考慮して，$h = 22 + 7 - 2 = 27\,\mathrm{cm}$ となることから，27 cmとして計算する．図9.5に片持版主鉄筋の配置を示す．

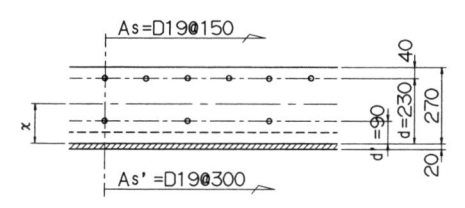

図 9.5 片持版主鉄筋の配置

$$A_s = (1\,000/150) \times 286.5 = 1\,910\,\mathrm{mm}^2$$

$$A_s' = 1/2 \times A_s = 955\,\mathrm{mm}^2$$

$$x = -\frac{15 \times (1\,910 + 955)}{1\,000} + \sqrt{\left\{\frac{15 \times (1\,910 + 955)}{1\,000}\right\}^2 + \frac{2 \times 15}{1\,000} \times (230 \times 1\,910 + 90 \times 955)}$$

$$= 89.71\,\mathrm{mm}$$

$$W_c = \frac{1\,000 \times 89.71}{2} \times \left(230 - \frac{89.71}{3}\right) + 15 \times 955 \times \frac{89.71 - 90}{89.71} \times (230 - 90)$$

$$= 8.969 \times 10^6 \text{ mm}^3$$

$$W_s = \frac{8.969 \times 10^6}{15} \times \frac{89.71}{230 - 89.71} = 3.824 \times 10^5 \text{ mm}^3$$

$$\sigma_c = \frac{M}{W_c} = \frac{46.52 \times 10^6}{8.969 \times 10^6} = 5.2 \text{ N/mm}^2 < \sigma_{ca} = 8.6 \text{ N/mm}^2$$

$$\sigma_s = \frac{M}{W_s} = \frac{46.52 \times 10^6}{3.824 \times 10^5} = 121.7 \text{ N/mm}^2 < \sigma_{sa} = 140 \text{ N/mm}^2$$

となり，いずれも安全である．

配力鉄筋

曲げモーメント $M = 15.55$ kN·m/m に対して設計する．床版の鉄筋は異形鉄筋 D 16（SD 295）を使用する．片持版配力鉄筋の配置を図 9.6 に示す．同様にして，

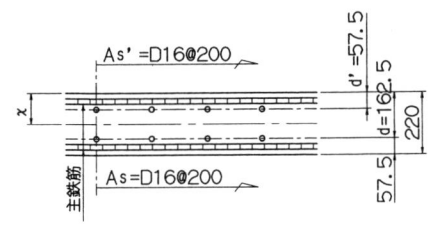

図 9.6 片持版配力鉄筋の配置

$$A_s = A_s' = (1\,000/200) \times 198.6 = 993 \text{ mm}^2$$

$$x = -\frac{15 \times (993 + 993)}{1\,000} + \sqrt{\left\{\frac{15 \times (993 + 993)}{1\,000}\right\}^2 + \frac{2 \times 15}{1\,000} \times (162.5 \times 993 + 57.5 \times 993)}$$

$$= 56.47 \text{ mm}$$

$$W_c = \frac{1\,000 \times 56.47}{2} \times \left(162.5 - \frac{56.47}{3}\right) + 15 \times 993 \times \frac{56.47 - 57.5}{56.47} \times (162.5 - 57.5)$$

$$= 4.028 \times 10^6 \text{ mm}^3$$

$$W_s = \frac{4.028 \times 10^6}{15} \times \frac{56.47}{162.5 - 56.47} = 1.430 \times 10^5 \text{ mm}^3$$

$$\sigma_c = \frac{M}{W_c} = \frac{15.55 \times 10^6}{4.028 \times 10^6} = 3.9 \text{ N/mm}^2 < \sigma_{ca} = 8.6 \text{ N/mm}^2$$

$$\sigma_s = \frac{M}{W_s} = \frac{15.55 \times 10^6}{1.430 \times 10^5} = 108.7 \text{ N/mm}^2 < \sigma_{sa} = 140 \text{ N/mm}^2$$

となり，いずれも安全である．

9.3 主げたの断面力

道路橋示方書8.8.1に従い，支間中央に剛な荷重分配横げたを設置する．主げたの断面力は，慣用法（1−0法）を用いて簡易的に算出する．

9.3.1 荷　　重
a．合成前死荷重

鋼重は，建設省合成げた標準設計を参考に$1.670\ kN/m^2$とし，省力化設計による鋼重の割増しを考慮して$1.870\ kN/m^2$とした．ハンチ部の重量は，外げた（G-1,4）の上フランジ幅を320 mm，内げた（G-2,3）の上フランジ幅を330 mmと仮定し，ハンチの勾配を1：3として計算する．また，型枠の重量は$1.000\ kN/m^2$と仮定する．

床　版： 0.220×24.5 $= 5.390\ kN/m^2$
ハンチ（G-1,4）： $1/2 \times (0.320+1.470) \times 0.070 \times 24.5 = 1.535\ kN/m$
ハンチ（G-2,3）： $1/2 \times (0.330+0.750) \times 0.070 \times 24.5 = 0.926\ kN/m$
鋼　重（主げた1本当たり）： $1.870 \times 8.500 \times 1/4$ $= 3.974\ kN/m$
型　枠： $= 1.000\ kN/m^2$

b．合成後死荷重

舗　装： 0.080×22.5 $= 1.800\ kN/m^2$
地　覆： $0.600 \times 0.330 \times 24.5 = 4.851\ kN/m$
防護柵： $= 0.491\ kN/m$
型　枠（合成後取り外すため）： $= -1.000\ kN/m^2$

c．活荷重

主げたは，表2.4に示すL荷重（B活荷重）によって設計する．よって，L荷重の載荷長は$D=10\ m$となる．

等分布荷重p_1：曲げモーメントに対して　$10\ kN/m^2$
　　　　　　　せん断力に対して　　$12\ kN/m^2$
等分布荷重p_2：$L=32.0\ m < 80\ m$　　$3.5\ kN/m^2$
衝撃係数：　$i=20/(50+L)=20/(50+32.0)=0.244$

9.3.2 荷重強度

a. 合成前死荷重強度

外げたに作用する死荷重（G-1,4）

地覆や防護柵については，合成前の時点ではつくられていないものと判断し，合成前死荷重の計算には考慮しない．主げたの合成前影響線を図9.7に示す．

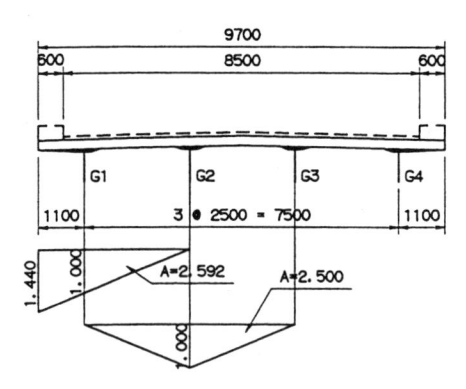

図9.7 主げたの合成前影響線

床　版：$5.390 \times 2.592 = 13.971$ kN/m
ハンチ：$1.535 \times 1.000 = 1.535$ kN/m
鋼　重：$3.974 \times 1.000 = 3.974$ kN/m
型　枠：$1.000 \times 2.592 = 2.592$ kN/m
　　　　合計　　$W_{d1} = 22.072$ kN/m

内げたに作用する死荷重（G-2,3）

床　版：$5.390 \times 2.500 = 13.475$ kN/m
ハンチ：$0.926 \times 1.000 = 0.926$ kN/m
鋼　重：$3.974 \times 1.000 = 3.974$ kN/m
型　枠：$1.000 \times 2.500 = 2.500$ kN/m
　　　　合計　　$W_{d1} = 20.875$ kN/m

b. 合成後死荷重強度

外げたに作用する死荷重（G-1,4）

合成後には，舗装，地覆および防護柵の死荷重を考慮しなければならない．ただし，型枠は合成後取り外すため，合成前死荷重で考慮した荷重を取り除く必要がある．主げたの合成後影響線を図9.8に示す．

9.3 主げたの断面力　233

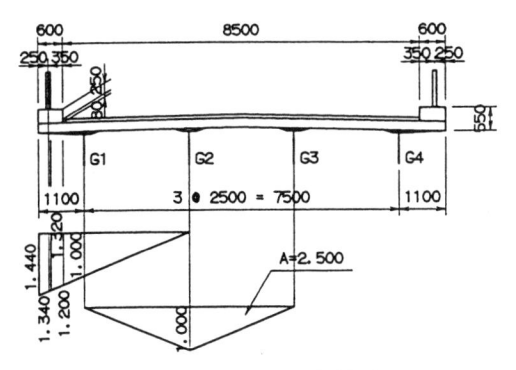

図 9.8 主げたの合成後影響線

舗　装：$1.800 \times 3.000 \times 1.200 \times 1/2 = 3.240$ kN/m
地　覆：4.851×1.320 　　　　　　　$= 6.403$ kN/m
防護柵：0.491×1.340 　　　　　　　$= 0.658$ kN/m
型　枠：$-1.000 \times 3.600 \times 1.440 \times 1/2 = -2.592$ kN/m
　　　合計　　　　　　$W_{d2} = 7.709$ kN/m

内げたに作用する死荷重（G-2,3）

舗　装：$1.800 \times 2.500 = 4.500$ kN/m
型　枠：$-1.000 \times 2.500 = -2.500$ kN/m
　　　合計　　　$W_{d2} = 2.000$ kN/m

c. 活荷重強度

外げたに作用する活荷重（G-1,4）

主載荷荷重 p_1 と p_2 は，図 9.9 に示すように橋軸直角方向に満載され，その幅は 5.5 m である．したがって，活荷重強度は次のように計算される．

① 主載荷荷重 P_1：
　　曲げモーメントを算出する場合：$P_1 = 10 \times 3.000 \times 1.200 \times 1/2 = 18.000$ kN/m
　　せん断力を算出する場合：　　　$P_1 = 12 \times 3.000 \times 1.200 \times 1/2 = 21.600$ kN/m
② 主載荷荷重 P_2：　　　　　　　$P_2 = 3.5 \times 3.000 \times 1.200 \times 1/2 = 6.300$ kN/m

内げたに作用する活荷重（G-2,3）

① 主載荷荷重 P_1：
　　曲げモーメントを算出する場合：$P_1 = 10 \times 5.000 \times 1.000 \times 1/2 = 25.000$ kN/m
　　せん断力を算出する場合：　　　$P_1 = 12 \times 5.000 \times 1.000 \times 1/2 = 30.000$ kN/m
② 主載荷荷重 P_2：　　　　　　　$P_2 = 3.5 \times 5.000 \times 1.000 \times 1/2 = 8.750$ kN/m

図 9.9 L荷重の載荷

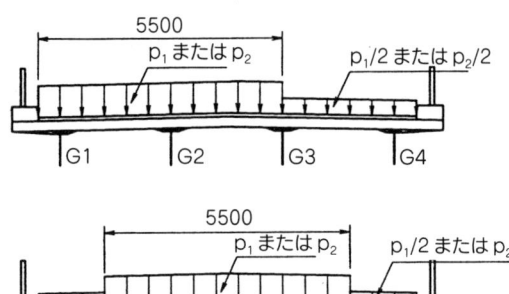

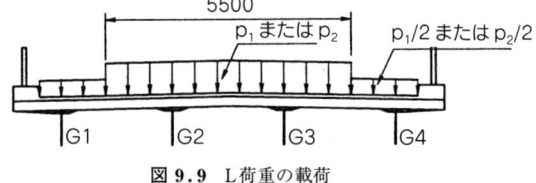

9.3.3 主げたの曲げモーメント

断面力（曲げモーメントとせん断力）を求める主げたの着目点を図9.10に示す．等分布荷重 p_1 の載荷長は $D=10$ m であり，着目点の最大曲げモーメントは図9.11に示す曲げモーメントの影響線の縦距 η_1 と η_2 が等しい場合に生ずる． p_1 による荷重強度 P_1 を載荷する始点までの距離 x は，

$$x = a(L-10)/L$$

により計算される．ただし，L は支間長（$L > 10$ m），a は着目点の位置である．他の活荷重強度 P_2，死荷重強度 W_{d1} および W_{d2} は，橋軸方向に満載する．各着目点における曲げモーメントの影響線を図9.12に示す．したがって，各曲げモーメントは次のように求められる．

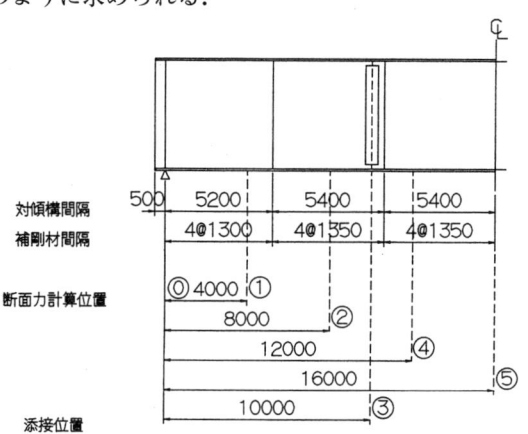

図 9.10 断面力の計算位置

9.3 主げたの断面力

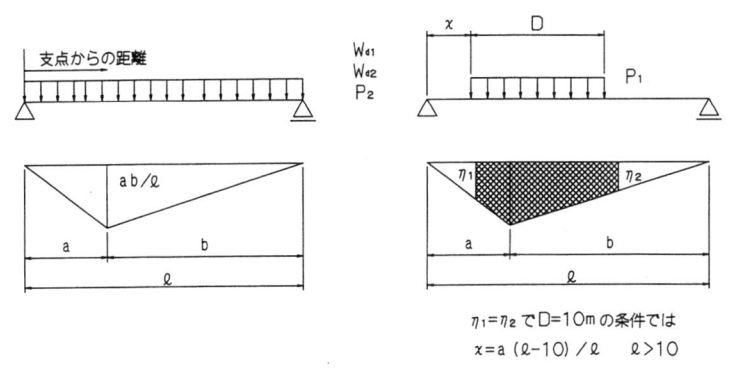

図 9.11 曲げモーメントの影響線

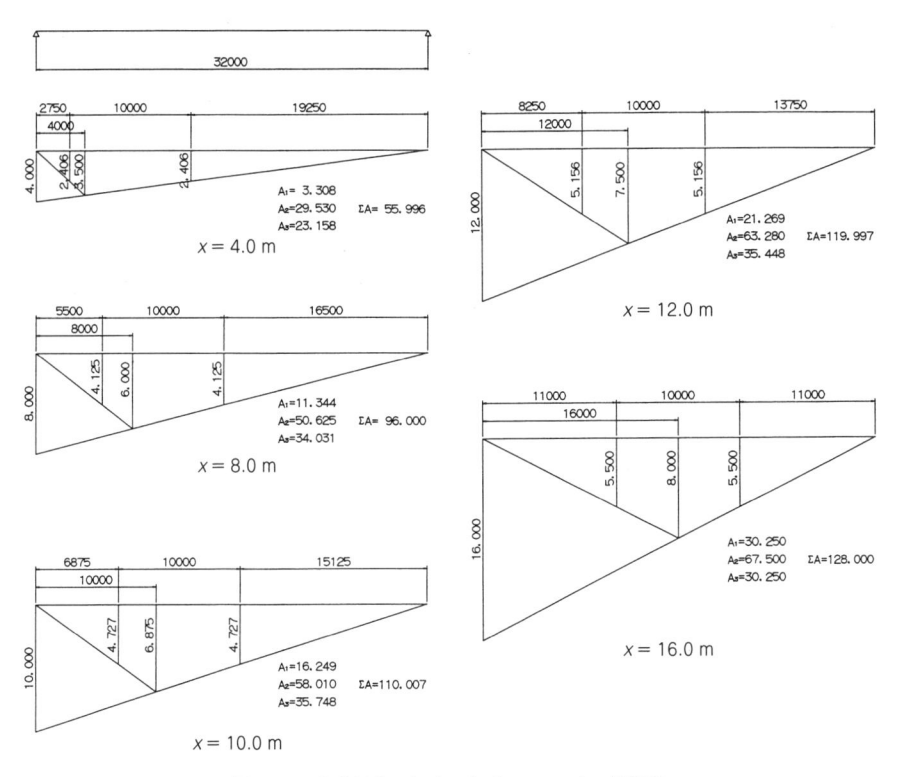

$\eta_1=\eta_2$ で $D=10\mathrm{m}$ の条件では
$x=a(\ell-10)/\ell \quad \ell>10$

図 9.12 各着目点における曲げモーメントの影響線

合成前死荷重による曲げモーメント： $M_{d1} = W_{d1} \times \Sigma A$
合成後死荷重による曲げモーメント： $M_{d2} = W_{d2} \times \Sigma A$
主載荷荷重P_1による曲げモーメント： $M_{P1} = P_1 \times A_2$
主載荷荷重P_2による曲げモーメント： $M_{P2} = P_2 \times \Sigma A$
衝撃荷重による曲げモーメント： $M_i = (M_{P1} + M_{P2}) \times i$
合成後の全曲げモーメント： $M_v = M_{d2} + M_{P1} + M_{P2} + M_i$

外げたに作用する曲げモーメントの計算結果を表9.2に示す．同様にして，内げたの曲げモーメントも計算できる．

9.3.4 主げたのせん断力

曲げモーメントの計算と同様にして，荷重強度P_1とP_2は図9.13に示すように，

表 9.2 曲げモーメントの計算結果 (kN·m)

断面力計算位置			外		げ		た	
支点から	影響線面積		合成前		合	成	後	
の距離 (m)	載荷長D A_2	支間L ΣA	M_{d1} 22.072	M_{d2} 7.709	M_{p1} 18.000	M_{p2} 6.300	M_i $i = 0.244$	合計 M_v
① 4.000	29.530	55.996	1235.94	431.67	531.54	352.77	215.77	1531.75
② 8.000	50.625	96.000	2118.91	740.06	911.25	604.80	369.92	2626.03
③ 10.000	58.010	110.007	2428.07	848.04	1044.18	693.04	423.88	3009.14
④ 12.000	63.280	119.997	2648.57	925.06	1139.04	755.98	462.38	3282.46
⑤ 16.000	67.500	128.000	2825.22	986.75	1215.00	806.40	493.22	3501.37

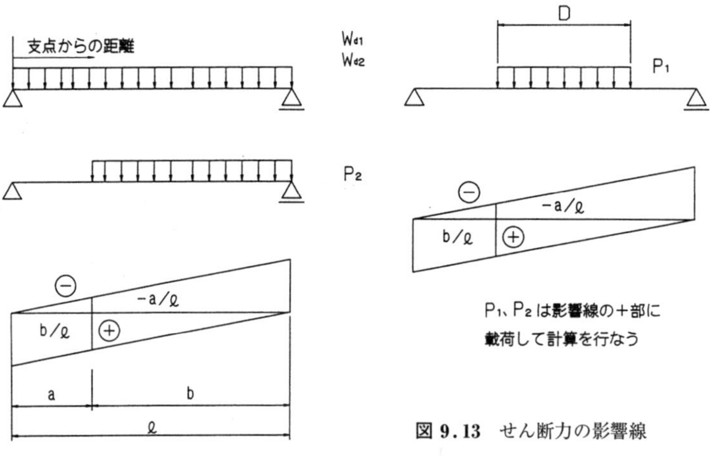

図 9.13 せん断力の影響線

9.3 主げたの断面力

せん断力が最大となるように+部分に載荷する．ただし，P_1の載荷長は10 mである．また，死荷重強度W_{d1}およびW_{d2}は，橋軸方向に満載する．各着目点におけるせん断力の影響線を図9.14に示す．せん断力Qの計算結果を表9.3に示す．さらに，図9.15は主げた（外げた）の断面力の分布状態を示す．

表 9.3 せん断力の計算結果 (kN)

断面力計算位置				外		げ		た	
支点から の距離 (m)	影響線面積			合成前		合	成	後	
	載荷長D	支間L		Q_{d1} 22.072	Q_{d2} 7.709	Q_{p1} 21.600	Q_{p2} 6.300	Q_i $i=0.244$	合計 Q_v
	A_2	A_2+A_3	ΣA						
⓪ 0.000	8.440	16.028	16.028	353.77	123.56	182.30	100.98	69.12	475.96
① 4.000	7.190	12.257	12.007	265.02	92.56	155.30	77.22	56.73	381.81
② 8.000	5.940	9.006	8.006	176.71	61.72	128.30	56.74	45.15	291.91
③ 10.000	5.315	7.565	6.000	132.43	46.25	114.80	47.66	39.64	248.35
④ 12.000	4.690	6.255	4.005	88.40	30.87	101.30	39.41	34.33	205.91
⑤ 16.000	3.440	4.004	0.000	0.0	0.0	74.30	25.23	24.29	123.82

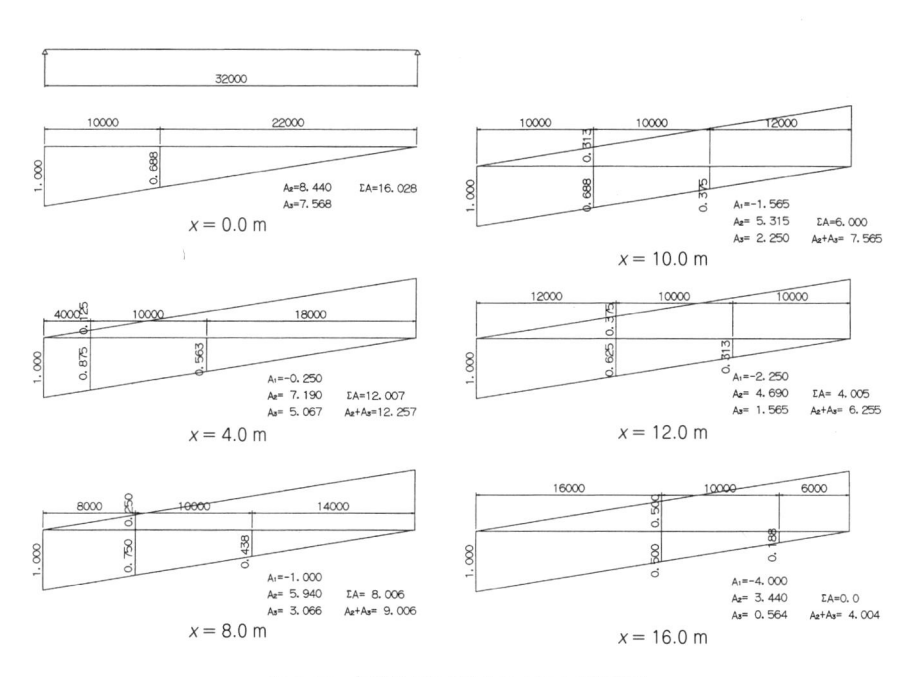

図 9.14 各着目点におけるせん断力の影響線

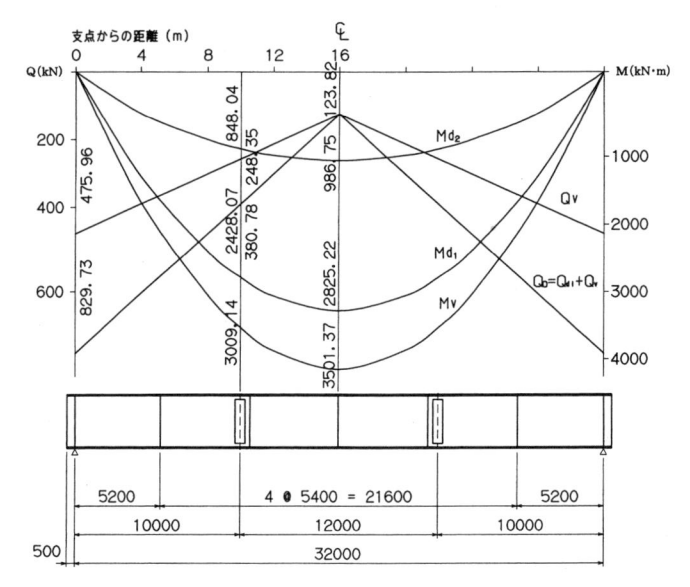

図 9.15 主げたの断面力の分布図

9.4 主げたの設計

9.4.1 床版の有効幅

図9.16より,床版の有効幅を計算する.上フランジ幅を仮定し,簡易的にハンチの傾斜を45°として,ハンチ部の水平長さ a を求める.

$a_1 = 320 + 2 \times 70 = 460$ mm, $a_2 = 330 + 2 \times 70 = 470$ mm

したがって,

$b_1 = 1\,100 - 460/2 = 870$ mm, $b_2 = (2\,500 - 460/2 - 470/2)/2 = 1\,018$ mm

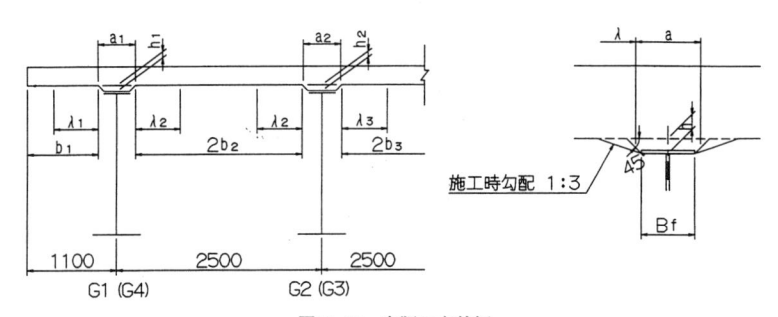

図 9.16 床版の有効幅

となる．有効幅 λ は式 (5.7) より，次のように求められる．

① 外げたの有効幅 B_1：

$b_1/L = 870/32\,000 = 0.027 < 0.05$, $\lambda_1 = b_1 = 870$ mm

$b_2/L = 1\,018/32\,000 = 0.032 < 0.05$, $\lambda_2 = b_2 = 1\,018$ mm

したがって，$B_1 = \lambda_1 + a_1 + \lambda_2 = 870 + 460 + 1\,018 = 2\,348$ mm → $2\,350$ mm（全幅有効）

② 内げたの有効幅 B_2：

同様にして，$B_2 = 2\,500$ mm（全幅有効）である．

9.4.2 断面算定

外げたの中央部（$x = L/2 = 16$ m）の断面を設計する．したがって，表 9.2 より，$M_{d1} = 2\,825.22$ kN·m，$M_{d2} = 986.75$ kN·m，$M_v = 3\,501.37$ kN·m である．使用鋼材は SM 490 Y とする．式 (6.32) または式 (6.33) を用いて，けた高 h_w を決定し，鋼げた断面および合成げた断面の応力照査を行う．

本橋は活荷重合成げたであるから，鋼げた断面と合成げた断面とに作用する荷重による応力度，乾燥収縮による応力度，後死荷重によるクリープなどによる応力度は，別々に算定しなければならない．さらに，荷重の組合せによる応力照査と降伏に対する安全度の照査を行う．

a. 鋼げた断面および合成げた断面の応力度

死荷重による鋼げた断面の応力度

図 9.17 の鋼げた断面を次のように仮定し，その応力度を照査する．

		A (mm^2)	y (mm)	Ay (mm^3)	Ay^2 or I (mm^4)
1−Flg. Pl.	320 × 19	6 080	−859.5	−5.22576 × 10^6	4.49154 × 10^9
1−Web Pl.	1 700 × 9	15 300	0	0	3.68475 × 10^9
1−Flg. Pl.	580 × 28	16 240	864.0	14.03136 × 10^6	12.12310 × 10^9
		37 620		8.80560 × 10^6	20.29939 × 10^9

$e_s = \Sigma Ay / \Sigma A = 8.80560 \times 10^6 / 37\,620 = 234.1$ mm

$I_s = \Sigma I - \Sigma A \times e_s^2 = 20.29939 \times 10^9 - 37\,620 \times 234.1^2 = 18.23771 \times 10^9$ mm^4

$y_{su} = h_w/2 + t_{fu} + e_s = 850 + 19 + 234.1 = 1\,103.1$ mm

$y_{sl} = h_w/2 + t_{fl} - e_s = 850 + 28 - 234.1 = 643.9$ mm

$\sigma_{su} = \dfrac{M_{d1}}{I_s} y_{su} = \dfrac{2\,825.22 \times 10^6}{18.23771 \times 10^9} \times 1\,103.1 = 170.9$ N/mm^2

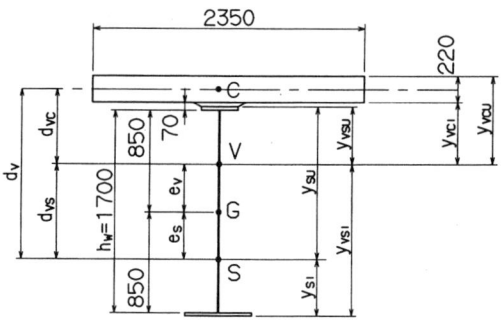

図 9.17 合成げた断面

$$\sigma_{sl} = \frac{M_{d1}}{I_s} y_{sl} = \frac{2\,825.22 \times 10^6}{18.23771 \times 10^9} \times 643.9 = 99.7\,\text{N/mm}^2$$

表3.6より，鋼材 SM 490 Y の許容曲げ圧縮応力度 σ_{ca} を求める．

$$\frac{A_w}{A_c} = \frac{15\,300}{6\,080} = 2.52 > 2, \quad K = \sqrt{3 + \frac{A_w}{2A_c}} = \sqrt{3 + \frac{2.52}{2}} = 2.06$$

$$\frac{7}{K} = \frac{7}{2.06} = 3.40 < \frac{l}{b} = \frac{5\,400}{320} = 16.88 < 27$$

表2.17より，架設時の割増し係数1.25を考慮して，

$$\sigma_{ca} = \left\{210 - 2.3\left(K\frac{l}{b} - 7\right)\right\} \times 1.25 = \left\{210 - 2.3 \times (2.06 \times 16.88 - 7)\right\} \times 1.25$$
$$= 182.7\,\text{N/mm}^2$$

である．また，曲げ引張許容応力度は，$\sigma_{ta} = 210 \times 1.25 = 262.5\,\text{N/mm}^2$ となる．したがって，架設時においては，$\sigma_{su} < \sigma_{ca}$，$\sigma_{sl} < \sigma_{ta}$ が成り立ち安全である．

合成げた断面の応力度

鋼と床版コンクリートとのヤング係数比は $n=7$ である．よって，図9.17より

	A (mm^2)	y (mm)	Ay (mm^3)	Ay^2 or I (mm^4)
1－Slab	$2\,350 \times 220 \times 1/7$　73 857	$-1\,030.0$	-76.07271×10^6	78.35489×10^9
1－Steel	37 620	234.1	8.80560×10^6	20.29939×10^9
	111 477		-67.26711×10^6	98.65428×10^9

$e_v = \Sigma Ay / \Sigma A = 67.26711 \times 10^6 / 111\,477 = 603.4\,\text{mm}$

$I_v = \Sigma I - \Sigma A \times e_v^2 = 98.65428 \times 10^9 - 111\,477 \times 603.4^2 = 58.06645 \times 10^9\,\text{mm}^4$

$d_{vc} = h_w/2 + 70 + 220/2 - e_v = 850 + 70 + 110 - 603.4 = 426.6\,\text{mm}$

$d_{vs}=e_s+e_v=234.1+603.4=837.5$ mm

$d_v=d_{vc}+d_{vs}=426.6+837.5=1\,264.1$ mm

$y_{vcu}=d_{vc}+220/2=426.6+110=536.6$ mm

$y_{vcl}=d_{vc}-220/2=426.6-110=316.6$ mm

$y_{vsu}=y_{su}-d_{vs}=1\,103.1-837.5=265.6$ mm

$y_{vsl}=y_{sl}+d_{vs}=643.9+837.5=1\,481.4$ mm

したがって，合成後活荷重曲げモーメント M_v による応力度は，

$$\sigma_{vcu} = \frac{M_v}{nI_v}y_{vcu} = \frac{3\,501.37\times 10^6}{7\times 58.06645\times 10^9}\times 536.6 = 4.62\,\text{N/mm}^2$$

$$\sigma_{vcl} = \frac{M_v}{nI_v}y_{vcl} = \frac{3\,501.37\times 10^6}{7\times 58.06645\times 10^9}\times 316.6 = 2.73\,\text{N/mm}^2$$

$$\sigma_{vsu} = \frac{M_v}{I_v}y_{vsu} = \frac{3\,501.37\times 10^6}{58.06645\times 10^9}\times 265.6 = 16.0\,\text{N/mm}^2$$

$$\sigma_{vsl} = \frac{M_v}{I_v}y_{vsl} = \frac{3\,501.37\times 10^6}{58.06645\times 10^9}\times 1\,481.4 = 89.3\,\text{N/mm}^2$$

である．クリープと乾燥収縮の影響を除く主荷重による鋼げた断面の応力度は，先に計算した M_{d1} による応力度と，M_v による応力度の合計で算出される．

$\sigma_{su}=170.9+16.0=186.9$ N/mm^2

$\sigma_{sl}=99.7+89.3=189.0$ N/mm^2

上フランジはコンクリート床版で固定されていることから，曲げ圧縮および曲げ引張許容応力度はいずれも $\sigma_{sa}=210$ N/mm^2 であり安全である．また，コンクリートの許容圧縮応力度は，$\sigma_{ca}=8.6$ N/mm^2 であり安全である．

合成応力度の照査

合成後のせん断力 $Q_v=123.82$ kN によるせん断応力について照査する．

$$\tau_v = \frac{Q_v}{A_w} = \frac{123.82\times 10^3}{1\,700\times 9} = 8.1\,\text{N/mm}^2 < 0.45\tau_a = 0.45\times 120 = 54\,\text{N/mm}^2$$

よって，腹板のせん断応力度は許容応力度の45％以下であるため，合成応力度の照査は省略できる．

b．コンクリートのクリープ，乾燥収縮，温度差による応力度

クリープによる応力度

クリープによる応力度の算出には，クリープ係数 $\varphi_1=2.0$ を用いる．合成後死荷重曲げモーメント M_{d2} に対して設計する．具体的な計算は7.2.4項に従う．ク

リープによる見かけ上のヤング係数比 n_1 は，次のようになる．

$n_1 = E_s/E_{c1} = n(1+\varphi_1/2) = 7 \times (1+2.0/2) = 14$

したがって，

	A (mm^2)	y (mm)	Ay (mm^3)	Ay^2 or I (mm^4)
1−Slab $2350 \times 220 \times 1/14$	36 929	−1 030.0	-38.03687×10^6	39.17800×10^9
1−Steel	37 620	234.1	8.80560×10^6	20.29939×10^9
	74 549		-29.23127×10^6	59.47739×10^9

$e_{v1} = \Sigma Ay/\Sigma A = 29.23127 \times 10^6/74\,549 = 392.1$ mm

$I_{v1} = \Sigma I - \Sigma A \times e_{v1}^2 = 59.47739 \times 10^9 - 74\,549 \times 392.1^2 = 48.01605 \times 10^9$ mm^4

$d_{vc1} = h_w/2 + 70 + 220/2 - e_{v1} = 850 + 70 + 110 - 392.1 = 637.9$ mm

$d_{vs1} = e_s + e_{v1} = 234.1 + 392.1 = 626.2$ mm

$d_{v1} = d_{vc1} + d_{vs1} = 637.9 + 626.2 = 1\,264.1$ mm

$y_{vcu1} = d_{vc1} + 220/2 = 637.9 + 110 = 747.9$ mm

$y_{vcl1} = d_{vc1} - 220/2 = 637.9 - 110 = 527.9$ mm

$y_{vsu1} = y_{su} - d_{vs1} = 1\,103.1 - 626.2 = 476.9$ mm

$y_{vsl1} = y_{sl} + d_{vs1} = 643.9 + 626.2 = 1\,270.1$ mm

である．式 (7.17) および式 (7.18) より，コンクリートの圧縮力 N_c，クリープによる圧縮力 P_φ および曲げモーメント M_φ は次のようになる．

$N_c = \dfrac{A_c d_{vc}}{nI_v} M_{d2} = \dfrac{2\,350 \times 220 \times 426.6}{7 \times 58.06645 \times 10^9} \times 986.75 \times 10^6 = 5.35421 \times 10^5$ N

$P_\varphi = \dfrac{2\varphi_1}{2+\varphi_1} N_c = \dfrac{2 \times 2.0}{2+2.0} \times 5.35421 \times 10^5 = 5.35421 \times 10^5$ N

$M_\varphi = P_\varphi \cdot d_{vc1} = 5.35421 \times 10^5 \times 637.9 = 3.4154 \times 10^8$ N·mm

ここで，合成後死荷重曲げモーメント $M_{d2} = 986.75$ kN·m によるコンクリートの応力度は

$\sigma_{cu}' = \dfrac{M_{d2}}{nI_v} y_{vcu} = \dfrac{986.75 \times 10^6}{7 \times 58.06645 \times 10^9} \times 536.6 = 1.30$ N/mm^2

$\sigma_{cl}' = \dfrac{M_{d2}}{nI_v} y_{vcl} = \dfrac{986.75 \times 10^6}{7 \times 58.06645 \times 10^9} \times 316.6 = 0.77$ N/mm^2

である．したがって，

$$\sigma_{cu} = \frac{1}{n_1}\left(\frac{P_\varphi}{A_{v1}} + \frac{M_\varphi}{I_{v1}}y_{vcu1}\right) - \frac{2\varphi_1}{2+\varphi_1}\sigma_{cu}'$$

$$= \frac{1}{14}\left(\frac{5.35421\times 10^5}{74\,549} + \frac{3.4154\times 10^8}{48.01605\times 10^9}\times 747.9\right) - \frac{2\times 2.0}{2+2.0}\times 1.30$$

$$= 0.89 - 1.30 = -0.41\,\text{N/mm}^2 \quad (圧縮を正とする)$$

$$\sigma_{cl} = \frac{1}{n_1}\left(\frac{P_\varphi}{A_{v1}} + \frac{M_\varphi}{I_{v1}}y_{vcl1}\right) - \frac{2\varphi_1}{2+\varphi_1}\sigma_{cl}'$$

$$= \frac{1}{14}\left(\frac{5.35421\times 10^5}{74\,549} + \frac{3.4154\times 10^8}{48.01605\times 10^9}\times 527.9\right) - \frac{2\times 2.0}{2+2.0}\times 0.77$$

$$= 0.78 - 0.77 = 0.01\,\text{N/mm}^2 \quad (圧縮を正とする)$$

$$\sigma_{su} = \frac{P_\varphi}{A_{v1}} + \frac{M_\varphi}{I_{v1}}y_{vsu1} = \frac{5.35421\times 10^5}{74\,549} + \frac{3.4154\times 10^8}{48.01605\times 10^9}\times 476.9$$

$$= 10.6\,\text{N/mm}^2 \quad (圧縮を正とする)$$

$$\sigma_{sl} = -\frac{P_\varphi}{A_{v1}} + \frac{M_\varphi}{I_{v1}}y_{vsl1} = -\frac{5.35421\times 10^5}{74\,549} + \frac{3.4154\times 10^8}{48.01605\times 10^9}\times 1\,270.1$$

$$= -1.9\,\text{N/mm}^2 \quad (引張を正とする)$$

乾燥収縮による応力度

7.2.6項より，コンクリートの乾燥収縮による最終収縮度は $\varepsilon_s = 20\times 10^{-5}$，クリープ係数は $\varphi_2 = 2\varphi_1 = 4.0$ とする．

$$n_2 = E_s/E_{c2} = n(1+\varphi_2/2) = 7\times(1+4.0/2) = 21$$

したがって，

	A (mm^2)	y (mm)	Ay (mm^3)	Ay^2 or I (mm^4)
1-Slab $2\,350\times 220\times 1/21$	24 619	$-1\,030.0$	-25.35757×10^6	26.11830×10^9
1-Steel	37 620	234.1	8.80560×10^6	20.29939×10^9
	62 239		-16.55197×10^6	46.41769×10^9

$e_{v2} = \Sigma Ay/\Sigma A = 16.55197\times 10^6/62\,239 = 265.9\,\text{mm}$

$I_{v2} = \Sigma I - \Sigma A\times e_{v2}^2 = 46.41769\times 10^9 - 62\,239\times 265.9^2 = 42.01722\times 10^9\,\text{mm}^4$

$d_{vc2} = h_w/2 + 70 + 220/2 - e_{v2} = 850 + 70 + 110 - 265.9 = 764.1\,\text{mm}$

$d_{vs2} = e_s + e_{v2} = 234.1 + 265.9 = 500.0\,\text{mm}$

$$d_{v2} = d_{vc2} + d_{vs2} = 764.1 + 500.0 = 1\,264.1 \text{ mm}$$
$$y_{vcu2} = d_{vc2} + 220/2 = 764.1 + 110 = 874.1 \text{ mm}$$
$$y_{vcl2} = d_{vc2} - 220/2 = 764.1 - 110 = 654.1 \text{ mm}$$
$$y_{vsu2} = y_{su} - d_{vs2} = 1\,103.1 - 500.0 = 603.1 \text{ mm}$$
$$y_{vsl2} = y_{sl} + d_{vs2} = 643.9 + 500.0 = 1\,143.9 \text{ mm}$$

である．式 (7.22) より，乾燥収縮による圧縮力 P_s および曲げモーメント M_s は次のようになる．

$$P_s = E_s A_{c2} \varepsilon_s = 2.0 \times 10^5 \times 24\,619 \times 20 \times 10^{-5} = 9.8476 \times 10^5 \text{ N}$$
$$M_s = P_s \cdot d_{vc2} = 9.8476 \times 10^5 \times 764.1 = 7.52455 \times 10^8 \text{ N·m}$$

したがって，

$$\sigma_{cu} = \frac{1}{n_2}\left(\frac{P_s}{A_{v2}} + \frac{M_s}{I_{v2}} y_{vcu2}\right) - \frac{E_s \varepsilon_s}{n_2}$$
$$= \frac{1}{21}\left(\frac{9.8476 \times 10^5}{62\,239} + \frac{7.52455 \times 10^8}{42.01722 \times 10^9} \times 874.1\right) - \frac{2.0 \times 10^5 \times 20 \times 10^{-5}}{21}$$
$$= 1.50 - 1.91 = -0.41 \text{ N/mm}^2 \quad (圧縮を正とする)$$

$$\sigma_{cl} = \frac{1}{n_2}\left(\frac{P_s}{A_{v2}} + \frac{M_s}{I_{v2}} y_{vcl2}\right) - \frac{E_s \varepsilon_s}{n_2}$$
$$= \frac{1}{21}\left(\frac{9.8476 \times 10^5}{62\,239} + \frac{7.52455 \times 10^8}{42.01722 \times 10^9} \times 654.1\right) - \frac{2.0 \times 10^5 \times 20 \times 10^{-5}}{21}$$
$$= 1.31 - 1.91 = -0.60 \text{ N/mm}^2 \quad (圧縮を正とする)$$

$$\sigma_{su} = \frac{P_s}{A_{v2}} + \frac{M_s}{I_{v2}} y_{vsu2} = \frac{9.8476 \times 10^5}{62\,239} + \frac{7.52455 \times 10^8}{42.01722 \times 10^9} \times 603.1$$
$$= 26.6 \text{ N/mm}^2 \quad (圧縮を正とする)$$

$$\sigma_{sl} = -\frac{P_s}{A_{v2}} + \frac{M_s}{I_{v2}} y_{vsl2} = -\frac{9.8476 \times 10^5}{62\,239} + \frac{7.52472 \times 10^8}{42.01722 \times 10^9} \times 1\,143.9$$
$$= 4.7 \text{ N/mm}^2 \quad (引張を正とする)$$

温度差による応力度

7.2.5項より，温度差は $\Delta T = 10\,\text{℃}$，線膨張係数は $\alpha = 12 \times 10^{-6}$ とする．したがって，鋼げたよりもコンクリート床版が低温の場合（鋼げたの方が高温の場合）を正とすると次のようになる．ただし，$n = 7$ とする．

9.4 主げたの設計

$$\varepsilon_t = \alpha \cdot t = 12 \times 10^{-6} \times 10 = 12 \times 10^{-5}$$

$$P_t = E_s A_c \varepsilon_t / n = 2.0 \times 10^5 \times 73\,857 \times 12 \times 10^{-5} = 1.77257 \times 10^6 \,\text{N}$$

$$M_t = P_t d_{vc} = 1.77257 \times 10^6 \times 426.6 = 7.56178 \times 10^8 \,\text{N} \cdot \text{m}$$

$$\sigma_{cu} = \frac{1}{n}\left(\frac{P_t}{A_v} + \frac{M_t}{I_v} y_{vcu}\right) - \frac{E_s \varepsilon_t}{n}$$

$$= \frac{1}{7}\left(\frac{1.77257 \times 10^6}{111\,477} + \frac{7.56178 \times 10^8}{58.06645 \times 10^9} \times 536.6\right) - \frac{2.0 \times 10^5 \times 12 \times 10^{-5}}{7} = -0.16 \,\text{N/mm}^2$$

$$\sigma_{cl} = \frac{1}{n}\left(\frac{P_t}{A_v} + \frac{M_t}{I_v} y_{vcl}\right) - \frac{E_s \varepsilon_t}{n}$$

$$= \frac{1}{7}\left(\frac{1.77257 \times 10^6}{111\,477} + \frac{7.56178 \times 10^8}{58.06645 \times 10^9} \times 316.6\right) - \frac{2.0 \times 10^5 \times 12 \times 10^{-5}}{7} = -0.50 \,\text{N/mm}^2$$

$$\sigma_{su} = \frac{P_t}{A_v} + \frac{M_t}{I_v} y_{vsu} = \frac{1.77257 \times 10^6}{111\,477} + \frac{7.56178 \times 10^8}{58.06645 \times 10^9} \times 265.6 = 19.4 \,\text{N/mm}^2$$

$$\sigma_{sl} = -\frac{P_t}{A_v} + \frac{M_t}{I_v} y_{vsl} = -\frac{1.77257 \times 10^6}{111\,477} + \frac{7.56178 \times 10^8}{58.06645 \times 10^9} \times 1481.4 = 3.4 \,\text{N/mm}^2$$

ただし，鋼げたよりもコンクリート床版が高温の場合は符号が逆になる．

c．荷重の組合せによる応力照査

以上，算出した合成前，合成後，クリープ，乾燥収縮および温度差による応力度を重ね合わせ，その応力度を照査する．表9.4に，5種類の応力度の計算結果をまとめて示す．ただし，表7.1および表7.2の許容応力度の割増しを考慮すると，

コンクリート床版：$\sigma_a = 30/3.5 \times 1.15 = 8.57 \times 1.15 = 9.86 \,\text{N/mm}^2$

表 9.4 荷重の組合せによる応力度と許容応力度（外げた中央部，N/mm²）

荷重の組合せ	床版上縁		床版下縁		鋼げた上縁		鋼げた下縁	
	σ_{cu}	σ_a	σ_{ce}	σ_a	σ_{su}	σ_{ca}	σ_{se}	σ_{ta}
合成前　①					-170.9	-182.7	99.7	262.5
合成後　②	-4.62	-8.57	-2.73	-8.57	-16.0		89.3	
クリープ　③	0.41		-0.01		-10.6		1.9	
乾燥収縮　④	0.41		0.60		-26.6		4.7	
温度差　⑤	-0.16		-0.50		-19.4		3.4	
①+②	-4.62	-8.57	-2.73	-8.57	-186.9	-210	189.0	210
①+②+③+④	-3.80	-8.57	-2.14	-8.57	-224.1	-242	195.6	210
①+②+③+④+⑤	-3.96	-9.86	-2.64	-9.86	-243.5	-273	199.0	242

鋼げた：$\sigma_{ca}=210\times 1.30=273\ \text{N/mm}^2$, $\sigma_{ta}=210\times 1.15=242\ \text{N/mm}^2$
である．したがって，表9.4の応力度はいずれも許容応力度を満足している．

d． 降伏に対する安全度の照査

最も不利な荷重の組合せに対する安全度を照査するために，7.3.2項に基づいて計算した応力度を表9.5に示す．ここで，鋼材の降伏点は表7.3の基準降伏点を用い，コンクリートに対しては圧縮降伏点に近い$0.6\sigma_{ck}$を適用する．

e． 連結部および内げたの断面算定

省力化設計により，外げたの連結部（$x=10$ m）で断面が変化する．前述の中央部の断面を参考にして，フランジ板厚のみ減少させることにする．そこで，主げた断面を上フランジ（320×14），腹板（1 700×9），下フランジ（580×25）として，応力照査を行う．

主げた連結部の設計に必要な応力度の計算結果を以下に示す．

① 鋼げた断面の応力度（合成前）：

$A_s=34\ 280\ \text{mm}^2$, $I_s=15.57096\times 10^9\ \text{mm}^4$, $e_s=252.8\ \text{mm}$, $y_{su}=1\ 116.8\ \text{mm}$, $y_{sl}=622.2\ \text{mm}$, よって，$\sigma_{su}=174.1\ \text{N/mm}^2$, $\sigma_{sl}=97.0\ \text{N/mm}^2$である．

② 合成げた断面の応力度（合成後）：

$A_v=108\ 137\ \text{mm}^2$, $I_v=54.10507\times 10^9\ \text{mm}^4$, $e_v=623.2\ \text{mm}$, $y_{vsu}=296.7\ \text{mm}$, $y_{vsl}=1\ 498.3\ \text{mm}$, よって，$\sigma_{vsu}=13.5\ \text{N/mm}^2$, $\sigma_{vsl}=83.6\ \text{N/mm}^2$である．

表 9.5 降伏に対する安全度の照査（外げた中央部，N/mm²）

荷重の組合せ		床版上縁 σ_{cu}	床版下縁 σ_{cl}	鋼げた上縁 σ_{su}	鋼げた下縁 σ_{sl}
死荷重	(1) 合成前×1.3			−222.2	129.6
	(2) 合成後 ×M_{d2}/M_v×1.3	$-4.62\times\dfrac{986.75}{3\ 501.37}$ ×1.3=−1.69	$-2.73\times\dfrac{986.75}{3\ 501.37}$ ×1.3=−1.01	$-16.0\times\dfrac{986.75}{3\ 501.37}$ ×1.3=−5.86	$89.3\times\dfrac{986.75}{3\ 501.37}$ ×1.3=32.72
活荷重と衝撃	(3) 合成後×$(M_v-M_{d2})/M_v$×2.0	$-4.62\times\dfrac{2\ 514.62}{3\ 501.37}$ ×2.0=−6.64	$-2.73\times\dfrac{2\ 514.62}{3\ 501.37}$ ×2.0=−3.92	$-16.0\times\dfrac{2\ 514.62}{3\ 501.37}$ ×2.0=−22.98	$89.3\times\dfrac{2\ 514.62}{3\ 501.37}$ ×2.0=128.3
(4) クリープ×1		0.41	−0.01	−10.6	1.9
(5) 乾燥収縮×1		0.41	0.60	−26.6	4.7
(6) 温度差×1		−0.16	−0.50	−19.4	3.4
(1)～(6) の合計		−7.67	−4.84	−307.6	300.6
降伏に対する安全度照査		18.00	18.00	355.0	355.0

同様にして，内げたの中央部および連結部の断面に対する応力照査が必要である．ここでは，紙面の都合上省略することにする．

9.5 ずれ止めの設計

ずれ止めは，RC床版と鋼げたとが一体となって荷重に抵抗できるように，鋼げたの上フランジに配置される．

a. 主荷重による水平せん断力

合成後死荷重および活荷重によるせん断力 Q_v（表9.3）により，鋼げたと床版との間に作用する水平せん断力 H_v は，次式により算定される．

$$H_v = \frac{A_c d_{vc}}{n I_v} \cdot Q_v$$

したがって，水平せん断力 H_v の計算結果を表9.6に示す．

表 9.6 水平せん断力

距離(m)	A_c/n (mm^2)	d_{vc} (mm)	Q_v (N)	I_v (mm^4)	H_v (N/mm)
0	73 857	407	4.7596×10^5	54.105×10^9	264.4
4	73 857	407	3.8181×10^5	54.105×10^9	212.1
8	73 857	407	2.9191×10^5	54.105×10^9	162.2
12	73 857	427	2.0591×10^5	58.066×10^9	111.8
16	73 857	427	1.2382×10^5	58.066×10^9	67.2

b. コンクリートの乾燥収縮と温度差による水平せん断力

7.4.2項より，乾燥収縮および温度差による水平力は，けた端部にのみ分布するものとし，その長さは主げた間隔 a=2.5 m（$< L/10 = 32/10 = 3.2$ m）とする．

乾燥収縮による水平力 H_s および温度差による水平力 H_t は，やや過大な応力度を与えることになるが，中央部の応力度を用いて以下のように近似的に算出することにする．

$$H_s = \frac{2\Sigma Q_i}{a} = \frac{(\sigma_{cu} + \sigma_{cl})A_c}{a} = \frac{(0.41 + 0.60) \times 517\,000}{2\,500} = 208.9 \text{ N/mm}$$

$$H_t = \frac{2\Sigma Q_i}{a} = \frac{(\sigma_{cu} + \sigma_{cl})A_c}{a} = \frac{(0.16 + 0.50) \times 517\,000}{2\,500} = 136.5 \text{ N/mm}$$

以上，ここで求めた水平せん断力の合計を図9.18に示す．

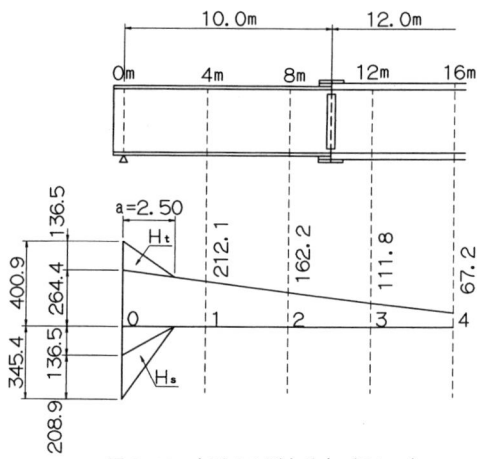

図 9.18 水平せん断力分布（N/mm）

c．ずれ止めの許容せん断力と間隔

ずれ止めとして，$d=22$ mm，$H=150$ mm のスタッドを用いる．$H/d=150/22=6.8\geqq 5.5$であるから，式(7.24)より

$$Q_a = 9.4d^2\sqrt{\sigma_{ck}} = 9.4\times 22^2\times\sqrt{30} = 24\,919 \text{ N/本}$$

図9.19に示すように，スタッドを橋軸直角方向に3本配置する．また，橋軸方向については，

最小中心間隔：$P_{\min}=5d=5\times 22=110$ mm
最大中心間隔：$P_{\max}=3t_c=3\times 220=660$ mm ＞ 600 mm 以下とする．
スタッドの間隔：$P=3\times Q_a/H_v=3\times 24\,919/H_v=74\,757/H_v$

したがって，スタッドの必要間隔は表9.7のようになる．

9.6 補剛材の設計

9.6.1 端補剛材

補剛材の材質はSM 400 Aとし，表9.3より支点反力$R_{\max}=Q_{d1}+Q_v=829.73$ kN に対して設計する．支点上の端補剛材を図9.20とする．したがって，6.4.2項より

端補剛材の自由突出幅：$t=19$ mm $\geqq b_v/13=130/13=10$ mm
端補剛材の幅：$b_v=130$ mm $\geqq h_w/30+50=1\,700/30+50=106.7$ mm
有効断面積：$A=24t_w^2+A_{stiff}=24\times 9^2+2\times 130\times 19=6\,884$ mm^2
　　　　　　＜$1.7\times A_{stiff}=8\,398$ mm^2，ゆえに，$A=6\,884$ mm^2

9.6 補剛材の設計

表 9.7 スタッドの必要間隔 (mm)

区　間	ずれ止めの必要間隔	使用間隔
0～4 m	74 757/400.9 = 186.5	160
4～8 m	74 757/212.1 = 352.5	350
8～12 m	74 757/162.2 = 460.9	450
12～16 m	74 757/111.8 = 668.7	600

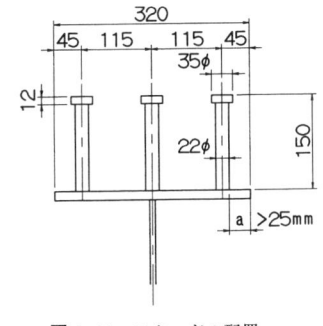

図 9.19 スタッドの配置

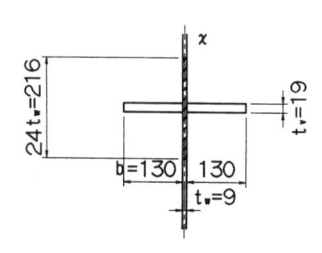

図 9.20 端補剛材断面

断面二次モーメント：$I_x = \dfrac{1}{12} \times 19 \times (130 \times 2 + 9)^3 = 3.0820 \times 10^7 \text{mm}^4$

断面二次半径：$r_x = \sqrt{I_x/A} = \sqrt{3.0820 \times 10^7 / 6\,884} = 66.9 \text{mm}$

有効座屈長：$l = h_w/2 = 1\,700/2 = 850$ mm

細長比：$l/r_x = 850/66.9 = 12.7 < 18$

したがって，表 3.6 より許容軸方向圧縮応力度は $\sigma_{ca} = 140$ N/mm^2 となる．

作用応力度：$\sigma_c = R_{\max}/A = 829.73 \times 10^3/6\,884 = 120.5$ N/mm$^2 < \sigma_{ca} = 140$ N/mm^2

9.6.2 垂直補剛材

垂直補剛材の間隔

腹板の材質は SM 490 Y であり，板厚は 9 mm である．よって，表 6.5 より，水平補剛材を 1 段用いる必要がある．中間垂直補剛材の配置を図 9.21 に示す．補剛材の間隔を式 (6.41) により照査する．

　端パネル（支点付近）：$a/b = 1\,300/1\,700 = 0.76$

　中間パネル（中央部）：$a/b = 1\,350/1\,700 = 0.79$

したがって，支点部付近において $\sigma_{su} = 0$ N/mm^2，$\tau = Q_0/A_w = 829.73 \times 10^3/15\,300 = 54.2$ N/mm^2，

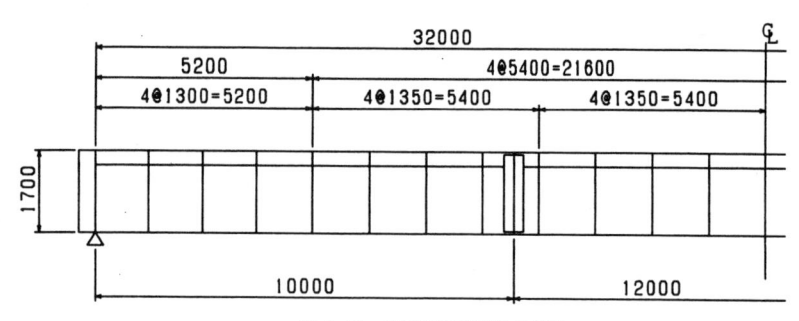

図 9.21 中間垂直補剛材の配置

$$\left(\frac{b}{100t_w}\right)^4 \left[\left(\frac{\sigma}{900}\right)^2 + \left\{\frac{\tau}{90+77(b/a)^2}\right\}^2\right]$$

$$=\left(\frac{1\,700}{100\times 9}\right)^4 \left\{\left(\frac{0}{900}\right)^2 + \left(\frac{54.2}{90+77/0.76^2}\right)^2\right\} = 0.75 \leqq 1$$

さらに，中央部において $\sigma_{su}=170.9+16.0=186.9$ N/mm^2，$\tau = Q_0/A_w = 123.82 \times 10^3/15\,300 = 8.1$ N/mm^2，$a/b \leqq 0.80$ であるから，

$$\left(\frac{b}{100t_w}\right)^4 \left[\left(\frac{\sigma}{900}\right)^2 + \left\{\frac{\tau}{90+77(b/a)^2}\right\}^2\right]$$

$$=\left(\frac{1\,700}{100\times 9}\right)^4 \left\{\left(\frac{186.9}{900}\right)^2 + \left(\frac{8.1}{90+77/0.79^2}\right)^2\right\} = 0.57 \leqq 1$$

垂直補剛材の剛度

中間垂直補剛材の断面を図 9.22 に示す．

　垂直補剛材の自由突出幅：$t = 9$ mm $\geqq b_v/13 = 110/13 = 8.5$ mm

　垂直補剛材の幅：$b_v = 110$ mm $\geqq h_w/30 + 50 = 1\,700/30 + 50 = 106.7$ mm

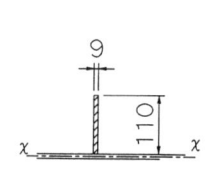

図 9.22 中間垂直補剛材断面　　　図 9.23 水平補剛材断面

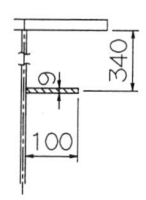

補剛材の必要剛度：$I_{\text{req}} = \dfrac{bt_w^3}{11} \times 8.0 \times \left(\dfrac{b}{a}\right)^2 = \dfrac{1\,700 \times 9^3}{11} \times 8.0 \times \left(\dfrac{1\,700}{1\,300}\right)^2$

$\qquad\qquad\qquad\qquad = 1.541 \times 10^6\,\text{mm}^4$

使用補剛材の剛度：$I_v = \dfrac{1}{3}tb_v^3 = \dfrac{1}{3} \times 9 \times 110^3 = 3.993 \times 10^6\,\text{mm}^4 > I_{\text{req}} = 1.541 \times 10^6\,\text{mm}^4$

9.6.3 水平補剛材

水平補剛材は表 6.5 より 1 段使用する．その取付け位置は，$0.20b = 0.20 \times 1\,700 = 340\,\text{mm}$ とする．図 9.23 に水平補剛材の断面を示す．したがって，式 (6.45) および式 (6.46) より

補剛材の必要剛度：$I_{\text{req}} = \dfrac{bt_w^3}{11} \times 30.0 \times \left(\dfrac{a}{b}\right) = \dfrac{1\,700 \times 9^3}{11} \times 30.0 \times \left(\dfrac{1\,350}{1\,700}\right)$

$\qquad\qquad\qquad\qquad = 2.684 \times 10^6\,\text{mm}^4$

使用補剛材の剛度：$I_h = \dfrac{1}{3}tb_v^3 = \dfrac{1}{3} \times 9 \times 100^3 = 3.000 \times 10^6\,\text{mm}^4$

$\qquad\qquad\qquad\qquad > I_{\text{req}} = 2.684 \times 10^6\,\text{mm}^4$

を満足している．

9.7 主げたの連結

外げたおよび内げたともに，支点から $x = 10.0\,\text{m}$ の位置で現場ボルト継手を行う．継手の設計では，簡略化のために荷重の組合せ，クリープおよび乾燥収縮の影響を除く主荷重を考える．連結部の主げた断面は，支間中央と同じであることから，曲げモーメントに余裕がある．

主げたの鋼材は SM 490 Y を使用するため，添接板も母材に合わせて，すべて SM 490 Y を使用する．さらに，連結は摩擦接合トルシア形高力ボルト（S 10 T, M 22）を使用し，二面摩擦接合とする．したがって，高力ボルト 1 本当たりの許容力は，$\rho_a = 2 \times 48 = 96\,\text{kN}$ となる．

9.7.1 連結部の応力度

支点から $x = 10.0\,\text{m}$ の位置における連結部の強度計算には，母材の全強の 75% 以上を考慮する．したがって，連結部の応力度は以下のように計算できる．

$\sigma_{su} = 174.1 + 13.5 = 187.6\,\text{N/mm}^2 > 0.75\sigma_a = 0.75 \times 210 = 157.5\,\text{N/mm}^2$

$\sigma_{sl} = 97.0 + 83.6 = 180.6\,\text{N/mm}^2 > 0.75\sigma_a = 0.75 \times 210 = 157.5\,\text{N/mm}^2$

9.7.2. 上フランジの連結

ボルト本数は，式 (4.14) および式 (4.15d) より，次のように求められる．

$$n = \frac{\sigma_{su} A_g}{\rho_a} = \frac{187.6 \times 320 \times 14}{96 \times 10^3} = 8.8 \rightarrow 10\text{本使用する．}$$

高力ボルトの最小および最大中心間隔，最小および最大縁端距離を考慮して，上フランジ連結板の寸法とボルト配置を図 9.24 に示す．以下に，連結板の応力照査を行う．

1-Spl. Pl. ： $320 \times 9 = 2\,880$ mm^2 $\geq A_g/2 = 2\,240$ mm^2
2-Spl. Pls. ： $150 \times 9 = 2\,700$ mm^2 $\geq A_g/2 = 2\,240$ mm^2

$$\sigma_{spl} = \sigma_{su} \frac{A_g}{A_{spl}} = 187.6 \times \frac{4\,480}{5\,580} = 150.6 \text{ N/mm}^2 < \sigma_a = 210 \text{ N/mm}^2$$

9.7.3 下フランジの連結

ボルト本数は，

$$n = \frac{\sigma_{sl} A_g}{\rho_a} = \frac{180.6 \times 580 \times 25}{96 \times 10^3} = 27.3 \rightarrow 30\text{本使用する．}$$

下フランジ連結板の寸法とボルト配置を図 9.25 に示す．高力ボルトは M 22，S 10 T を使用する．したがって，ボルト孔は 25 mm となり，千鳥配置していることから式 (4.17) より，

$$w = d - \frac{p^2}{4g} = 25 - \frac{75^2}{4 \times 45} = -6.25 \text{ mm}$$

ゆえに，純幅で次へのボルト孔の控除はないものとし，最初のボルト孔のみ控除する．

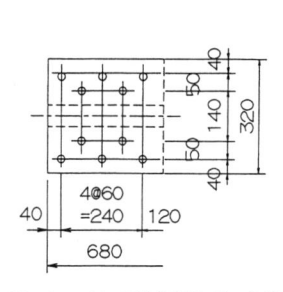

図 9.24 上フランジ連結板とボルト配置

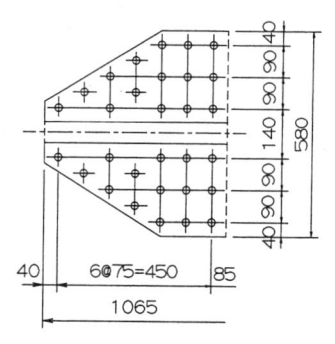

図 9.25 下フランジ連結板とボルト配置

$$A_n = (580 - 2 \times 25) \times 25 = 13\,250 \text{ mm}^2$$

$$\sigma_t = \sigma_{sl} \frac{A_g}{A_n} = 180.6 \times \frac{14\,500}{13\,250} = 197.6 \text{ N/mm}^2 < \sigma_a = 210 \text{ N/mm}^2$$

次に，連結板の応力照査を行う．

1-Spl. Pl. ：$(580 - 6 \times 25) \times 16 = 6\,880 \text{ mm}^2 \geq A_n/2 = 6\,625 \text{ mm}^2$
2-Spl. Pls.：$(260 - 3 \times 25) \times 19 = 7\,030 \text{ mm}^2 \geq A_n/2 = 6\,625 \text{ mm}^2$

$$\sigma_{spl} = \sigma_{sl} \frac{A_g}{A_{spl}} = 180.6 \times \frac{14\,500}{13\,910} = 201.2 \text{ N/mm}^2 < \sigma_a = 210 \text{ N/mm}^2$$

9.7.4 腹板の連結

構造の簡素化を図るために，モーメントプレートを省略した省力化設計を適用する．合成後の連結部における鋼げた断面には，$\sigma_{su} = 187.6$ N/mm^2，$\sigma_{sl} = 180.6$ N/mm^{2}の応力が発生している．したがって，腹板には図9.26に示すような曲げ応力分布となることから，応力の大きい圧縮側で断面設計を行う．

最上段ボルトの分担幅：$b_1 = 110 + 90/2 = 155$ mm
分担する力の合計：$P_1 = 155 \times 9 \times (187.6 + 151.6)/2 = 236\,592$ N
所要ボルト本数：$n = P_1/\rho_a = 236\,592/96 \times 10^3 = 2.5$ 本 → 3本使用する．
ボルト1本当たりの分担力：$P_M = P_1/3 = 236\,592/3 = 78\,864$ N
作用せん断力：$Q_v = 248.35$ kN

ここで，連結部の片側のボルト本数を$n = 3 \times 16 = 48$本と設定する．

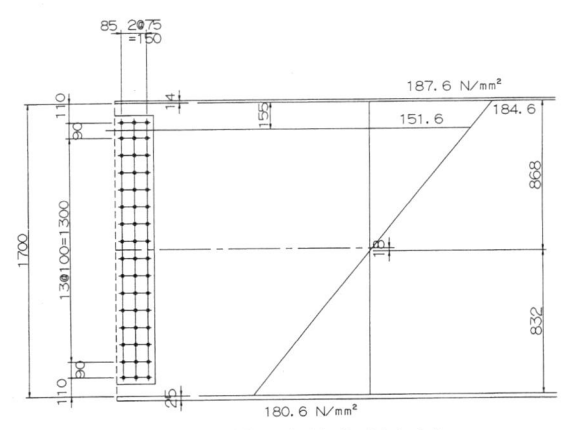

図 9.26 腹板の連結と曲げ応力分布

ボルト1本当たりの分担力： $P_Q = Q_v/n = 248.35 \times 10^3/48 = 5174 \text{ N} < \rho_a = 96 \times 10^3 \text{ N}$

合成ボルト力： $\rho = \sqrt{P_M{}^2 + P_Q{}^2} = \sqrt{78\,864^2 + 5\,174^2} = 79\,034 \text{ N} < \rho_a = 96 \times 10^3 \text{ N}$

さらに，連結板に対して，主げた腹板と同じSM 490 Yを用いる．

2-Spl. Pls.：$1\,560 \times 9$, $A_{sp} = 28\,080 \text{ mm}^2$, $I_{sp} = 5.69462 \times 10^9 \text{ mm}^4$

また，主げた腹板の断面性能は

1-Web Pl.：$1\,700 \times 9$, $A_w = 15\,300 \text{ mm}^2$, $I_w = 3.68475 \times 10^9 \text{ mm}^4$

である．よって，腹板に作用する曲げモーメントは

$$M_w = 187.6 \times 3.68475 \times 10^9 / 868 = 7.9638 \times 10^8 \text{ N}\cdot\text{mm}$$

となり，連結板に作用する応力度は次のようになる．

中立軸から連結板上縁までの距離： $y_{sp} = 868 - (110 - 40) = 798 \text{ mm}$

応力度： $\sigma_{sp} = \dfrac{M_w}{I_{sp}} y_{sp} = \dfrac{7.9638 \times 10^8}{5.69462 \times 10^9} \times 798 = 111.6 \text{ N/mm}^2 < \sigma_{ca} = 210 \text{ N/mm}^2$

9.8 対傾構の設計

端対傾構および中間対傾構を設計する．対傾構は応力度に余裕があるため，形鋼のSS 400材を用いる．溶接を必要とする部材にはSM 400材を用いるのが原則である．しかし，SM材形鋼の入手難易度を考慮して，SS 400材を用いることとする．ただし，溶接性試験を事前に必要とする場合もあるので，注意を要する．

9.8.1 荷重強度
a．風荷重

本橋は，防音壁などの特殊な施設を想定していないため，風荷重強度は2.4節により計算する．

橋の総幅： $B = 9.700 \text{ m}$

橋の総高： $D = 0.400 + 0.620 + 1.700 = 2.720 \text{ m}$

断面形状： $1 \leq B/D = 9.700/2.720 = 3.57 < 8$

したがって，表2.8より，

風荷重： $W = \{4.0 - 0.2(B/D)\}D = (4.0 - 0.2 \times 3.57) \times 2.720 = 8.94 \text{ kN/m} \geq 6.0 \text{ kN/m}$

b．地震荷重

地震の設計水平震度を $k_h = 0.25$ とする．死荷重強度は

舗　装： $0.080 \times 22.5 \times 8.500 = 15.30 \text{ kN/m}$

地　覆：$0.600 \times 0.330 \times 24.5 \times 2 = 9.70$ kN/m
防護柵：0.491×2　　　　　$= 0.98$ kN/m
床　版：$0.220 \times 24.5 \times 9.700 = 52.28$ kN/m
ハンチ：$(1.535+0.926) \times 2 = 4.92$ kN/m
鋼　重：1.870×8.500　　　$= 15.90$ kN/m
　　合計　　　　　$W_d = 99.08$ kN/m

である．よって，地震荷重は次のように求められる．

地震荷重：$E = k_h w_d = 0.25 \times 99.08 = 24.77$ kN/m

9.8.2　端対傾構

端対傾構の形状寸法を図9.27に示す．

a．荷重計算

① 風荷重：対傾構への作用力は，横構取付け箇所の2組の対傾構で抵抗するものと考える．

$P_w = W \times L \times 1/2 \times 1/2 = 8.94 \times 32.00 \times 1/4 = 71.52$ kN

② 地震荷重：地震荷重は，橋軸直角方向の対傾構3組で抵抗するものと考える．

$P_e = E \times L \times 1/2 \times 1/3 = 24.77 \times 32.00 \times 1/6 = 132.11$ kN

③ 活荷重：後輪荷重100 kN，衝撃係数 $i = 20/(50+L) = 20/(50+1.25) = 0.390$ を考慮する．

$P = 100 \times (1+i) = 100 \times 1.390 = 139.00$ kN

④ 死荷重：端対傾構は図9.28に示すような死荷重を受けるものとする．

舗　装：$0.080 \times 22.5 = 1.800$ kN/m^2

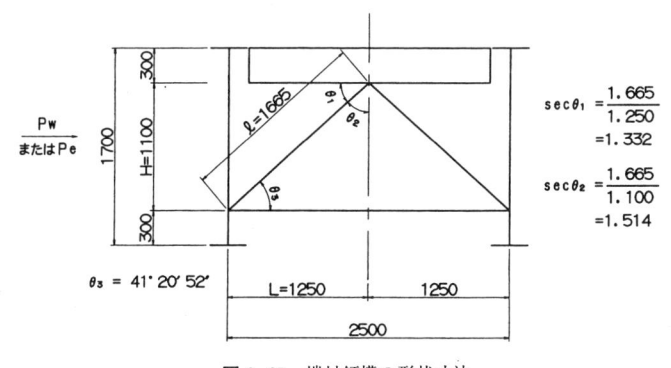

図 9.27　端対傾構の形状寸法

床　版：$0.220 \times 24.5 = 5.390 \text{ kN/m}^2$
ハンチ：$0.070 \times 24.5 = 1.715 \text{ kN/m}^2$
　　　　合計　　$d = 8.905 \text{ kN/m}^2$
$w_{d1} = L_1 \times d = 0.500 \times 8.905 = 4.453 \text{ kN/m}$
$w_{d2} = L_2 \times d = 1.250 \times 8.905 = 11.131 \text{ kN/m}$
自　重（仮定）：　　$q = 0.981 \text{ kN/m}$

b．断面力計算

① 上弦材：

風荷重：　　　　$N_w = P_w/2 = 71.52/2 = 35.76 \text{ kN}$
地震荷重：　　　$N_e = P_e/2 = 132.11/2 = 66.06 \text{ kN}$
活荷重（図9.29）：$M_p = PL/4 = 139.00 \times 1.250/4 = 43.44 \text{ kN·m}$
　　　　　　　　$Q_p = P \cdot \eta = 139.00 \times (1.000 + 0.200) = 166.80 \text{ kN}$
死荷重：　　　　$M_d = (w_{d1} + w_{d2}/2 + q)L^2/8$
　　　　　　　　　　$= (4.453 + 11.131/2 + 0.981) \times 1.25^2/8 = 2.15 \text{ kN·m}$
　　　　　　　　$Q_d = (w_{d1}/2 + w_{d2}/3 + q/2)L$
　　　　　　　　　　$= (4.453/2 + 11.131/3 + 0.981/2) \times 1.25 = 8.03 \text{ kN}$

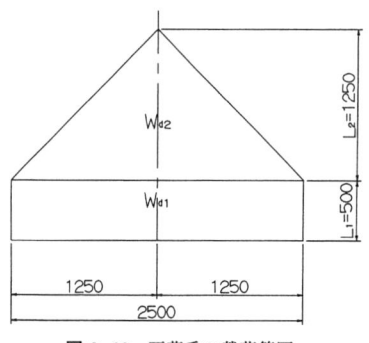

図 9.28　死荷重の載荷範囲

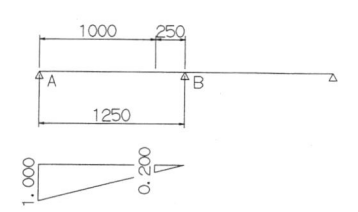

図 9.29　活荷重の載荷（上弦材）

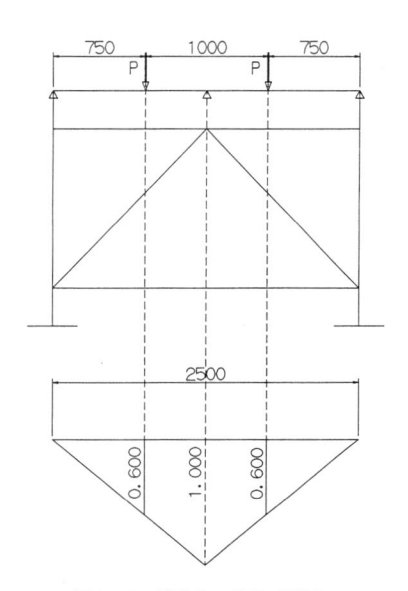

図 9.30　活荷重の載荷（斜材）

9.8 対傾構の設計

表 9.8 端対傾構の設計荷重

	上弦材			斜材	下弦材
	M (kN·m)	Q (kN)	N (kN)	N (kN)	N (kN)
死荷重	2.15	8.03		12.16	9.13
活荷重	43.44	166.80		126.27	94.80
風荷重			35.76	23.82	35.76
地震荷重			66.06	43.99	66.06

② 斜 材：

風荷重： $N_w = P_w/2 \times \sec\theta_1 \times 1/2 = 71.52/4 \times 1.332 = 23.82$ kN

地震荷重： $N_e = P_e/2 \times \sec\theta_1 \times 1/2 = 132.11/4 \times 1.332 = 43.99$ kN

活荷重（図9.30）： $P_B = P \cdot \eta = 139.00 \times 0.600 \times 2 = 166.80$ kN

$N_p = P_B/2 \times \sec\theta_2 = 166.80 \times 1.514/2 = 126.27$ kN

死荷重： $R_{dB} = 2Q_d = 2 \times 8.03 = 16.06$ kN

$N_d = R_{dB}/2 \times \sec\theta_2 = 16.06 \times 1.514/2 = 12.16$ kN

③ 下弦材：

風荷重： $N_w = P_w/2 = 71.52/2 = 35.76$ kN

地震荷重： $N_e = P_e/2 = 132.11/2 = 66.06$ kN

活荷重（図9.30）： $N_p' = N_p \times \cos\theta_1 = 126.27 \times 1.25/1.665 = 94.80$ kN

死荷重： $N_d' = N_d \times \cos\theta_1 = 12.16 \times 1.25/1.665 = 9.13$ kN

したがって，端対傾構の設計荷重は表9.8となる．

c. 断面算定

① 上弦材：図9.31に示すみぞ形鋼（300×90×9×13）を用いる．

断面積： $A_g = 4\,857$ mm^2

断面二次モーメント： $I_x = 6.440 \times 10^7$ mm^4

断面係数： $Z_x = 4.290 \times 10^5$ mm^3

活荷重載荷時： $\Sigma M = M_p + M_d = 43.44 + 2.15 = 45.59$ kN·m

∴ $\sigma_M = \Sigma M/Z_x = 45.59 \times 10^6/4.290 \times 10^5 = 106.3$ N/mm^2 < 140 N/mm^2

風荷重載荷時： $\sigma_N = N_w/A_g = 35.76 \times 10^3/4\,857 = 7.4$ N/mm^2 < 140 N/mm^2

$\sigma_{Md} = M_d/Z_x = 2.15 \times 10^6/4.290 \times 10^5 = 5.0$ N/mm^2 < 140 N/mm^2

地震時載荷時： $\sigma_N = N_e/A_g = 66.06 \times 10^3/4\,857 = 13.6$ N/mm^2 < 140 N/mm^2

たわみの照査： $\delta = \dfrac{PL^3}{48EI_x} = \dfrac{100 \times 10^3 \times 1\,250^3}{48 \times 2.0 \times 10^5 \times 6.440 \times 10^7}$

$$= 0.32 \text{ mm} < \delta_a = \frac{L}{2\,000} = \frac{1\,250}{2\,000} = 0.63 \text{ mm} \quad (表6.10)$$

必要ボルト本数：$Q_{max} = Q_d + Q_p = 8.03 + 166.80 = 174.83$ kN

高力ボルト（S 10 T，M 22）を一面摩擦接合で用いる．

$n = Q_{max}/\rho_a = 174.80 \times 10^3/48 \times 10^3 = 3.64$ 本 → 4本以上使用する．

必要溶接延長：サイズ$S=6$ mmのすみ肉溶接とする．

$L = Q_{max}/(S \times 0.707 \times \tau_a) = 174.83 \times 10^3/(6 \times 0.707 \times 80) = 515$ mm 以上

② 斜材：図9.32に示す山形鋼（$130 \times 130 \times 12$）を用いる．

断面積：$A_g = 2\,976$ mm^2，断面二次半径：$r_x = 39.6$ mm

部材長：$L = 1\,665$ mm，細長比：$L/r_x = 1\,665/39.6 = 42 < 120$

実応力度は，常時（死＋活），常時＋風荷重（死＋活＋風），地震時（死＋地震）について行う必要があるが，ここでは最も応力の大きい［常時＋風荷重］について応力照査を行う．

$\Sigma N = 12.16 + 126.27 + 23.82 = 162.25$ kN

$\sigma_N = \Sigma N/A_g = 162.25 \times 10^3/2\,976 = 54.5$ N/mm$^2 < \sigma_a \times 1.25$

表2.17，表3.6，式（6.49）より，山形鋼の許容応力度は次のように計算される．

$18 < L/r_x = 42 \leq 92, \quad \sigma_{cag} = 140 - 0.82 \times (42-18) = 120.3$ N/mm^2

$$\sigma_a = \sigma_{cag}\left(0.5 + \frac{L/r_x}{1\,000}\right) = 120.3 \times \left(0.5 + \frac{42}{1\,000}\right) = 65.2 \text{ N/mm}^2$$

∴ $\sigma_N = 54.5$ N/mm$^2 < 65.2 \times 1.25 = 81.5$ N/mm^2

必要溶接延長：全強の75％または作用軸応力度の大きい方で計算する．

$0.75\sigma_a A_g = 0.75 \times 65.2 \times 2\,976 = 145\,526$ N $<$ $162\,250$ N

$L = \Sigma N/(S \times 0.707 \times \tau_a) = 162\,250/(6 \times 0.707 \times 80) = 478$ mm

③ 下弦材：図9.33に示すCT形鋼（$118 \times 178 \times 10 \times 8$）を用いる．

断面積：$A_g = 2\,597$ mm^2，純断面積：$A_n = A_g - (55 \times 10 + 25 \times 8 \times 2) = 1\,647$ mm^2

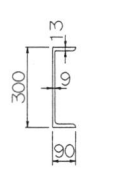

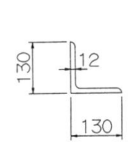

図 9.31 上弦材断面　　図 9.32 斜材断面　　図 9.33 下弦材断面

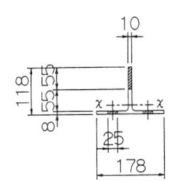

断面二次半径：r_x=35.7 mm，細長比：L/r_x=2 500/35.7=70＜120

実応力度は斜材と同様に，常時，常時＋風荷重，地震時について行う必要があるが，ここでは最も応力の大きい［常時＋風荷重］について応力照査を行う．

ΣN=9.13＋94.80＋35.76=139.69 kN

$\sigma_t = \Sigma N/A_n = 139.69 \times 10^3 / 1\,647 = 84.8 \text{ N/mm}^2 < \sigma_{ta} \times 1.25$

$\sigma_c = \Sigma N/A_g = 139.69 \times 10^3 / 2\,597 = 53.8 \text{ N/mm}^2 < \sigma_{ca} \times 1.25$

表2.17，表3.6，式(6.49) より，CT形鋼の許容応力度は次のように計算される．

$18 < L/r_x = 70 \leqq 92, \quad \sigma_{cag} = 140 - 0.82 \times (70-18) = 97.4 \text{ N/mm}^2$

$\sigma_{ca} = \sigma_{cag}\left(0.5 + \dfrac{L/r_x}{1\,000}\right) = 97.4 \times \left(0.5 + \dfrac{70}{1\,000}\right) = 55.5 \text{ N/mm}^2$

必要ボルト本数：高力ボルト（S 10 T，M 22）を一面摩擦接合で用いる．

$N_{\max} = \Sigma N \times \sin\theta_3 = 139.69 \times 1\,100/1\,665 = 92.29$ kN

$n = N_{\max}/\rho_a = 92.29 \times 10^3 / 48 \times 10^3 = 1.92$ 本 → 2本以上使用

必要溶接延長：サイズ S=6 mm のすみ肉溶接とする．

$L = N_{\max}/(S \times 0.707 \times \tau_a) = 92.29 \times 10^3/(6 \times 0.707 \times 80) = 272$ mm 以上

9.8.3　中間対傾構

中間対傾構は，風荷重と地震荷重に対して設計する．中間対傾構の形状寸法を図9.34に示す．

a.　荷 重 計 算

① 風荷重：風荷重は，2組の中間対傾構で抵抗するものと考える．また，風荷重は等分布荷重と，その最大負担幅は中間対傾構の間隔 B=5.4 m とする．

$P_w = W \times 1/2 \times B = 8.94 \times 1/2 \times 5.4 = 24.14$ kN

② 地震荷重：地震荷重は，橋軸直角方向の中間対傾構3組で抵抗するものと考える．

$P_e = E \times 1/3 \times B = 24.77 \times 1/3 \times 5.4 = 44.59$ kN

b.　断面力計算

① 上下弦材：常時荷重換算して，最大値に対して設計する．表2.17より，

$N_w = P_w/2/1.20 = 24.14/2.40 = 10.06$ kN

$N_e = P_e/2/1.50 = 44.59/3.00 = 14.86$ kN

よって，地震荷重にて設計を行う．

図 9.34 中間対傾構の形状寸法　　図 9.35 上下弦材断面　　図 9.36 斜材断面

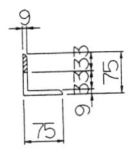

② 斜　材：同様にして，

$N_w = P_w/2 \times l/L/2/1.20 = 24.14 \times 1\,768/1\,250/2.40 = 14.23$ kN

$N_e = P_e/2 \times l/L/2/1.50 = 44.59 \times 1\,768/1\,250/3.00 = 21.02$ kN

よって，地震荷重にて設計を行う．

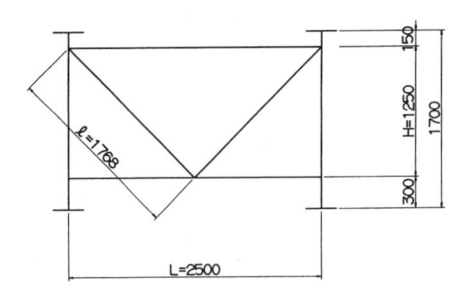

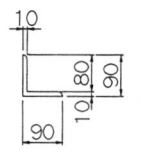

c．断 面 算 定

① 上下弦材：図 9.35 に示す山形鋼（90×90×10）を用いる．

断面積：1 700 mm^2，純断面積：$A_n = 1700 - 40 \times 10 = 1\,300$ mm^2

断面二次半径 $r_x = 27.1$ mm，細長比：$L/r_x = 2\,500/27.1 = 92.3 < 150$

$\sigma_t = N/A_n = 14.86 \times 10^3/1\,300 = 11.4$ N/mm^2 ＜ $\sigma_{ta} = 140$ N/mm^2

$\sigma_c = N/A_g = 14.86 \times 10^3/1\,700 = 8.7$ N/mm^2 ＜ $\sigma_{ca} = 46.7$ N/mm^2

表 2.17，表 3.6，式 (6.49) より，山形鋼の許容応力度は次のように計算される．

$L/r_x = 92.3 > 92$ より

$$\sigma_{cag} = \frac{1\,200\,000}{6\,700 + (L/r_x)^2} = \frac{1\,200\,000}{6\,700 + 92.3^2} = 78.8\,\text{N/mm}^2$$

$$\sigma_{ca} = \sigma_{cag}\left(0.5 + \frac{L/r_x}{1\,000}\right) = 78.8 \times \left(0.5 + \frac{92.3}{1\,000}\right) = 46.7\,\text{N/mm}^2$$

必要ボルト本数：高力ボルト（S 10 T，M 22）を一面摩擦接合で用いる．

$n = N/\rho_a = 14.86 \times 10^3/48 \times 10^3 = 0.31$ 本　→　2本以上使用

必要溶接延長：サイズ $S = 6$ mm のすみ肉溶接とする．

$L = N/(S \times 0.707 \times \tau_a) = 14.86 \times 10^3/(6 \times 0.707 \times 80) = 43.8$ mm 以上

② 斜　材：図 9.36 に示す山形鋼（75×75×9）を用いる．

断面積：$A_g = 1\,269$ mm^2，純断面：$A_n = 1\,269 - 33 \times 9 = 972$ mm^2

断面二次半径：$r_x = 22.5$ mm，細長比：$L/r_x = 1\,768/22.5 = 78.6 < 150$

$$\sigma_t = N/A_n = 21.02 \times 10^3/972 = 21.6 \text{ N/mm}^2 < \sigma_{ta} = 140 \text{ N/mm}^2$$
$$\sigma_c = N/A_g = 21.02 \times 10^3/1\,269 = 16.6 \text{ N/mm}^2 < \sigma_{ca} = 52.2 \text{ N/mm}^2$$

表2.17,表3.6,式(6.49)より,山形鋼の許容応力度は次のように計算される.

$$18 < L/r_x = 78.6 \leqq 92, \quad \sigma_{cag} = 140 - 0.82 \times (78.6 - 18) = 90.3 \text{ N/mm}^2$$

$$\sigma_a = \sigma_{cag}\left(0.5 + \frac{L/r_x}{1\,000}\right) = 90.3 \times \left(0.5 + \frac{78.6}{1\,000}\right) = 52.2 \text{ N/mm}^2$$

必要ボルト本数:高力ボルト(S 10 T,M 22)を一面摩擦接合で用いる.

$$n = N/\rho_a = 21.02 \times 10^3/48 \times 10^3 = 0.44 \text{ 本} \rightarrow 2 \text{本以上使用}$$

必要溶接延長:サイズ $S=6$ mm のすみ肉溶接とする.

$$L = N/(S \times 0.707 \times \tau_a) = 21.02 \times 10^3/(6 \times 0.707 \times 80) = 62.0 \text{ mm 以上}$$

9.9 横構の設計

横構は,風荷重や地震荷重などの水平力を円滑に支承に伝達できるよう設計される.横構は応力度に余裕があるため,CT形鋼のSS 400材を用いる.

9.9.1 荷重強度

風荷重

対傾構の風荷重と同じ $W=8.94$ kN/m を用いる.風荷重に対して,2組の横構が1/2ずつ,さらに床版と横構が1/2ずつ抵抗するものと考える.したがって,1組の横構に作用する荷重は,許容応力度の割増しを考慮すると(常時荷重への換算),次のようになる.

$$W = 8.94 \times 1/2 \times 1/2 \times 1/1.20 = 1.86 \text{ kN/m}$$

地震荷重

同様にして,地震荷重 $E=24.77$ kN/m より

$$E = 24.77 \times 1/2 \times 1/2 \times 1/1.50 = 4.13 \text{ kN/m}$$

9.9.2 部材力計算

横構の部材力は,図9.37に示すワーレントラスの影響線から計算する.影響線の面積を表9.9に示す.したがって,各横構の部材力は次式により計算される.

風荷重:$P_w = W \times A(+) \times \sec\theta$

地震荷重:$P_e = E \times \Sigma A \times \sec\theta$

ただし,$\sec\theta_1 = 3.607/2.500 = 1.4428$,$\sec\theta_2 = 3.680/2.500 = 1.4720$ である.部材力

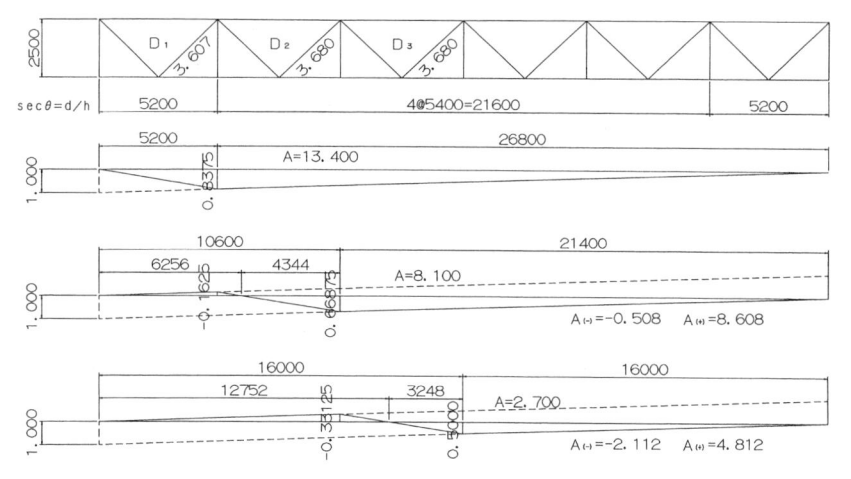

図 9.37 横構（ワーレントラス）の影響線

表 9.9 影響線の面積（m）

部　材	$A(+)$	$A(-)$	ΣA
D_1	13.400	—	13.400
D_2	8.608	−0.508	8.100
D_3	4.812	−2.112	2.700

表 9.10 各横構の部材力（kN）

部　材	$\sec\theta$	地震荷重	風荷重
D_1	1.4428	79.85	35.96
D_2	1.4720	49.24	23.57
D_3	1.4720	16.41	13.17

の計算結果を表9.10に示す．よって，部材力の大きい地震荷重に対して横構を設計する．

9.9.3　断　面　算　定

支点部材

図9.38に示すCT形鋼（118×178×10×8）を用いる．

　　地震荷重：N=79.85 kN，部材長：L=3 607 mm，断面積：A_g=2 597 mm^2
　　純断面積：$A_n=A_g-(55\times10+25\times8\times2)$=1 647 mm^2
　　断面二次半径：r_x=35.7 mm，細長比：L/r_x=3 607/35.7=101.0＜150
　　$\sigma_t=N/A_n$=79.85×10^3/1 647=48.5 N/mm^2＜σ_{ta}=140 N/mm^2
　　$\sigma_c=N/A_g$=79.85×10^3/2 597=30.7 N/mm^2＜σ_{ca}=42.7 N/mm^2
　　L/r_x=101.0＞92 より

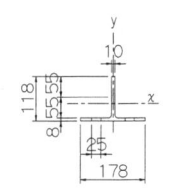

図 9.38 支点部材断面　　　　**図 9.39** 中間部材断面

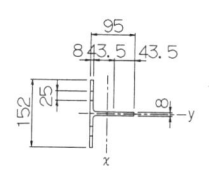

$$\sigma_{cag} = \frac{1\,200\,000}{6\,700 + (L/r_x)^2} = \frac{1\,200\,000}{6\,700 + 101.0^2} = 71.0\,\text{N}/\text{mm}^2$$

$$\sigma_{ca} = \sigma_{cag}\left(0.5 + \frac{L/r_x}{1\,000}\right) = 71.0 \times \left(0.5 + \frac{101.0}{1\,000}\right) = 42.7\,\text{N}/\text{mm}^2$$

必要ボルト本数：高力ボルト（S 10 T，M 22）を一面摩擦接合で用いる．

$n = N/\rho_a = 79.85 \times 10^3 / 48 \times 10^3 = 1.66$ 本　→　4本使用

中間部材

図 9.39 に示す CT 形鋼（95×152×8×8）を用いる．

地震荷重：N=49.24 kN，部材長：L=3 680 mm，断面積：A_g=1 939 mm^2

純断面積：$A_n = A_g - (43.5 \times 8 + 25 \times 8 \times 2) = 1\,191$ mm^2

断面二次半径：r_x=27.3 mm，細長比：L/r_x=3 680/27.3=134.8＜150

$\sigma_t = N/A_n = 49.24 \times 10^3 / 1\,191 = 41.3$ N/mm^2 ＜ σ_{ta}=140 N/mm^2

$\sigma_c = N/A_g = 49.24 \times 10^3 / 1\,939 = 25.4$ N/mm^2 ＜ σ_{ca}=30.7 N/mm^2

$L/r_x = 134.8 ＞ 92$ より

$$\sigma_{cag} = \frac{1\,200\,000}{6\,700 + (L/r_x)^2} = \frac{1\,200\,000}{6\,700 + 134.8^2} = 48.3\,\text{N}/\text{mm}^2$$

$$\sigma_{ca} = \sigma_{cag}\left(0.5 + \frac{L/r_x}{1\,000}\right) = 48.3 \times \left(0.5 + \frac{134.8}{1\,000}\right) = 30.7\,\text{N}/\text{mm}^2$$

必要ボルト本数：高力ボルト（S 10 T，M 22）を一面摩擦接合で用いる．

$n = N/\rho_a = 49.24 \times 10^3 / 48 \times 10^3 = 1.03$ 本　→　4本使用

9.10　たわみの計算

9.10.1　活荷重によるたわみ

載荷幅（D=10 m）をもつ等分布荷重 p_1 による変断面単純げたの中央部のたわみを，厳密に計算するためには，モールの定理（共役ばりの考え方）を適用しなければならない．ここでは簡単のため，近似的にたわみを計算することにする．

$$\delta_1 = \frac{P_1}{384EI_v}(5l^4 - 6l^2a^2 + a^4)$$

$$= \frac{18.000}{384 \times 2.0 \times 10^5 \times 58.06645 \times 10^9}(5 \times 32\,000^4 - 6 \times 32\,000^2 \times 22\,000^2 + 22\,000^4)$$

$$= 10.1 \text{ mm}$$

ただし，$a = l - D$ である．同様にして，等分布荷重 p_2 によるたわみは，

$$\delta_2 = \frac{5P_2 l^4}{384EI_v} = \frac{5 \times 6.300 \times 32\,000^4}{384 \times 2.0 \times 10^5 \times 58.06645 \times 10^9} = 7.4 \text{ mm}$$

主げたが変断面であることから，たわみの計算値を10％割増しすると，

$$\delta = (\delta_1 + \delta_2) \times 1.1 = (10.1 + 7.4) \times 1.1 = 19.3 \text{ mm} < \delta_a = 51.2 \text{ mm}$$

である．表6.10より，たわみの許容値を求めると，$10\text{ m} < L = 32\text{ m} \leq 40\text{ m}$ なので

$$\delta_a = \frac{L}{20\,000/L} = \frac{L^2}{20\,000} = \frac{32.0^2}{20\,000} = 0.0512 \text{ m} \rightarrow 51.2 \text{ mm}$$

よって，上記 δ はたわみ制限 δ_a を満足している．

9.10.2 死荷重，クリープおよび乾燥収縮によるたわみ

① 死荷重によるたわみ：合成前および合成後の曲げモーメントを用いる．

$$\delta_d = \frac{5w_d l^4}{384EI} = \frac{5l^2}{48E}\left(\frac{M_{d1}}{I_s} + \frac{M_{d2}}{I_v}\right)$$

$$= \frac{5 \times 32\,000^2}{48 \times 2.0 \times 10^5} \times \left(\frac{2\,825.22 \times 10^6}{18.23771 \times 10^9} + \frac{986.75 \times 10^6}{58.06645 \times 10^9}\right) = 91.7 \text{ mm}$$

② クリープによるたわみ：クリープによる曲げモーメント M_φ を用いる．

$$\delta_\varphi = \frac{5M_\varphi l^2}{48EI_{v1}} = \frac{5 \times 3.4154 \times 10^8 \times 32\,000^2}{48 \times 2.0 \times 10^5 \times 48.01605 \times 10^9} = 3.8 \text{ mm}$$

③ 乾燥収縮によるたわみ：乾燥収縮による曲げモーメント M_s を単純げたの両端に作用させ，中央点のたわみを次のように計算する．

$$\delta_s = \frac{M_s l^2}{8EI_{v2}} = \frac{7.52455 \times 10^8 \times 32\,000^2}{8 \times 2.0 \times 10^5 \times 42.01722 \times 10^9} = 11.5 \text{ mm}$$

したがって，たわみの計算値を10％割増しすると，

$$\delta = (91.7 + 3.8 + 11.5) \times 1.1 = 107.0 \times 1.1 = 117.7 \text{ mm}$$

である．よって，支間中央には製作時にそり $\delta = 117.7$ mm を設ける．

以上の設計計算書をもとにして，活荷重合成げた橋の設計製図を図9.40に示す．

図 9.40a 主げた（外げた）

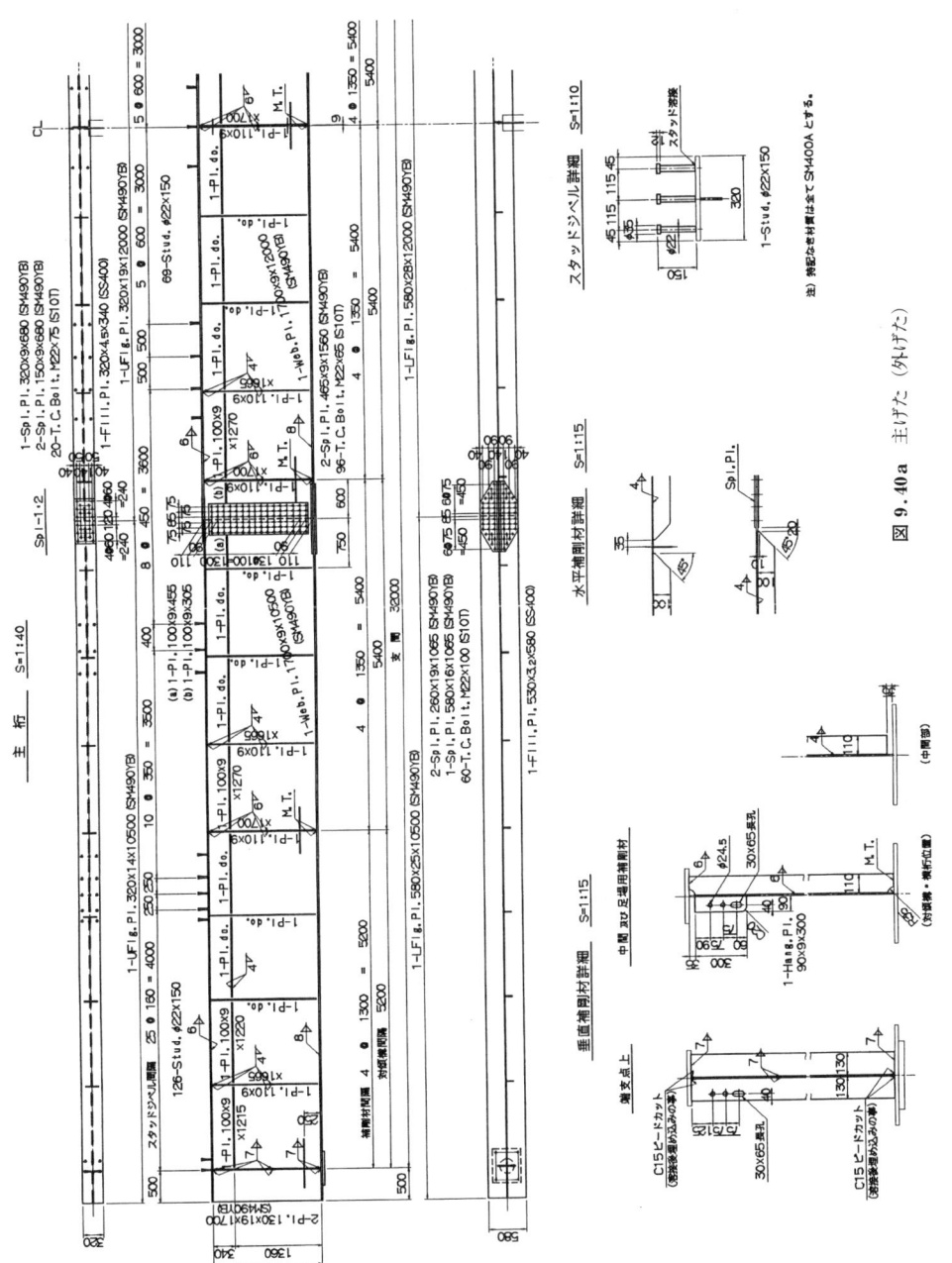

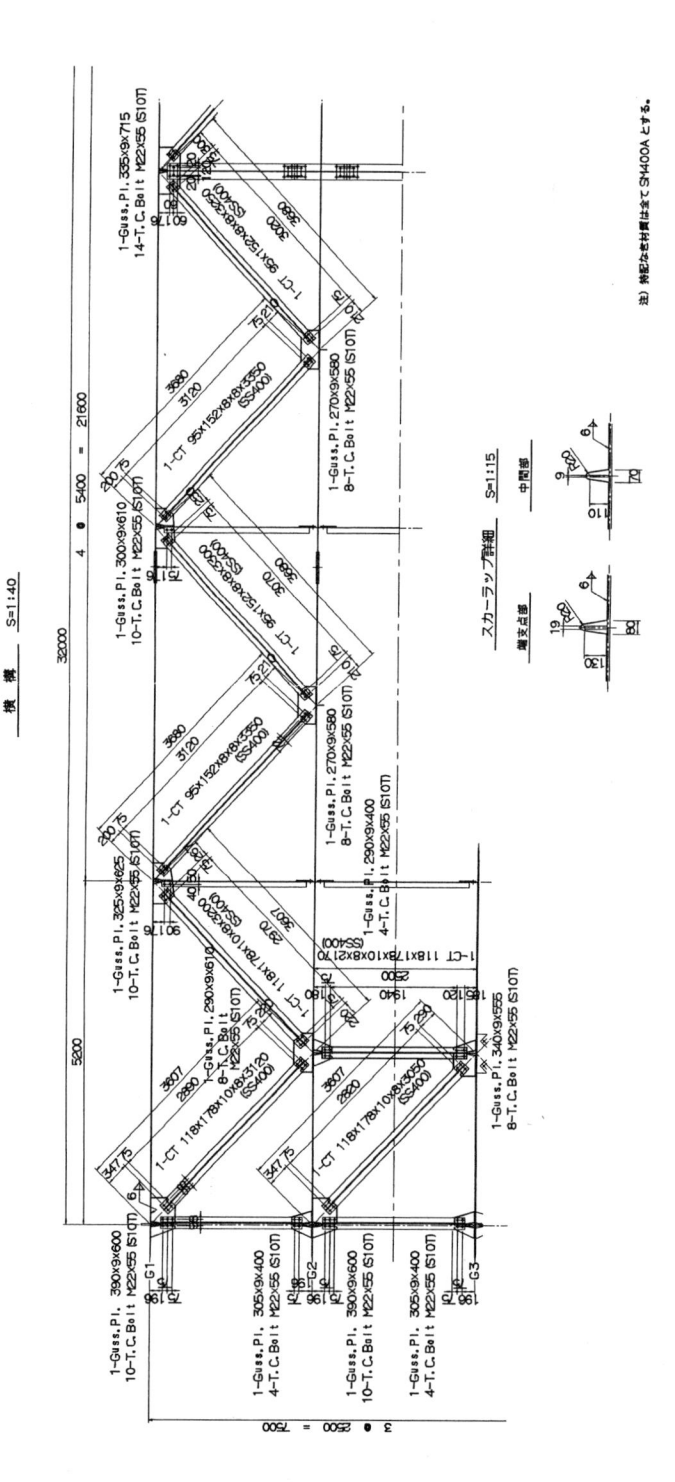

図 9.40 b 横構

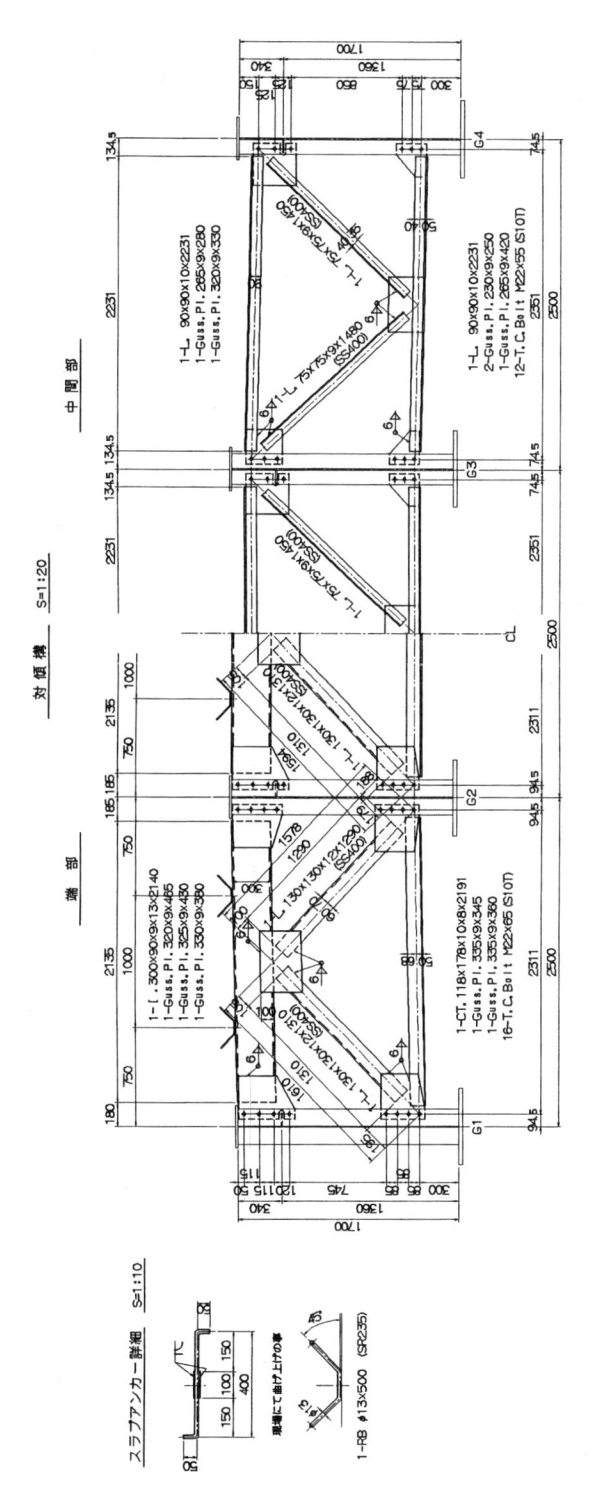

図 9.40 c 対傾構

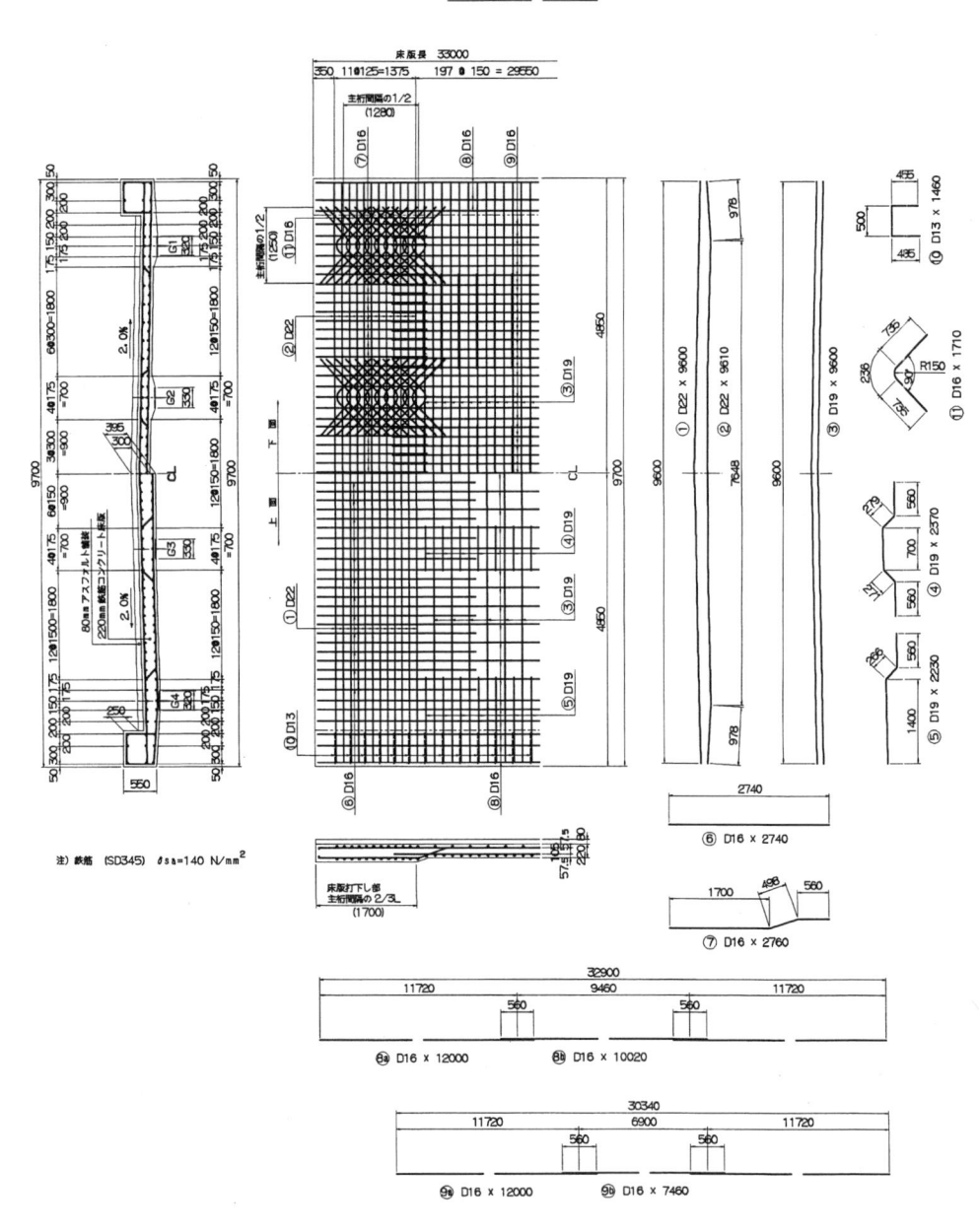

図 9.40d　コンクリート床版

演習問題解答

　各章の演習問題の中で，用語および文章問題に関する解答については，目次または本書巻末の索引を引用しながら，各自で作成することをお願いしたい．数値計算をともなう演習問題について，以下に解答の一例を示す．

問題 2.6
　B/D=16.5/3.6=4.58 となる．表 2.8 より，求める風荷重強度 p は次のようになる．
$$p = (4.0 - 0.2 \times 4.58) \times 3.6 = 11.1 \text{ kN/m} > 6.0 \text{ kN/m}$$
よって，11.1 kN/m である．

問題 2.7
　まず，柱の固有周期 T (sec) は次式により求められる．
$$T = 2\pi\sqrt{\frac{M}{K}}$$
ここに，M：質量 (kg)，K：ばね定数 (N/mm) である．図 2.11 の柱を片持ばりとすると，重量 W による水平変位 δ は，
$$\delta = \frac{Wh^3}{3EI}$$
となり，ばね定数 K は次のように得られる．
$$K = \frac{W}{\delta} = \frac{3EI}{h^3}$$
ここに，E は鋼材のヤング係数（2.0×10^5 N/mm^2）である．また，重錘の質量は $M=W/g$（重力加速度，g=9.81 m/sec^2）である．よって，柱の固有周期 T は次のように計算できる．
$$T = 2\pi\sqrt{\frac{Wh^3}{g \cdot 3EI}} = 2 \times 3.14 \times \sqrt{\frac{10 \times 10^3 \times (6.8 \times 10^3)^3}{9.81 \times 10^3 \times 3 \times 2.0 \times 10^5 \times 1530 \times 10^4}} = 1.173 \text{ sec} > 1.1 \text{ sec}$$
ゆえに，表 2.16 より，
$$k_{h0} = 0.213 \times (1.173)^{-2/3} = 0.192$$
となる．地域区分 B の地域別補正係数は c_z=0.85 であり，式 (2.3) を用いると，設計水平震度は，
$$k_h = c_z k_{h0} = 0.85 \times 0.192 = 0.163$$
である．したがって，求める地震力 F は次のようになる．
$$F = k_h W = 0.163 \times 10 = 1.63 \text{ kN}$$

問題 3.4
　式 (3.5) より，一般解 w は次のようにおくことができる．
$$w = c_1 \cos kx + c_2 \sin kx + c_3 x + c_4$$
ここに，$k = \sqrt{P/EI}$，c_1, c_2, c_3, c_4：積分定数である．両端単純支持の境界条件から，
　$x=0$ で，$w=0$：$c_1 + c_4 = 0$

$x=0$ で，$w''=0$: $-k^2 c_1 = 0$
$x=L$ で，$w=0$: $c_1 \cos kL + c_2 \sin kL + c_3 L + c_4 = 0$
$x=L$ で，$w''=0$: $-k^2(c_1 \cos kL + c_2 \sin kL) = 0$

である．よって，

$\sin kL = 0$

ただし，$c_2 \neq 0$，$c_1 = c_3 = c_4 = 0$ である．したがって，上式より，解の最小値は $kL = \pi$ である．ゆえに，

$$k^2 = \frac{P}{EI} = \left(\frac{\pi}{L}\right)^2$$

となり，座屈荷重 P_{cr} は次のように求められる．

$$P_{cr} = \frac{\pi^2 EI}{L^2}$$

つまり，式(3.6)において $k=1$ に対応していることがわかる．

問題 3.5

まず，断面二次モーメント I を求める．

$$I = \frac{1}{12} \times 10 \times 900^3 + 2 \times 300 \times 20 \times (450+10)^2 = 3.1467 \times 10^9 \text{ mm}^4$$

したがって，鋼材のヤング係数が $E = 2.0 \times 10^5$ N/mm^2，部材長が $l = 1\,800$ mm であるから，曲げによる鉛直たわみ w は，

$$w = \frac{Pl^3}{3EI} = \frac{450 \times 10^3 \times 1\,800^3}{3 \times 2.0 \times 10^5 \times 3.1467 \times 10^9} = 1.39 \text{ mm}$$

となる．最大曲げモーメントは片持ばりの固定端に生じ，その値は，

$M = Pl = 450 \times 10^3 \times 1800 = 8.1 \times 10^8$ N·mm

となる．したがって，はりの上縁応力度 σ_u と下縁応力度 σ_l は次のように求められる．

$$\sigma_u = \frac{M}{I} y_u = \frac{8.1 \times 10^8}{3.1467 \times 10^9} \times (450+20) = 121 \text{ N/mm}^2 \text{ (引張応力)}$$

$$\sigma_l = \frac{M}{I} y_l = \frac{8.1 \times 10^8}{3.1467 \times 10^9} \times (450+20) = 121 \text{ N/mm}^2 \text{ (圧縮応力)}$$

許容曲げ圧縮応力度 σ_{ba} は表3.6より求められる．片持ばりの有効座屈長は図3.5より，$2l = 3\,600$ mm，圧縮フランジ幅は図3.12より，$b = 300$ mm であることから，

$$K = \sqrt{3 + \frac{A_w}{2A_c}} = \sqrt{3 + \frac{10 \times 900}{2 \times 20 \times 300}} = 1.94 < 2, \quad \frac{9}{K} = \frac{9}{1.94} = 4.64, \quad \frac{l}{b} = \frac{3\,600}{300} = 12$$

したがって，$\dfrac{9}{K} < \dfrac{l}{b} \leq 30$ となり，$K \leq 2$ の場合は $K = 2$ として，

$$\sigma_{ba} = 140 - 1.2\left(2\frac{l}{b} - 9\right) = 140 - 2.4\left(\frac{l}{b} - 4.5\right) = 140 - 2.4 \times (12 - 4.5) = 122 \text{ N/mm}^2$$

である．よって，$\sigma_u < \sigma_{ta} = 140$ N/mm^2，$\sigma_l < \sigma_{ba} = 122$ N/mm^2 となり，それぞれ許容応力度以内にあることが確かめられる．

問題 3.6

腹板に生ずるせん断応力度は，

$$\tau = \frac{P}{A_w} = \frac{450 \times 10^3}{10 \times 900} = 50\,\mathrm{N/mm^2} < \tau_a = 80\,\mathrm{N/mm^2}$$

となり，許容せん断応力度以内に入っている．また，せん断ひずみ γ は，表3.5の鋼材のせん断弾性係数 $G=7.7\times 10^4\,\mathrm{N/mm^2}$ を用いて，

$$\gamma = \frac{\tau}{G} = \frac{50}{7.7 \times 10^4} = 0.649 \times 10^{-3}$$

である．したがって，先端の鉛直たわみ w は次のように求められる．

$$w = \gamma l = 0.649 \times 10^{-3} \times 1\,800 = 1.17\,\mathrm{mm}$$

問題 4.7

(a) 作用圧縮応力度 σ_c は式 (4.3) より，

$$\sigma_c = \frac{400 \times 10^3}{10 \times 340} = 118\,\mathrm{N/mm^2} > 0.75\sigma_a = 0.75 \times 140 = 105\,\mathrm{N/mm^2}$$

であり，$\sigma_c = 118\,\mathrm{N/mm^2}$ に対して応力照査を行う．したがって，表3.6より，$\sigma_c = 118\,\mathrm{N/mm^2} < \sigma_{ca} = 140\,\mathrm{N/mm^2}$ となり，安全である．

(b) 作用せん断応力度 τ は式 (4.4) と表3.6より，

$$\tau = \frac{230 \times 10^3}{11 \times 320} = 65\,\mathrm{N/mm^2} < \tau_a = 80\,\mathrm{N/mm^2}$$

となり，安全である．

(c) 作用引張応力 σ_t は式 (4.3) より，

$$\sigma_t = \frac{380 \times 10^3}{12 \times 330 \times \sin 60°} = 111\,\mathrm{N/mm^2} > 0.75\sigma_a = 0.75 \times 140 = 105\,\mathrm{N/mm^2}$$

である．ゆえに，$\sigma_t = 111\,\mathrm{N/mm^2}$ に対して応力照査を行う．よって，表3.6より，$\sigma_t = 111\,\mathrm{N/mm^2} < \sigma_{ta} = 140\,\mathrm{N/mm^2}$ となり，安全である．

問題 4.8

いずれも重ね継手部のすみ肉溶接である．したがって，のど厚断面に作用するせん断力について応力照査を行う．なお，現場溶接は工場溶接と同等の許容応力度が用いられることから，表3.6をそのまま適用できる．

(a) 側面すみ肉溶接

式 (4.1) より，のど厚：$a = 0.707 \times 9 = 6.363\,\mathrm{mm}$ である．よって，式 (4.4) と表3.6より，

$$\tau = \frac{450 \times 10^3}{2 \times 6.363 \times 400} = 88\,\mathrm{N/mm^2} < \tau_a = 105\,\mathrm{N/mm^2}$$

となり，安全である．

(b) 全周すみ肉溶接

のど厚：$a = 0.707 \times 8 = 5.656\,\mathrm{mm}$

$$\tau = \frac{600 \times 10^3}{2 \times 5.656 \times (350 + 200)} = 96\,\mathrm{N/mm^2} < \tau_a = 105\,\mathrm{N/mm^2}$$

となり，安全である．

問題 4.9

図4.20に示すように，のど厚 $a = 0.707 \times 8 = 5.656\,\mathrm{mm}$ を接合面に展開した断面の中立軸まわりの断面二次モーメント I を計算する．図4.38に示す横げたは2軸対称断面であることから，中立軸は横げたの中立軸と一致する．したがって，

$$I = 2 \times \frac{1}{12} \times a \times (600 - 2 \times a)^3 + 2 \times (180 - 9) \times a \times \left(300 - \frac{a}{2}\right)^2 + 2 \times 180 \times a \times \left(312 + \frac{a}{2}\right)^2 = 5.650 \times 10^8 \, \text{mm}^4$$

すみ肉溶接部の最大曲げ応力度は，横げたフランジの外側に発生する．したがって，式(4.6)より，応力照査を行うと以下のようになる．

$$\tau = \frac{M}{I} y = \frac{100 \times 10^6}{5.650 \times 10^8} \times (312 + a) = 56 \, \text{N/mm}^2 < \tau_a = 80 \, \text{N/mm}^2$$

よって，安全である．

問題 4.10

断面二次モーメント I は，

$$I = \frac{1}{12} \times 8 \times 1\,200^3 + 2 \times 18 \times 260 \times (600 + 9)^2 = 4.623 \times 10^9 \, \text{mm}^4$$

となる．式(4.5)より，腹板の曲げ応力度 σ は，

$$\sigma = \frac{M}{I} y = \frac{950 \times 10^6}{4.623 \times 10^9} \times 600 = 123 \, \text{N/mm}^2 < \sigma_a = 140 \, \text{N/mm}^2$$

となり，安全である．また，腹板のせん断応力度 τ は次のようになる．

$$\tau = \frac{Q}{A_w} = \frac{400 \times 10^3}{8 \times 1\,200} = 42 \, \text{N/mm}^2 < \tau_a = 80 \, \text{N/mm}^2$$

ゆえに，安全である．さらに，合成応力度に対する照査は式(4.9)より

$$\left(\frac{\sigma}{\sigma_a}\right)^2 + \left(\frac{\tau}{\tau_a}\right)^2 = \left(\frac{123}{140}\right)^2 + \left(\frac{42}{80}\right)^2 = 1.05 \leq 1.2$$

となる．よって，安全である．

問題 4.11

作用圧縮応力度：$\sigma_c = 130 \, \text{N/mm}^2 > 0.75\sigma_a = 0.75 \times 140 = 105 \, \text{N/mm}^2$
連結板に必要とされる断面積は，

$$A_s = \frac{\sigma_c \cdot A_c}{\sigma_a} = \frac{130 \times 360 \times 23}{140} = 7\,689 \, \text{mm}^2$$

となる．いま，圧縮フランジの外側，内側の連結板をともに $A_s/2$ とすると

$$\frac{A_s}{2} = \frac{7\,689}{2} = 3\,845 \, \text{mm}^2$$

これに対して，連結板には以下のものを使用する．

1-Spl. Pl. ：$360 \times 11 = 3\,960 \, \text{mm}^2$
2-Spl. Pls. ：$160 \times 13 = 4\,160 \, \text{mm}^2$

表 4.1 より，高力ボルト 1 本の許容力（二面摩擦接合）は 96 kN である．よって，ボルトの所要本数は次のように計算できる．

$$n = \frac{\sigma_c A_c}{\rho_a} = \frac{130 \times 360 \times 23}{96 \times 10^3} = 11.2 \, \text{本} \rightarrow 12 \, \text{本使用}$$

したがって，ボルト配置は図 A.1 のようになる．

問題 4.12

引張フランジはボルト孔の断面欠損を考慮した式(4.16)で示される純断面積 A_n を用いる．フランジ幅当たりボルト 4 孔引きとすると，フランジ母材の断面欠損が $4 \times 25 \times 23 = 2\,300 \, \text{mm}^2$ である．その分，母材の板厚を 23 mm から 32 mm に増厚することにする．したがって，

図 A.1

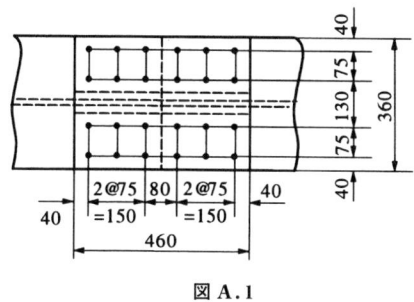

純断面積： $A_n = (360 - 4 \times 25) \times 32 = 8\,320\,\text{mm}^2 > 360 \times 23 = 8\,280\,\text{mm}^2$

作用引張応力度： $\sigma_t = 130\,\text{N/mm}^2 > 0.75\sigma_a = 0.75 \times 140 = 105\,\text{N/mm}^2$

連結板の断面積： $A_s = \dfrac{\sigma_t A_n}{\sigma_a} = \dfrac{130 \times 8\,320}{140} = 7\,726\,\text{mm}^2$

これに対して，$A_s/2 = 3\,863\,\text{mm}^2$ を目安にして，以下の連結板を用いる．
 1-Spl. Pl. ： $360 \times 11 = 3\,960\,\text{mm}^2$
 2-Spl. Pls. ： $160 \times 13 = 4\,160\,\text{mm}^2$
また，ボルトの所要本数は，
$$n = \frac{\sigma_t A_n}{\rho_a} = \frac{130 \times 8\,320}{96 \times 10^3} = 11.3$$
となる．よって，12 本の高力ボルトが必要である．問題 4.11 と同じボルト配置が可能である．

問題 5.6

(a) 片持部の有効幅 λ_1 は式 (5.7) より次のように計算できる．
 $b_1 = 1\,200 - 150\,(上フランジの 1/2) - 60\,(ハンチ高) = 990\,\text{mm}$
 $\dfrac{b_1}{l} = \dfrac{990}{30\,000} = 0.033 \leq 0.05 \quad \therefore \quad \lambda_1 = b_1 = 990\,\text{mm}$

(b) 中間部の有効幅 λ_2 も同様にして，以下のように求められる．
 $b_2 = 2\,500/2 - 150 - 60 = 1\,040\,\text{mm}$
 $\dfrac{b_2}{l} = \dfrac{1\,040}{30\,000} = 0.035 \leq 0.05 \quad \therefore \quad \lambda_2 = b_2 = 1\,040\,\text{mm}$

問題 5.7

図 A.2 に示すように，縦げたに最も不利な応力が生ずるように図 2.2 の T 活荷重（$P_T = 100\,\text{kN}$）を載荷する．

(a) 外縦げたの場合
T 活荷重による外縦げたの荷重強度 P は，
 $P = 100 \times (1.086 + 0.483 + 0.138) = 170.7\,\text{kN}$
である．この荷重 P が支間中央（$L = 8.0\,\text{m}$）に作用するとき，縦げたの曲げモーメントが最大となる．したがって，
$$M'_{\max} = \frac{PL}{4} = \frac{1}{4} \times 170.7 \times 8.0 = 341.4\,\text{kN·m}$$

(a) 外縦げたの場合

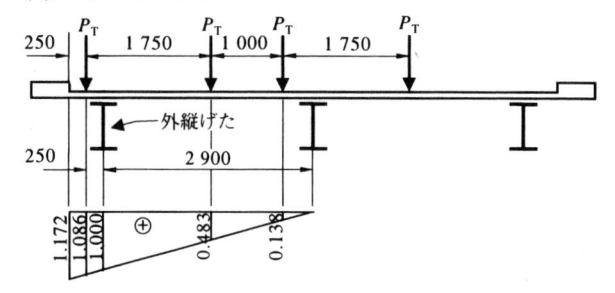

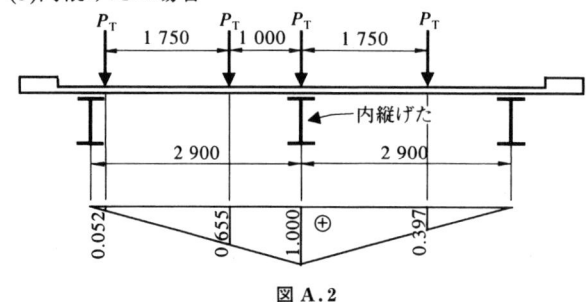

(b) 内縦げたの場合

図 A.2

となる．ただし，縦げたの支間が4 mを超える場合は，表2.3に示す係数を乗じる．

$$M_{\max} = \left(\frac{L}{32} + \frac{7}{8}\right) M'_{\max} = \left(\frac{8}{32} + \frac{7}{8}\right) \times 341.4 = 383.7 \text{ kN·m}$$

(b) 内縦げたの場合

同様にして，次のように求められる．

$$P = 100 \times (0.052 + 0.655 + 1.000 + 0.397) = 210.4 \text{ kN}$$

$$M'_{\max} = \frac{1}{4} \times 210.4 \times 8.0 = 420.8 \text{ kN·m}$$

$$M_{\max} = \left(\frac{8}{32} + \frac{7}{8}\right) \times 420.8 = 473.4 \text{ kN·m}$$

問題 6.7

図A.3に示すように，主げたに最も不利な応力が生じるように図2.4のL荷重（p_1およびp_2）を載荷する．

(a) 外げたの場合

図A.3(a) の影響線（1-0法）を用いて，主載荷荷重（幅5.5 m，p_1=10 kN/m² と p_2=3.5 kN/m²）および従載荷荷重（$p_1/2$ と $p_2/2$）を表2.4より載荷すると次のようになる．

$$p_{1a}^* = 10 \times \frac{1}{2} \times 1.294 \times (1.0 + 3.4) = 28.47 \text{ kN/m}$$

$$p_{2a}^* = 3.5 \times \frac{1}{2} \times 1.294 \times (1.0 + 3.4) = 9.96 \text{ kN/m}$$

(a) 外げたの場合

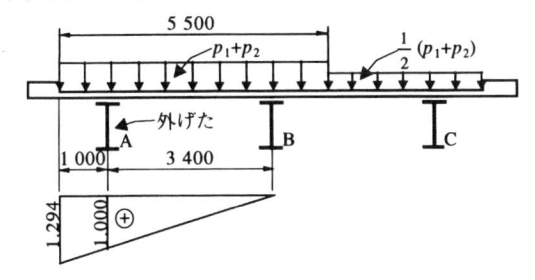

図 A.3

(a) 外げたの場合 — 5 500, p_1+p_2, $\frac{1}{2}(p_1+p_2)$, A 外げた, B, C, 1 000, 3 400, 1.294, 1.000

(b) 内げたの場合 — $\frac{1}{2}(p_1+p_2)$, 5 500, p_1+p_2, $\frac{1}{2}(p_1+p_2)$, A, B 内げた, C, 3 400, 3 400, 0.191, 1.000, 0.191

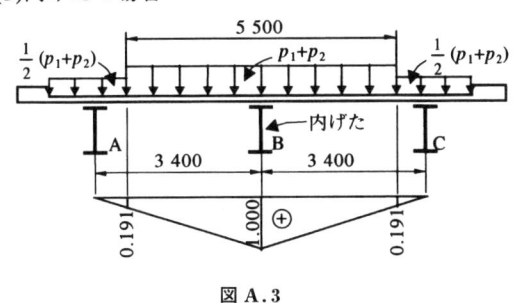

図 A.3

(b) 内げたの場合

図 A.3(b) と表 2.4 より，B 活荷重（L 荷重）による荷重強度は以下のように求められる．

$$p_{1b}^* = 10 \times 2 \times \frac{1}{2} \times (0.191+1.000) \times 2.75 + 5 \times 2 \times \frac{1}{2} \times 0.191 \times 0.65 = 33.37 \text{ kN/m}$$

$$p_{2b}^* = 3.5 \times 2 \times \frac{1}{2} \times (0.191+1.000) \times 2.75 + 1.75 \times 2 \times \frac{1}{2} \times 0.191 \times 0.65 = 11.68 \text{ kN/m}$$

問題 6.8

衝撃係数 i は表 2.6 より，

$$i = \frac{20}{50+35} = 0.235$$

である．図 2.4 および表 2.4（$D=10$ m）より，主げた中央断面に発生する曲げモーメント $M_{\max}$ は，図 A.4 に示すような載荷状態のとき最大となる．

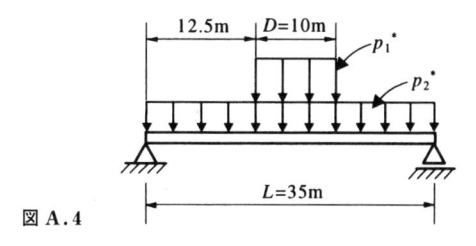

図 A.4 — 12.5 m, $D=10$ m, p_1^*, p_2^*, $L=35$ m

$$M_{max} = \left\{\left(\frac{p_1^* D}{2} + \frac{p_2^* L}{2}\right)\frac{L}{2} - \frac{p_1^* D}{2}\cdot\frac{D}{4} - \frac{p_2^* L}{2}\cdot\frac{L}{4}\right\}(1+i) = \left\{p_1^* D\left(\frac{L}{4} - \frac{D}{8}\right) + \frac{1}{8}p_2^* L^2\right\}(1+i)$$

(a) 外げたの場合

$$M_{max} = \left\{28.47 \times 10 \times \left(\frac{35}{4} - \frac{10}{8}\right) + \frac{1}{8} \times 9.96 \times 35^2\right\}(1+0.235) = 4\,521 \text{ kN·m}$$

(b) 内げたの場合

$$M_{max} = \left\{33.37 \times 10 \times \left(\frac{35}{4} - \frac{10}{8}\right) + \frac{1}{8} \times 11.68 \times 35^2\right\}(1+0.235) = 5\,300 \text{ kN·m}$$

問題 6.9

上下非対称断面の断面二次モーメント I は次のように計算される.

		A (mm^2)	y (mm)	Ay (mm^3)	Ay^2 or I (mm^4)
1-Flg. Pl.	300×20	6 000	−760	−4.560×10^6	3.4656×10^9
1-Web Pl.	1 500×8	12 000	0	0	2.2500×10^9
1-Flg. Pl.	360×24	8 640	762	6.584×10^6	5.0168×10^9
		26 640		2.024×10^6	10.7324×10^9

偏心量: $e = 2.024 \times 10^6 / 26\,640 = 75.98$ mm

断面二次モーメント: $I = 10.7324 \times 10^9 - 26\,640 \times 75.98^2 = 10.5786 \times 10^9$ mm^4

式 (6.9) より,

$$\sigma_c = \frac{M}{I}y_c = \frac{1\,300 \times 10^6}{10.5786 \times 10^9} \times (750 + 20 + 75.98) = 104 \text{ N/mm}^2$$

$$\sigma_t = \frac{M}{I}y_t = \frac{1\,300 \times 10^6}{10.5786 \times 10^9} \times (750 + 24 - 75.98) = 86 \text{ N/mm}^2$$

式 (6.12) より

$$\tau = \frac{Q}{A_w} = \frac{700 \times 10^3}{12\,000} = 58 \text{ N/mm}^2$$

表 3.6 より, 許容曲げ圧縮応力度 σ_{ba} は次のように算出される.

$$\frac{A_w}{A_c} = \frac{12\,000}{6\,000} = 2.0, \quad K = \sqrt{3 + \frac{A_w}{2A_c}} = 2.0, \quad \frac{l}{b} = \frac{3\,800}{300} = 12.7, \quad \frac{9}{K} = \frac{9}{2} = 4.5$$

したがって, $\dfrac{9}{K} < \dfrac{l}{b} \leq 30$ であるから,

$$\sigma_{ba} = 140 - 1.2\left(K\frac{l}{b} - 9\right) = 140 - 1.2 \times (2.0 \times 12.7 - 9) = 120 \text{ N/mm}^2$$

となる. ゆえに, $\sigma_c < \sigma_{ba} = 120$ N/mm^2, $\sigma_t < \sigma_{ta} = 140$ N/mm^2, $\tau < \tau_a = 80$ N/mm^2 であり, いずれも安全である.

問題 6.10

式 (6.22) のブレットの公式より,

上下フランジ：$\tau_f = \dfrac{1\,800 \times 10^6}{2 \times 800 \times 1\,000 \times 16} = 70\,\text{N/mm}^2$

腹板（ウェブ）：$\tau_w = \dfrac{1\,800 \times 10^6}{2 \times 800 \times 1\,000 \times 12} = 94\,\text{N/mm}^2$

いずれも許容せん断応力度 $\tau_a = 105\,\text{N/mm}^2$ 以内にあり，安全である．

問題 6.11

図 6.34 の応力分布に関する幾何学的関係から

偏心量：$e = \dfrac{y_t - y_c}{2} = \dfrac{\sigma_t - \sigma_c}{\sigma_t + \sigma_c} \cdot \dfrac{h}{2}$

$y_t = \dfrac{\sigma_t}{\sigma_t + \sigma_c} h, \quad y_c = \dfrac{\sigma_c}{\sigma_t + \sigma_c} h$

中立軸まわりの断面一次モーメントと曲げモーメント M より，

$A_t y_t + hte = A_c y_c$

$A_t \sigma_t y_t + \dfrac{\sigma_t}{2} y_t t \cdot \dfrac{2}{3} y_t + \dfrac{\sigma_c}{2} y_c t \cdot \dfrac{2}{3} y_c + A_c \sigma_c y_c = M$

である．最初の3式を後の2式に代入し，整理すると，最終的に式 (6.31) が得られる．

問題 6.12

表 6.6 より，中間補剛材を省略できる腹板最小高は，

$h_w = 70t = 70 \times 9 = 630\,\text{mm} < b = 1\,250\,\text{mm}$

であることから，中間補剛材を省略することはできない．また，中間補剛材の間隔 a は腹板高 b の 1.5 倍を超えてはならないことから，

$1.5b = 1.5 \times 1\,250 = 1\,875\,\text{mm}$

ここで，中間補剛材の間隔を $a = 1\,500\,\text{mm}$ と仮定すると，式 (6.40) より，

$\dfrac{a}{b} = \dfrac{1\,500}{1\,250} = 1.2 > 1$

$\left(\dfrac{b}{100t}\right)^4 \left[\left(\dfrac{\sigma}{345}\right)^2 + \left\{\dfrac{\tau}{77 + 58(b/a)^2}\right\}^2\right] = \left(\dfrac{1\,250}{100 \times 9}\right)^4 \left[\left(\dfrac{80}{345}\right)^2 + \left\{\dfrac{45}{77 + 58 \times (1\,250/1\,500)^2}\right\}^2\right] = 0.75 \leq 1$

したがって，中間補剛材を $a = 1\,500\,\text{mm}$ の間隔で配置する．さらに，中間補剛材の必要な断面二次モーメントは，式 (6.43), (6.44) より，

$I_{v\,\text{req}} = \dfrac{bt^3}{11} \times 8.0 \left(\dfrac{b}{a}\right)^2 = \dfrac{1\,250 \times 9^3}{11} \times 8.0 \times \left(\dfrac{1\,250}{1\,500}\right)^2 = 4.60 \times 10^5\,\text{mm}^4$

$b_{v\,\text{req}} = \dfrac{b}{30} + 50 = \dfrac{1\,250}{30} + 50 = 91.7\,\text{mm}$

よって，中間補剛材の板幅を $b_s = 100\,\text{mm}$ とする．また，圧縮フランジの自由突出部の板厚制限（表 6.2 参照）より，

$t = \dfrac{b_s}{12.8} = \dfrac{100}{12.8} = 7.8\,\text{mm}$

したがって，中間補剛材の板厚を $t_s = 8\,\text{mm}$ とする．この補剛材の断面二次モーメントは，

$$I = \frac{1}{3}t_s b_s^3 = \frac{1}{3} \times 8 \times 100^3 = 2.67 \times 10^6 \text{ mm}^4 > I_{v\text{req}} = 4.60 \times 10^5 \text{ mm}^4$$

となる．ゆえに，中間補剛材は幅 b_s=100 mm，板厚 t_s=8 mm，間隔 a=1 500 mm として，図A.5に示すように，腹板の片側に配置すればよい．

問題 6.13

図6.18より，水平補剛材の位置は，
$$b_1 = 0.2\, b = 0.2 \times 1\,800 = 360 \text{ mm}$$
とする．水平補剛材の板幅を b_s=110 mm と仮定すると，表6.2より
$$t_s = \frac{b_s}{12.8} = \frac{110}{12.8} = 8.6 \text{ mm}$$
したがって，板厚 t_s=9 mm とする．次に，この水平補剛材の必要な断面二次モーメントは，式 (6.45), (6.46) より，
$$I_{h\text{req}} = \frac{bt^3}{11} \times 30\left(\frac{a}{b}\right) = \frac{1\,800 \times 10^3}{11} \times 30 \times \frac{1\,300}{1\,800} = 3.545 \times 10^6 \text{ mm}^4$$

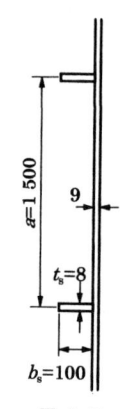

図 A.5

使用する水平補剛材の断面（110×9）に関する断面二次モーメントは，
$$I = \frac{1}{3}t_s b_s^3 = \frac{1}{3} \times 9 \times 110^3 = 3.993 \times 10^6 \text{ mm}^4 > I_{h\text{req}} = 3.545 \times 10^6 \text{ mm}^4$$
を満足している．ゆえに，設定した水平補剛材の断面は使用することができる．

問題 6.14

まず，必要な断面諸元を計算する．

板厚： $t_s = 10 \text{ mm} > \dfrac{120}{12.8} = 9.4 \text{ mm}$

板幅： $b_s = 120 \text{ mm} > \dfrac{b}{30} + 50 = \dfrac{1\,400}{30} + 50 = 96.7 \text{ mm}$

断面二次モーメント： $I = \dfrac{1}{12} \times 10 \times (120 \times 2 + 9)^3 = 1.287 \times 10^7 \text{ mm}^4$

有効断面積： $A = 24 t_w^2 + A_{stiff} = 24 \times 9^2 + 2 \times 120 \times 10 = 4\,344 \text{ mm}^2$

$\qquad > 1.7 \times A_{stiff} = 1.7 \times 2 \times 120 \times 10 = 4\,080 \text{ mm}^2$

したがって，端補剛材の有効断面積は A=4 080 mm² となる．さらに，表3.6より

断面二次半径： $r = \sqrt{\dfrac{I}{A}} = \sqrt{\dfrac{1.287 \times 10^7}{4\,080}} = 56.2 \text{ mm}$

有効座屈長： $l = \dfrac{b}{2} = \dfrac{1\,400}{2} = 700 \text{ mm}$

細長比： $\dfrac{l}{r} = \dfrac{700}{56.2} = 12.5 < 18$

よって，許容軸方向圧縮応力度は σ_{ca}=140 N/mm² である．ゆえに，
$$\sigma_c = \frac{R_{max}}{A} = \frac{450 \times 10^3}{4\,080} = 110 \text{ N/mm}^2 < \sigma_{ca} = 140 \text{ N/mm}^2$$
となり，安全である．

問題 7.6

合成げたの断面二次モーメント I_v を計算し，次に異なる材料の縁応力度を求め，応力照査を行う．ただし，$n=7$ とする．

		A(mm^2)	y(mm)	Ay(mm^3)	Ay^2(mm^4)	$+ I$(mm^4)
1−Slab	$2\,200 \times 210/n$	66 000	−971	-64.086×10^6	62.228×10^9	0.243×10^9
1−Flg. Pl.	260×16	4 160	−808	-3.362×10^6	2.716×10^9	
1−Web Pl.	$1\,600 \times 9$	14 400	0	0		3.072×10^9
1−Flg. Pl.	400×32	12 800	816	10.445×10^6	8.523×10^9	
		97 360		-57.003×10^6	76.782×10^9	

$e_v = -57.003 \times 10^6 / 97\,360 = -585.5$ mm

$I_v = 76.782 \times 10^9 - 97\,360 \times (-585.5)^2 = 43.406 \times 10^9$ mm^4

$y_{cu} = 800 + 16 + 50 + 210 - 585.5 = 490.5$ mm

$y_{cl} = y_{su} = 800 + 16 - 585.5 = 230.5$ mm

$y_{sl} = 800 + 32 + 585.5 = 1\,417.5$ mm

$\sigma_{vcu} = \dfrac{M_v}{nI_v} y_{cu} = \dfrac{3\,500 \times 10^6}{7 \times 43.406 \times 10^9} \times 490.5 = 5.7$ N/mm$^2 < \sigma_{con} = 8.5$ N/mm^2

$\sigma_{vcl} = \dfrac{M_v}{nI_v} y_{cl} = \dfrac{3\,500 \times 10^6}{7 \times 43.406 \times 10^9} \times 230.5 = 2.7$ N/mm$^2 < \sigma_{con} = 8.5$ N/mm^2

$\sigma_{vsu} = \dfrac{M_v}{I_v} y_{su} = \dfrac{3\,500 \times 10^6}{43.406 \times 10^9} \times 230.5 = 19$ N/mm$^2 < \sigma_{ba} = 140$ N/mm^2

$\sigma_{vsl} = \dfrac{M_v}{I_v} y_{sl} = \dfrac{3\,500 \times 10^6}{43.406 \times 10^9} \times 1\,417.5 = 114$ N/mm$^2 < \sigma_{ta} = 140$ N/mm^2

よって，いずれの応力も許容応力度以内にあり，安全である．

問題 7.7

式(7.24)より，スタッド1本当たりの許容せん断力 Q_a を求める．

$\dfrac{H}{d} = \dfrac{150}{19} = 7.9 \geq 5.5$

$Q_a = 9.4d^2\sqrt{\sigma_{ck}} = 9.4 \times 19^2 \times \sqrt{30} = 1.859 \times 10^4$ N

したがって，スタッドの許容せん断力は次のように計算できる．

$3Q_a = 3 \times 1.858 \times 10^4$ N $= 5.577 \times 10^4$ N $= 55.77$ kN $\fallingdotseq 56$ kN

参 考 文 献

● 本書で引用した文献
1) 堺　孝司：性能照査型設計法のゆくえ，橋梁と基礎，Vol. 31, No. 8, pp. 73-83, 1997.
2) 杉本博之：性能設計に関する一考察，土木学会北海道支部論文報告集，Vol. 55A, I-39, pp. 138-143, 1999.
3) 西川和廣：道路橋の寿命と維持管理，土木学会論文集，No. 501, I-29, pp. 1-10, 1994.
4) Frangopol, D. M., Kin, K. Y. and Estes, A. C.：Life-cycle cost design of deteriorating structures, *Journal of Structural Engineering, ASCE*, Vol. 123, No. 10, pp. 1390-1401, 1997.
5) 西川和廣：ライフサイクルコストを最小にするミニマムメンテナンス橋の提案，橋梁と基礎，Vol. 31, No. 8, pp. 64-72, 1997.
6) Harding, J. E., Parke, G. A. R. and Ryall, M. J.：*Bridge Management*, Elsevier Applied Science, 1992.
7) 鋼構造委員会 鋼橋の余寿命評価小委員会：鋼橋の劣化現象と損傷の評価，土木学会論文集，No. 501, I-29, pp. 21-36, 1994.
8) 林川俊郎・長井正嗣・小川篤生・松井繁之・依田照彦・藤野陽三：特集 鋼橋の新たな技術展開，土木学会誌，Vol. 84, Apr., pp. 4-15, 1999.
9) 林川俊郎：斜角を有するコンクリート合成鋼床版橋の架設時における桁倒れ量の算定に関する研究，北海道大学工学部研究報告，No. 157, pp. 11-22, 1991.

● 参考図書
渡辺　昇：橋梁工学（改訂版），朝倉書店，1981.
橘　善雄・中井　博：橋梁工学，共立出版，1996.
長井正嗣：橋梁工学，共立出版，1994.
宮本　裕他：橋梁工学，技報堂出版，1997.
成田信之：鋼橋の未来―21世紀への挑戦―，技報堂出版，1998.
中井　博：鋼・合成橋梁の進歩を支える諸技術，山海堂，1999.
日本鋼構造協会：鋼構造技術総覧（土木編），技報堂出版，1998.
日本鋼構造協会：鋼構造物の疲労設計指針・同解説，技報堂出版，1998.
伊藤　学編集：最新橋梁設計・施工ハンドブック，建設産業調査会，1990.
梶川康男編集：橋梁振動の計測と解析，技報堂出版，1993.
中井　博・北田俊行：例題で学ぶ橋梁工学，共立出版，1997.
山口宏樹：構造振動・制御，共立出版，1996.
山田善一：耐震構造設計論，京都大学出版会，1997.
鹿島建設土木設計本部：耐震設計法/限界状態設計法，鹿島出版会，1993.
佐伯彰一：図解橋梁用語辞典，山海堂，1986.
土木学会：土木用語大辞典，技報堂出版，1999.
土木用語辞典編集委員会：図解土木用語辞典，日刊工業新聞社，1992.

◉ 設計指針・技術基準

日本道路協会:道路橋示方書・同解説（Ⅰ共通編・Ⅱ鋼橋編），2002.
日本道路協会:道路橋示方書・同解説（Ⅰ共通編・Ⅲコンクリート橋編），2002.
日本道路協会:道路橋示方書・同解説（Ⅰ共通編・Ⅳ下部構造編），2002.
日本道路協会:道路橋示方書・同解説（Ⅴ耐震設計編），2002.
日本道路協会:道路構造令の解説と運用，1987.
日本道路協会:鋼道路橋設計便覧，1997.
日本道路協会:鋼道路橋施工便覧，1997.
日本道路協会:鋼橋の疲労，1997.
日本道路協会:鋼道路橋の疲労設計指針，2002.
日本道路協会:道路橋耐風設計便覧，1991.
日本道路協会:道路橋示方書・同解説SI単位系移行に関する参考資料，1998.
土木学会:鋼橋における劣化現象と損傷の評価，鋼構造シリーズ⑦，1996.
土木学会:鋼構造物設計指針，一般構造物，鋼構造シリーズ⑨A，1997.
土木学会:鋼構造物設計指針，合成構造物，鋼構造シリーズ⑨B，1997.
鉄道総合技術研究所:鉄道構造物等設計標準・同解説　耐震設計，1999.
鉄道総合技術研究所:鉄道構造物等設計標準・同解説　鋼・合成構造物，2000.

索　引

● あ 行

アイソレーター　201
アイバー　114
アークスタッド溶接　91
足場式架設工法　37
アスファルト舗装　130, 219
アーチ橋　6, 12
アーチ部材　12
圧縮応力度　79
圧縮部材　109, 172
圧縮フランジ　155
圧密沈下　66
後座屈強度　157
アルミニウム橋　4
アンカーボルト　207
アンカレッジ　17
アングル補強ジョイント　211
安全率　79
アンダーカット　101
安定さび　76

異形鉄筋　77
維持管理　42
石橋　4
一次プライマー　36
1-0法　136, 142
一面摩擦　107
一般構造用圧延鋼材　74
一般図　222
移動制限装置　200
インパクトレンチ　106

ウィンド支承　202
薄肉断面はり　151
渦励振　58
内げた　144
上沓　197
上塗り　33
上フランジ　154
上横構　169

影響線　52, 135
液状化　66
エネルギー一定則　63
縁応力度　147
遠心荷重　65
延性　71
延性破壊　72
縁石　217

オイラーの座屈荷重　82
欧州コード　31
応答スペクトル法　27, 64
応力　70
応力集中　103
送出し式架設工法　39
遅れ破壊　73
惜み　39
オーバーラップ　101
オープングレーチング床版　119
折板理論　129
温度応力　59, 187

● か 行

開先　93
開断面　128
外的不静定系アーチ橋　12
回転式架設工法　41
拡散性水素　73
確率論的設計法　27
下弦材　11
重ね継手　107
重ねばり　177
荷重　49
　　──の組合せ　67, 190, 205
荷重抵抗係数設計法　28, 30
荷重分配横げた　117
ガスト応答　59
ガスト応答係数　54
風荷重　54
架設げた式架設工法　38
架設工法　36
ガセット　172

加速度応答スペクトル　64
形鋼　76
片持式架設工法　38
片持版　122
活荷重　50
活荷重合成げた　178
可動橋　3
可動支承　197
カバープレート　156
下部構造　1
かぶり　126
仮組立　33
ガル　64
下路橋　3
環境振動　220
乾燥収縮　188
カンチレバー橋　5
慣用法　136, 142

幾何学的非線形性　64
基準温度　59
基礎　2, 23
機能的寿命　42
ギャロッピング　58
キャンバー　32
球面支承　199
橋脚　2
橋台　1
橋長　2
協同作用　119, 178
橋面舗装　219
供用年数　43
橋梁マネージメントシステム　45
橋梁用防護柵　217
橋歴板　220
極限設計　27
曲弦トラス　11
曲線橋　3, 204
曲線げた橋　42, 141
局部座屈　84
許容応力度　28, 78, 79
　　──の割増し　87, 189

索引

許容応力度設計法　28, 28, 78
許容支圧応力度　87
許容軸方向圧縮応力度　79
許容せん断応力度　86
許容疲労応力度　88
許容曲げ圧縮応力度　85
許容力　107
切欠き脆性　72
キルド鋼　69
亀裂　87
金属アーク溶接　90
金属溶射法　33

空気力　58
空力モーメント　58
クラッド鋼　36
クリアランス　112
繰返し荷重　29
グリッドブラスト　36
クリープ　183
クリープ係数　184
グルーブ溶接　93
グレーチング床版　117
黒皮　36
群集荷重　50, 52

計画　22
径間　2
径間割り　22
経済的径間割り　23
経済的のけた高　156
経済的寿命　43
け書き　32
けた　7
けたかかり長　215
けた橋　6, 11
けた倒れ　167
けた高　154
けた部材　11
決定論的設計法　27
ケーブル　16
ケーブルクレーン　40
ケーブル式架設工法　40
ゲルバー橋　5
限界状態設計法　28, 29
減衰定数　64
原寸作業　32
建築限界　18
限定振動　58
現場溶接　95

高架橋　2, 214
鋼重ね合せジョイント　212
鋼管　77
鋼橋　4, 43, 69
剛結合　11, 15
高減衰積層ゴム支承　201
鋼材　74
格子げた　116
格子げた橋　11, 116, 141
格子げた理論　129
鋼種　75
工場溶接　95
合成応力度　100, 152
合成げた　177
合成げた橋　11, 177
合成構造　4
合成作用　191
鋼製支承　197
合成床版　119
合成断面　181
合成ばり　177
鋼製フィンガージョイント　212
構造目地　192
高張力鋼　70
交番応力　173
降伏　190
降伏棚　71
降伏点　71, 79
鋼床版　118, 128
高欄　66, 217
抗力　58
高力ボルト継手　90, 104
国際標準化機構　31
固定橋　3
固定支承　197
ゴム支承　197
ゴムジョイント形式　212
コンクリート橋　4
混合構造　4
コンポスラブ　119

● さ 行

最小板厚　74, 129, 129, 130
最小縁端距離　113
最小重量設計　25
最小純間隔　195
最小全厚　124
最小中心間隔　112, 195, 195
サイズ　96
最大縁端距離　113

最大中心間隔　113, 195
材料非線形性　64
材齢　192
座屈　79
座屈係数　82
サドル　17
さび　33
サブマージアーク溶接　90
サン・ブナンのねじり　150
サンドイッチ複合床版　119
サンドブラスト　36
残留応力　82
残留ひずみ　71

支圧応力度　79
支圧接合　106
死荷重　49
死活荷重合成げた　178
支間　2
時刻歴応答解析法　27, 64
支承　197, 214
支承板支承　199
地震時保有水平耐力法　63
地震動　61
持続荷重　183
下沓　197
下塗り　33
下フランジ　154
下横構　169
止端亀裂　101
支柱　12
実施設計　26
自定式吊橋　17
自動車荷重　50
自動溶接　91
地盤種別　62
地盤振動　220
支保工　37
遮音壁　220
社会基盤施設　27
斜橋　2, 204
斜張橋　16
車道　18
シャルピー衝撃試験　72
沓　198
縦横断勾配　32
従荷重　49
終局強度設計法　28
終局限界状態　29
従載荷重　52

周長率 191
自由突出板 155
主荷重 49
主げた 11, 142
主ケーブル 17
主載荷荷重 52
主鉄筋 121
寿命 42
主要部材 171
純断面積 109, 172
純ねじり定数 142
純ねじりモーメント 148
純幅 109
ジョイントプロテクター 216
昇開橋 4
仕様規定 29
衝撃 53
衝撃係数 53
使用限界状態 29
上弦材 11
照査 30
少数主げた橋 140
衝突荷重 66
床版 116, 117
上部構造 1
省力化設計 76, 222
上路橋 3
初期たわみ 82
初期不整 82
ショットブラスト 36
自励振動 58
伸縮装置 208
靱性 71
震度法 62
信頼性設計 27

垂直応力 142, 151
垂直材 12
垂直補剛材 159, 161, 165
水平反力分散支承 201
水平補剛材 159, 164
水路橋 2
数値制御 32
図心 142
スタッド 119, 193
ステージング架設 37
ステンレス鋼 36
スパンドレル 13
すべり係数 107
すみ肉溶接 92, 95

スラブ止め 171
ずれ止め 171, 192
ずれ変形 78, 166

制振対策 59
脆性 71
脆性破壊 72
静定構造 5, 12
静的設計 27
静的疲れ破壊 73
性能 42
性能規定 29
性能照査型設計法 29
積層ゴム 201
責任 44
施工荷重 66
設計移動量 206
設計基準 30
設計基準強度 126
設計基準風速 55
設計計算書 264
設計水平震度 62
設計製図 264
設計年数 43
接合 90
セミキルド鋼 70
セメントコンクリート舗装 220
遷移温度 72
繊維強化プラスチック 46
旋開橋 3
全強 98, 108
線形計算 26
線材 77
線支承 198
全周溶接 97
全体座屈 84
せん断応力 142, 151
せん断応力度 79
せん断遅れ 132
せん断座屈 160
せん断弾性係数 78
せん断中心 142
せん断ひずみエネルギー一定説 86
せん断変形 146
全断面溶込みグルーブ溶接 96
せん断流 147
せん断力 142
全ねじりモーメント 148
線膨張係数 60, 187

せん溶接継手 93
相関曲線 101
総高 56
総断面積 109
相当応力度 153
相反応力 173
総幅 56, 109
側方流動 66
素地調整 36
塑性座屈 82
塑性設計 27
塑性ヒンジ理論 30
塑性率 63
外げた 143
ソフト的対策 60
そり 174
そり関数 149
そり断面一次モーメント 149
ソリッドリブアーチ 12
そりねじり 148
そりねじり定数 142
そりねじりモーメント 148
そり変形 148
そりモーメント 142, 148
ソールプレート 198

● た 行
タイ 14
耐久性 131
対傾構 166
耐候性鋼材 36, 76
耐震性能 60
耐震設計 60
タイドアーチ橋 14
耐風設計 59
大ブロック架設工法 41
ダイヤフラム 166
耐用年数 43
多主げた形式 116, 141
縦荷重 65
縦げた 116
縦横比 163
縦リブ 118
ダブルワーレントラス 11
たわみ 173
たわみ制限 173
たわみ理論 18
単径間吊橋 17
段差防止構造 216

索　　　引

炭酸ガスアーク溶接　91
単純橋　4, 204
単純ねじり　150
単純版　122
弾性限度　71
弾性合成げた　179
弾性座屈　79
弾性設計　27
弾性理論　18
断続溶接　93
炭素当量　76
端対傾構　166
ダンパー　201
端補剛材　159
断面一次モーメント　147
断面係数　142
断面積　142
断面定数　142
断面二次半径　82
断面二次モーメント　142
断面力　142
端床げた　127

地域別補正係数　62
千鳥配置　109
地覆　217
チモシェンコ梁　146
中間対傾構　167
中間補剛材　159
中空断面鋼床版　119
中路橋　3
超音波探傷試験　102
跳開橋　3
調査　22
調質鋼　70
直橋　2, 204
直交異方性板　122, 129
直接積分法　64
直線橋　2
鎮静鋼　69

通風型鋼格子床版　119
突合せ後付け形式　211
突合せ先付け形式　211
突合せ継手　107
突合せ溶接継手　92
継手　90
吊材　12
吊橋　6, 17
吊床版橋　7

低温脆性　75
低サイクル疲労　88
低周波空気振動　220
ディープビーム　146
適合条件　182
デッキプレート　129
鉄橋　69
鉄筋　77
鉄筋コンクリート床版　117, 121
鉄道橋　2
手溶接　90
転開橋　4
展開断面　99
添架物　220
点検　45
点検設備　220
点支承　199
添接　90
転炉　69

塔　16
等価支間長　133
等価水平震度　63
動的解析　64
動的設計　27
撓度理論　18
等方性板　122
道路橋　2, 43
道路橋示方書　82, 85
道路構造令　20
特殊荷重　49
溶込み　92
塗装　33
トータルコスト　26
突げた橋　5
トラス　4
トラス橋　6, 11
トラス部材　11
トラッククレーン　40
トラフリブ　129
トルク係数　106
トルク法　106
トルクレンチ　106
トルシア形高力ボルト　105

●　な　行
内的不静定系アーチ橋　14
中塗り　33
ナット回転法　107
鉛プラグ入り積層ゴム支承　201

軟鋼　70

2軸応力状態　153
2主げた形式　140
二次応力　103
二次部材　171
二層橋　3
ニーブレース　168
二面摩擦　107
ニールセン橋　15

ねじり定数比　152
ねじり変形　142
ねじりモーメント　142
ねじれフラッター　59
熱間圧延加工　70
熱間曲げ加工　32
熱処理　70

ノージョイント　211
のど厚　96

●　は　行
排水装置　219
配力鉄筋　122
ハウトラス　11
箱形断面　141, 150
箱げた橋　11
バックルプレート　118
発散振動　58
ハード的対策　60
ハープ形式　16
パラペット　2
はり　7
ハンガー　17
半自動溶接　91
ハンチ　127, 179

非合成げた　189
菱形トラス　11
非常時限界状態　30
ひずみ　70
ひずみ硬化　71
非線形解析　18
非調質鋼　70
引張応力度　79
引張強度　71
引張接合　106
引張部材　109, 172
引張フランジ　156

286　　　　　　　　　索　引

必要剛比　164
ひび割れ　79
被覆アーク溶接　90
被覆溶接棒　90
ピボット支承　199
比例限度　71
疲労　87
疲労限界状態　29
疲労限度　88
疲労損傷　47
疲労破壊　29
ピン結合　12
ヒンジ形式　17
ピン支承　198
ピン連結　90, 113

ファン形式　16
フィラー　113
フィーレンデール橋　15
フェイルセーフ　214
腹板　154
腹板高　161
幅員　20
複合橋梁　4
複合構造　4
腹材　11
腐食　47
不静定構造　5
浮体橋　4
普通鋼　70
フックの法則　70
ふっ素樹脂板　199
物理的寿命　42
不等沈下　5
部分安全係数設計法　28
部分合成げた　179
部分溶込みグルーブ溶接　96
ブラケット　121
ブラスト法　36
プラットトラス　11
フランジ突出幅　122
振子支承　200
ブリネル硬さ　87
ブレーストリブアーチ　12
プレストレスト合成げた　179
ブレットの公式　151
プレートガーダー　110, 116, 140
フローティングクレーン船　41
分配荷重　136

ベアリングプレート　199
閉断面　128
平面保持の法則　146
併用橋　2
並列配置　109
ヘルツの公式　87
ベルヌーイ-オイラー梁　146
変位制限構造　216
ペンデル支承　202
ベント式架設工法　37

ポアソン比　78
棒鋼　77
放射形式　16
膨出現象　201
防水層　130, 220
補強　46
補強鉄筋　192
補剛げた　16
補剛鋼材ジョイント　211
補剛材　159
補剛吊橋　17
母材　90
補修　46
細長比　82, 171
歩道橋　2
ポニートラス　168
骨組モデル　26
保有性能　29
ボルトの呼び径　112

◉ま　行
膜力　129
曲げ座屈　159
曲げねじれフラッター　59
曲げ変形　142
曲げモーメント　142
摩擦係数　207
摩擦接合　104
マルチケーブル形式　16
回し溶接　97

ミルシート　32

無収縮性モルタル　208
無補剛吊橋　18

盲目地形式　210
目地板ジョイント　211
免震支承　201

免震設計　201

木橋　4

◉や　行
ヤング係数　70
ヤング係数比　126
遊間　208
有限帯板法　129
有限変位理論　18
有限要素法　26
有効座屈長　82
有効断面積　165, 172
有効幅　133
床組　116, 120, 134
床げた　116
雪荷重　65

要求性能　29
用心鉄筋　127
溶接　90
溶接欠陥　102
溶接構造用圧延鋼材　74
溶接姿勢　91
溶接継手　90
溶接部の有効長　97
溶接棒　90
溶融亜鉛めっき法　33
揚力　58
横荷重　65
横げた　116
横構　166
横倒れ座屈　84, 170
横リブ　118
余剰耐荷力　157
予熱　76
余盛り　96

◉ら　行
ライフサイクルコスト　44
落橋防止構造　215
落橋防止システム　214
ラーメン橋　6, 11
ラーメン部材　11
ランガー橋　14

リダンダンシー　214
リベット継手　90, 113
リムド鋼　69

両縁支持板　155
リンク式ジョイント　213

ルート　96, 103
ルート亀裂　101

冷間圧延加工　70
連結　90
連結板　111

連続橋　5
連続形式　17
連続げた　122
連続鋳造　69
連続吊橋　17
連続版　122
連続溶接　93

路肩　18

ローゼ橋　14
ロッカー支承　200
ロックイン現象　58
ローラー　198
ローラー支承　200

● わ　行

ワーレントラス　11

欧文索引

π形断面　141

A活荷重　50
A種の橋　60
AASHTO　30
ASD　28

B活荷重　50
B種の橋　60
Bernoulli–Euler　146
BMS　45
Bredt　151
Brinell's hardness　87
BS　31

CAD　18, 26
CAM　26
CEN　31
CT形鋼　76

DIN　30

EC　31
EU　31
Euler　82

F 10 T　107
FEM　26
FRP　46

Galilei　64
GATT　31
Gerber　5
Guyon–Massonnet　129

H形鋼　76
HDR　201

Hertz's formula　87
Homberug　129
Hooke's law　70
HT　70

I形鋼　76
I形鋼格子床版　117
I形断面　140, 145
ISO　31

JIS　31
JISC　31

Karman渦列　58

L荷重　50, 52
Langer　14
LCC　44
Leonhardt　129
Lohse　14
LP鋼板　141
LRB　201
LRFD　30
LSD　28

M 22　108
M–φモデル　64

NC　32
Newmark　63
NGO　31
Nielsen　15

OHBDC　30

PBD　29
PC橋　4, 43

PC鋼棒　15, 17
PC床版　118
Pelikan–Esslinger　129
Poisson's ratio　78
PTEE板　199

RC橋　4, 43
RC床版　117

S 10 T　107
Saint Venant　150
SD材　77
SI単位　76
SM材　70, 74
SMA材　74
S–N曲線　88
SR材　77
SS材　70, 74
STジョイント　213

T荷重　50, 51
T継手　103
Timoshenko　146

Uリブ　129

Vノッチ　72
Vierendeel　15
von Misesの降伏条件　86

Wöhler　88

X線検査　102

Young's modulus　70

著者略歴

林川俊郎（はやしかわ としろう）

1950年　北海道に生まれる
1972年　北海道大学工学部土木工学科卒業
1974年　北海道大学大学院工学研究科修士課程土木工学専攻修了
　　　　北海道大学工学部助手
1984年　工学博士（北海道大学）
1985年　米国プリンストン大学客員研究員
1985年　Alexander von Humboldt 財団給費試験合格
1988年　北海道大学工学部助教授
2004年　北海道大学大学院工学研究科教授
　　　　現在に至る

研究分野：橋梁工学，構造工学，地震工学
著　　書：『橋梁振動の計測と解析』（技報堂出版，1993）

現代土木工学シリーズ5

橋　梁　工　学　　　　　　　　　定価はカバーに表示

2000年4月1日　初版第1刷
2015年4月10日　第14刷

　　　　　　　　著　者　林　川　俊　郎
　　　　　　　　発行者　朝　倉　邦　造
　　　　　　　　発行所　株式会社　朝　倉　書　店
　　　　　　　　　　　　東京都新宿区新小川町6-29
　　　　　　　　　　　　郵便番号　162-8707
　　　　　　　　　　　　電　話　03(3260)0141
　　　　　　　　　　　　Ｆ Ａ Ｘ　03(3260)0180
　　　　　　　　　　　　http://www.asakura.co.jp

〈検印省略〉

© 2000〈無断複写・転載を禁ず〉　　　教文堂・渡辺製本

ISBN 978-4-254-26485-2　C3351　　　Printed in Japan

JCOPY ＜(社)出版者著作権管理機構 委託出版物＞

本書の無断複写は著作権法上での例外を除き禁じられています．複写される場合は，そのつど事前に，(社)出版者著作権管理機構（電話03-3513-6969，FAX 03-3513-6979，e-mail: info@jcopy.or.jp）の許諾を得てください．